国家自然科学基金面上项目(No.31370367)
四川省科技厅应用基础研究项目(No. 2017JY0164) 资助
四川省教育厅自然科学重点项目(No.12ZA169)

濒危植物水青树保护生物学

Conservation Biology of an Endangered
Plant *Tetracentron sinense*

甘小洪 主编

科学出版社

北 京

内 容 简 介

生物多样性是人类赖以生存的基础,生物多样性保护已成为国际社会关注的热点问题。探讨物种的濒危原因,并提出切实可行的保护对策,是当前生物多样性研究的重要内容。本书是作者运用保护生物学原理,结合多学科研究方法对濒危植物水青树进行系统研究的主要成果。全书共分11章,分别从群落及种群生态学、大小孢子发生及雌雄配子体形成、传粉生态学、种子及幼苗生态学、保护遗传学等方面对水青树进行研究,阐明了水青树生活史过程中的致濒原因,并提出了相应的保护措施。

本书可供生物学、生态学、林学、农学等学科专业的师生和科研工作者及其他相关专业人士参考。

图书在版编目(CIP)数据

濒危植物水青树保护生物学 / 甘小洪主编. —北京:科学出版社,2018.6
ISBN 978-7-03-057958-4

Ⅰ.①濒… Ⅱ.①甘… Ⅲ.①水青树属-保护生物学 Ⅳ.①Q949.736.3

中国版本图书馆 CIP 数据核字 (2018) 第 131728 号

责任编辑:张 展 孟 锐/责任校对:王 翔
责任印制:罗 科/封面设计:墨创文化

科 学 出 版 社 出版

北京东黄城根北街16号
邮政编码:100717
http://www.sciencep.com

成都锦瑞印刷有限责任公司印刷
科学出版社发行 各地新华书店经销

*

2018年6月第 一 版 开本:787×1092 1/16
2018年6月第一次印刷 印张:14 1/2
字数:330 千字
定价:89.00 元
(如有印装质量问题,我社负责调换)

序

水青树（*Tetracentron sinense* Oliv.）是中国的稀有濒危植物。1983 年，《中国稀有濒危保护植物名录》将其列为二级重点保护的稀有植物。1999 年，国家林业局、农业部颁布《国家重点保护野生植物名录(第一批)》，将其列为 II 级重点保护对象。为了保护野生水青树资源，使其不会因国际贸易而濒临灭绝，该树种被列入了《濒危野生动植物种国际贸易公约》(CITES)的附录 III，使其国际贸易受到区域性管制。水青树是分类学上的"好种"，其属名和种加词均由英国植物学家 Daniel Oliver(1830～1916 年)提出。属名中的"tetra"意思为"四"，"centron"有"距"或"中央"的意思，这可能与其特殊的花结构有关，其花无花瓣，有四枚萼片、四个雄蕊和四个心皮，花的中央均为"四"出数。种加词"sinense"的意思是"产中国"。

现存水青树属仅有水青树一种。然而，历史上水青树属化石众多，分布广泛，主要出现于古近-新近纪，表明水青树是古近-新近纪的孑遗植物。重要的化石记录包括：俄罗斯古新世的 *Tetracentron beringianum* Chelebaeva；加拿大西南部始新世的 *T. hopkinsii* Pigg, Dilhoff, DeVore & Wehrb；日本始新世的 *T. piperoides* (Lesquereux) Wolfe；冰岛中新世的 *T. atlanticum* Grímsson, Denk & Zetter；北美西部中新世的 *T. remberi* Manchester & Chen；日本中新世的 *T. japonoxylum* Suzuki, Joshi & Noshiro 和 *T. masuzawaense* (Murai) Ozaki。

作为缺乏导管、只有管胞的被子植物成员，水青树曾被赋予原始被子植物的地位。恩格勒系统将水青树放置在木兰目(Magnoliales)水青树科(Tetracentraceae)中。克朗奎斯特系统在金缕梅亚纲建立了昆栏树目(Trochodendrales)水青树科(Tetracentraceae)，水青树属为其单型属。随着分子证据不断累积，分子系统学家否认了水青树原始被子植物的地位。APGIII 系统既未将水青树列入根部或基部被子植物行列，也未将其放置在核心真双子叶植物中，而是将其列为真双子叶植物。在真双子叶植物中，水青树所处的昆栏树目与清风藤科、黄杨目、山龙眼目、毛茛目共同并列为核心真双子叶植物的基部类群。可以推断，水青树是系统位置重要、系统关系依旧未决的类群。

西华师范大学生命科学学院甘小洪教授及其研究团队，在国家自然科学基金面上项目、四川省科技厅应用基础研究项目、四川省教育厅自然科学重点项目的资助下，一直关注、探究、保护水青树，并取得了较为丰硕的研究成果，这些成果堪称珍稀濒危植物保护生物学研究与实践的范例，值得同行借鉴。

《濒危植物水青树的保护生物学》一书以生活史过程为主要线索，运用保护生物学原理，采用植物种群生态学、生殖生态学、保护遗传学等方法技术，对水青树的开花、传粉、结实、幼苗更新等脆弱的生物学与生态学事件或过程进行了深入细致的观察和分析。研究团队破解了水青树生殖与更新的障碍，找到了保护水青树的路径和诀窍。该书的出版，将有益于我国的珍稀濒危植物研究、极小种群植物(生境)保护与恢复技术研发、濒危植物种群野外回归与恢复和自然保护区管理,是一本值得珍稀濒危植物保护理论与实践工作者参考的著作。

方炎明

南京林业大学 教授

中国林学会树木学分会主任委员

2017 年 9 月 18 日于南京

前　言

水青树(*Tetracentron sinense* Oliv.)为水青树科(Tetracentraceae)仅存的一种高大落叶乔木(Fu et al.，2001)。其化石在古近纪始新世出现，是地球上起源古老的孑遗物种(吴征镒，2004)，对研究古代植物区系、被子植物的系统演化和起源具有重要的科学价值。水青树在我国主要分布于中部和西南山地，对于当地生态系统的稳定和生态环境保护具有不可替代的作用；其树姿优美，是优良的观赏或行道树种；木材轻软，纹理通直，可做家具以及胶合板和造纸原料；茎干中含有抗人类免疫缺陷病毒(HIV)及白细胞活性的化学成分，具有重要的药用价值(Wang et al.，2006)。

由于人为采伐破坏，水青树现仅存于深山、峡谷、溪边或陡坡悬岩处，多呈零星的散布，自然更新困难，已被列入《濒危野生动植物物种国际贸易公约》(CITES)附录Ⅲ(https://cites.org/eng/node/41216)，也被中国列为国家2级重点保护植物。因此，研究水青树的致濒原因，探讨其解危措施，以恢复和扩大现有水青树种群，对于水青树种质资源的有效保护、管理和可持续利用具有十分重要的意义。

自2006年以来，本研究团队以生活史过程为线索，基于保护生物学原理与方法，对濒危植物水青树的保护生物学开展了较为系统的研究工作。本书是对本研究团队10余年研究成果的总结。主要包括以下几个方面的内容：①群落和种群生态学；②胚胎学；③生殖生态学；④种子和幼苗生态学；⑤保护遗传学研究；⑥水青树的致濒原因及保护建议。

我们的研究工作得到了国家自然科学基金委员会、四川省科技厅和四川省教育厅等相关项目的资助，在此深表感谢。感谢四川省美姑大风顶、卧龙、唐家河、峨眉山、龙溪-虹口、白河、米仓山，陕西省皇冠、佛坪、黄柏源，重庆市金佛山，云南省白马雪山、高黎贡山、哀牢山，贵州省雷公山、梵净山、宽阔水、大沙河，甘肃省白水江，湖北省五峰后河、神农架、七姊妹山、木林子，湖南省八大公山、舜皇山等自然保护区对本研究野外调查工作提供的大力支持。感谢西华师范大学学术出版基金和学科建设经费对本书的出版给予的资助。

限于著者水平有限，书中难免有不足之处，恳请读者批评指正。

作者

2017年12月

目　　录

第1章 研 究 进 展

1.1 保护生物学与生物多样性保护

1.1.1 生物多样性保护

生物多样性是地球上生命长期进化的结果，是人类赖以生存的基础。由于人类活动的加剧，自然环境遭到严重破坏，生态环境日趋恶化，大量的物种已经灭绝或正面临着灭绝的威胁，生物多样性受到的威胁与日俱增（罗晓莹等，2015）。目前，全球约有 10%的物种已经濒临灭绝（祖元刚，1999），而且还以每年 0.1%～1.1%的速率在锐减（方精云，2004）。世界自然保护联盟（IUCN）在 2010 年公布的报告中指出：50 年后，100 多万种陆生生物将从地球上消失，由于人类活动造成的影响，物种灭绝的速率比自然灭绝速率快 1000 倍。据研究，每个物种的绝灭又将引起相关的 10~30 个其他物种的生存危机（洪德元，1990a）。因此，生物多样性保护已成为国际社会关注的热点问题（Yang et al.，2014）。

1.1.2 保护生物学的发展

人类对生物多样性危机的认识，始于 19 世纪中叶在英国和美国兴起的保护运动（conservation movement）。英属印度时期的公民义务（civic duty），为保护运动的典型代表（马克平，2016）。公民义务主要包括三个方面：①人类活动，尤其是殖民者疯狂掠夺其殖民地的自然资源，对环境造成了严重破坏；②人类负有为后代保护环境的公民义务；③履行公民义务时应该运用科学的方法。英属印度为此专门成立了森林部（Stebbing，1922），启动了若干森林保护项目，并在印度次大陆建立广泛的、由专业林业人员管理的森林保护地（Primack et al.，2014）。

到 19 世纪晚期，由于农业的扩张和狩猎工具的进步，许多对英国文化和生态都十分重要的野生动物相继灭绝，促使英国建立了世界上第一部自然保护法（Baeyens et al.，2008）。伴随着保护观点及理论的形成和传播，以及人们对环境污染和人口快速增长（Ehrlich，1968）的担忧，世界各国开始重视人类经济活动导致的环境污染和野生物种的灭绝危机。包括世界自然保护联盟（IUCN，1948）等众多保护组织开始陆续成立，一些保护法案得以通过，许多自然保护地（如 1872 年建立的美国黄石国家公园等）相继建立。在保护运动蓬勃发展的情况下，最终催生了保护生物学（conservation biology）学科（马克平，2016）。

作为生物多样性保护的重要学科，保护生物学带有应对危机和重视实践的学科特点。

"保护生物学"一词的出现早于"生物多样性"。早在 1937 年，Errington 和 Hamerstrom 在针对环颈雉(*Phasianis colchicus*)的保护时首先使用了"保护生物学"这一名词。其最初是指对有经济价值的兽类和鸟类等狩猎动物(game species)的保护。20 世纪六七十年代，随着保护范围逐渐扩大到全部物种，才产生了"多样性"这一词(Pimlott，1969)。1978 年在美国圣地亚哥动物园召开了第一届国际保护生物学大会。1980 年 Michael Soule 出版了第一部自然保护生物学著作 *Conservation Biology: An Evolutionary-Ecological Perspective*，该书特别关注保护物种的多样性与稀缺性以及小种群的保育问题。该书的出版标志着保护生物学学科的诞生(蒋志刚等，2014)。

1985 年第二届国际保护生物学大会时成立了国际保护生物学协会；1986 年，在美国举行了国家生物多样性论坛；1988 年 Wilson 出版了《生物多样性》一书，在学术界和国际社会产生了较大的影响。随着生物多样性问题的日益突出及大量研究资料的积累，保护生物学研究人员迫切需要交流信息，1969 年和 1987 年分别创刊发行的两本保护生物学期刊 *Biological Conservation* 和 *Conservation Biology* 为保护生物学研究者提供了交流研究的平台，促进了学科的快速发展。目前，以生物多样性为核心的保护生物学研究已成为受人关注的前沿科学领域。

1.1.3 保护生物学的研究内容

保护生物学是研究生物多样性保护的科学，它试图通过对生物物种及其生存环境的保护，进而保护生物多样性(蒋志刚等，2014)。该学科以人类社会中物种生存与灭绝为核心，探索物种生存条件与濒危机制，规范人与动物、植物、自然环境的关系，以保存物种生存的生态环境和物种进化潜力为目标。因此，探讨物种濒危的原因，并提出科学可行的保护对策，是当前生物多样性研究的热点之一，也已成为保护生物学急需解决的三大迫切问题之一(陈灵芝，1994)。

1.2 濒危植物概述

1.2.1 濒危植物的内涵

我国现有高等植物 3.1 万余种，约占世界总数的 10%，是世界上植物多样性最为丰富的国家之一，其中濒危植物有 4000～5000 种。长期以来，中国高等植物物种的濒危状况一直受到众多关注。1987 年，国家环境保护局和中国科学院植物研究所发布的《中国珍稀濒危保护植物名录》是我国第一份国家级珍稀濒危植物名录。该名录包括 388 种维管植物，依照 The IUCN Plant Red Data Book 系统，分为濒危、稀有和渐危三个等级(傅立国等，1992)。

(1)濒危物种：物种在短时间内灭绝率较高，其种群数量已达到存活的极限，种群大小如果进一步减小将会导致其灭绝(IUCN，1994)。濒危植物通常生长稀疏，地理分布的局限性较大，仅分布在典型地方，常出现在有限的、脆弱的生境中。由于生殖能力有限，其数量减少到即将灭绝的临界水平，或者所要求的特殊生境被破坏、被剧烈地改变或已退化到难以适宜其生长，或者由于过度开发以及其他原因，导致其有走向灭绝的风险。如果致危原因继续存在，最终将会导致物种灭绝。

(2)稀有物种：不会立即有绝灭危险的，中国特有的单型科、单型属或少种属的代表物种。但在其分布区内群体稀少，或由于分布在非常有限的地区内，可能会很快消失，或者虽有较大的分布范围，但仅零星存在着的物种。

(3)渐危物种：那些因人为的或自然的原因所致，在可以预见的将来，在其整个分布区或其分布区的重要部分很可能成为濒危的物种。

1.2.2　我国濒危植物评估进展

我国濒危植物的评估工作始于 20 世纪 80 年代后期编制完成的《中国珍稀濒危保护植物名录》（第一册）。1992 年，傅立国和金鉴明在此基础上编写了《中国植物红皮书：稀有濒危植物》（第一册），并同时出版了《中国植物红皮书》，对我国濒危植物的研究和保护奠定了坚实的基础。

2004 年编制出版的《中国物种红色名录：红色名录》（第一卷）（汪松等，2004)对我国 4409 种种子植物的濒危等级进行了评估，为植物种质资源保护、管理和公众教育起到了十分重要的作用。但所评估的种子植物仅占全国种子植物的 15%，大部分物种并没有被评估；缺乏物种最新的野外居群状况及濒危情况信息；未能及时反映我国植物种质资源的流失情况；并未覆盖全部物种和使用国际通用评估标准。

严格按照 IUCN 规则，依据 IUCN(2001)物种濒危等级评估标准，以及 IUCN(2003)将该标准应用于地区的指南，我国科学家对 34 450 种(包括种下等级)中国野生高等植物的绝灭风险进行了评估，采用 9 个濒危等级(图 1-1)编制完成了《中国高等植物红色名录》。

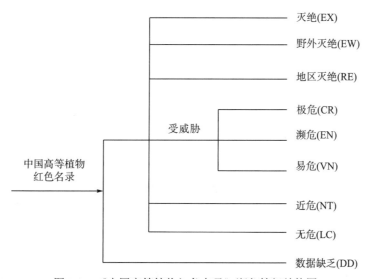

图 1-1　《中国高等植物红色名录》濒危等级结构图

该名录是基于物种最新资料，运用 IUCN 物种红色名录方法，首次实现对全部区系物种的绝灭风险评估，为我们了解中国野生植物的生存现状提供了重要的参考。其结果不仅可为中国政府切实履行《生物多样性公约》提供基础信息与依据，还可为全国乃至地方生物多样性保护与研究提供一个强大的工具(蒋志刚等，2014)。

1.2.3　中国高等植物濒危等级

《中国高等植物红色名录》共采用了 9 个濒危等级(图 1-1；蒋志刚等，2014)。

1. 灭绝(extinct，EX)

当一分类群确定其最后个体已死亡时，即列为灭绝级。若在其所有历史分布范围内，已知或可能的栖息地、适当时间(考虑昼夜、季节及年度变化)进行彻底调查后未发现任何个体，则应推定为灭绝。

2. 野外灭绝(extinct in the wild，EW)

一分类群只在栽培、饲养状况下生存，或只剩下远离原分布地以外移植驯化居群时，该分类群则被列为野外灭绝。若在其所有历史分布范围内，已知或可能的栖息地，适当时间(考虑昼夜、季节及年度变化)，兼顾此分类群的生活史及生活型情况下，进行彻底调查后未发现任何个体，则应推定为野外灭绝。

3. 地区灭绝(regional extinct，RE)

如果没有理由怀疑一分类群在某一地区内的最后一个个体已经死亡，则认为该分类群已经地区灭绝。

4. 极危(critically endangered，CR)

当一分类群符合极危等级 A~E 标准中任一项时(表 1-1)，应列为极危，即被认为在野外面临极高的灭绝危机。

5. 濒危(endangered，EN)

当一分类群符合濒危等级 A~E 标准中任一项时，应列为濒危，即被认为在野外面临非常高的灭绝危机。

6. 易危(vulnerable，VU)

当一分类群符合易危等级 A~E 标准中任一项时，应列为易危，即被认为在野外面临高的灭绝危机。

7. 近危(near threatened，NT)

一分类群根据标准评估后，在目前尚未达到极危、濒危、易危标准，但非常接近或在近期内有可能符合标准者，应列为近危。

8. 无危(安全)(least concern，LC)

一分类群根据标准评估后，未达到极危、濒危、易危或近危标准。广泛分布及数量多的分类群属于此类。

9. 数据缺乏(data deficient，DD)

由于缺乏足够资料，无法根据其分布或种群状况来直接或间接评估其灭绝危机的分类群。

极危(CR)、濒危(EN)和易危(VU)三级合称为"受威胁等级"，所在的物种称为"受威胁种"(threatened species)。受威胁种是物种保护的优先对象，更应备受关注。

表 1-1　IUCN 5 条标准中每条标准所对应的灭绝威胁的生物学指示

标准	生物学指示		数量阈值		
	描述	参数	CR	EN	VU
A	种群数量减少，无论是发生在过去、现在或者推测将来	数量下降的百分比	>80%	>50%	>30%
B	地理分布范围小、减少，或具有少数地点、严重破碎或种群波动	地理分布范围大小	<100km²	<5 000km²	<20 000km²
		地点数量	1	≤5	≤10
C	种群数量小、下降、破碎或极度波动	种群总的个体数	<250	<2500	<10 000
		最大亚种群中个体数	<50	<250	<1000
		种群下降百分比	25%	20%	10%
D	种群数量非常小，或分布范围局限	种群总的个体数	<50	<250	<1000
		地理分布区面积	—	—	20 km²
		地点数量	—	—	≤5
E	灭绝威胁的量化分析	特定时期内灭绝的可能性	50%	20%	10%

1.3　濒危植物保护生态学研究进展

1.3.1　群落结构与物种多样性研究

群落的结构与组成是研究生态系统过程和功能的基础，是探究群落分类和演替的重要内容(曲仲湘，1984)。群落结构是指群落中各生物种群在时空上的配置状况，包括水平和垂直两种结构。植物群落的水平结构是指群落中不同种群个体的组配状况或水平格局；植物群落的垂直结构主要是指群落的分层现象。陆生植物群落的分层现象主要与光的利用有关。森林群落的林冠层吸收了大部分光的辐射，导致其下部光照强度逐渐减弱，因此，其垂直结构往往可以分为乔木层、灌木层和草本层(罗晓莹等，2015)。层片是植物群落结构的一种基本单位，由相同生活型或相似生态需求的物种组成一个层片。在植物群落垂直层次划分中，同一层植物常有若干生态需求上不相同的种组成不同的层片。植物群落的成层现象是自然选择的结果，其显著提高了植物对环境资源的利用能力。开展濒危植物群落结构的研究，对于阐明其种群特性、物种更新和群落形成及其稳定性与演替规律等方面均具有重要作用（Arista，1995），同时可为进一步揭示群落的生态学机制提供重要的信息（张志祥等，2008）。

物种多样性是当前群落生态学研究中十分重要的内容和热点之一（黄忠良等，2000）。物种多样性代表着物种演化的空间范围及其对特定环境的生态适应性，是进化机制最主要的产物和生物有机体多样性最直接的体现（王永健等，2006），被认为是最适合研究生物多样性的生命层次（李博，2000）。群落物种多样性主要从生态学角度对群落的结构水平进行研究，强调物种多样性的生态学意义（贺金生等，1997），也称生态多样性或者群落多样性。目前，大部分研究常利用物种丰富度、均匀度、综合多样性等多个指数综合研究群落的物种多样性。物种丰富度指数通过测定一定空间范围内物种的数量来体现群落物种的丰富程度，常使用的指标有 Gleasson 指数和 Margalef 指数；均匀度指数是结合丰富度和均匀度指标以综合反映群落的多样性，目前普遍使用的指标有 Pielou 指数和 Alatalo 指数（罗晓莹等，2015）；综合多样性指数是通过结合物种的丰富度和多度以反映群落多样性的函数，常用的有 Shannon-Wiener 指数和 Simpson 指数。

1.3.2 群落优势种群生态位研究

生态位（niche）概念由 Grinell（1917）首次提出，他认为生态位是恰好被一个种或一个亚种所占据的最后分布单位（May，1980）。随着研究的深入，他又将生态位定义为生物种最终的生境单元，特别强调物种在空间分布上的意义，也被称为空间生态位（李鑫，2008）。20 世纪 80 年代后，国内开始逐渐介绍生态位理论并开展相应的研究工作。王刚等（1984）综合前人的研究成果，认为物种生态位应定义为表征环境属性特征的向量集到表征物种属性特征的数集上的映射关系。2002 年，Shea 等提出生态位空间点的概念，他认为物种生态位是指物种对每个生态位空间点的反映和效应，其中生态位空间点是由物理因素（温度、湿度等）和生物因素（食物资源、天敌等）在某一特定时、空的结合决定的（李鑫，2008）。随着生态位研究的逐渐深入，其定义逐渐完善，已成为生态学研究领域的热点之一（李德志等，2006；王祥福等，2008）。生态位宽度（niche breadth）和生态位重叠（niche overlap）是生态位理论研究的重要内容，对于揭示不同植物对环境的适应性具有重要的理论意义（Wissinger，1992；徐治国等，2007），在研究生物多样性保护及濒危物种评价方面具有较高的应用价值。

生态位理论是研究种间关系、群落结构、群落演替趋势及其物种多样性的前提与基础（张金屯，2011）。目前，有关生态位理论、测度方法及具体应用方面已有大量的研究。近年来，研究珍稀濒危植物种群生态位特征、探讨濒危植物对空间资源的利用及其濒危机制等已成为新的研究热点。国内外学者已针对格氏栲（*Castanopsis kawakamii*）、红豆杉（*Taxus chinensis*）、翅果油树（*Elaeagnus mollis*）、崖柏（*Thuja sutchuenensis*）、杜鹃红山茶

(*Camellia azalea*)等濒危植物群落的优势种群生态位开展了研究(刘金福等，1999；姚小贞等，2006；王祥福等，2008；张峰，2012；罗晓莹等，2015)，探讨了濒危种群与伴生种群之间的相互关系，分析了濒危物种的生存现状，为进一步探讨其濒危原因及保护对策奠定了基础。

1.3.3　种群结构及数量动态研究

植物种群结构是指种群不同大小和年龄个体的分布情况，可以反映植物种群数量动态及其发展趋势，对揭示种群与环境间的相互关系及其在群落中的作用、地位具有重要的意义(李先琨等，2002)。生命表和存活曲线是研究种群结构及其动态变化的重要工具，它能直观展现种群各龄级的实际生存个体数、死亡数及存活趋势(吴承祯等，2000；洪伟等，2004)。因此，通过植物种群结构、生命表、存活曲线和时间序列预测模型分析植物自然种群的结构及数量动态，不仅可以了解现有种群的状态，还可以分析过去种群的结构及受干扰情况，预测未来种群的发展动态(解婷婷等，2014)。国内外学者针对长苞铁杉(*Tsuga longibracteata*)、秦岭冷杉(*Abies chensiensis*)、南方红豆杉(*Taxus chinensis* var. *mairei*)、南川升麻(*Cimicifuga nanchuanensis*)、长蕊木兰(*Alcimandra cathcartii*)等濒危植物开展了种群结构及数量动态研究(吴承祯等，2000；洪伟等，2004；张文辉等，2005a；袁春明等，2012)，阐明了这些濒危物种种群数量下降的原因，为制定有效的保护对策提供了重要的科学依据。

1.3.4　种群空间分布格局研究

种群空间分布格局是指在种群层面上，种群个体在水平空间的分布状况，它是种群生物学特性、种内种间相互关系及环境条件综合作用的结果，是种群空间属性的重要方面，也是种群基本数量特征之一(Larcher，1995；Wu et al.，2002)。植物种群的空间结构因物种而异；另外，同一物种在不同发育阶段、不同的生境条件下其空间结构也存在明显的差异(江洪，1992)。研究植物种群的空间分布格局，定量分析种群的水平结构，并对濒危物种种群与环境之间的相互作用过程进行阐释，可为濒危植物的有效保护与管理提供一定的科学依据(Brodie et al.，1995；康华靖等，2007)。

国内学者从不同角度对濒危植物种群的空间分布格局进行了研究。张金屯(1998)总结了植物种群空间分布的点格局分析方法；郭华等(2005)采用相邻格子样方法和分形分析的方法研究了太白红杉(*Larix chinensis*)种群空间格局的分形特征；张文辉等(2005b)采用离散分布理论拟合和聚集强度测定方法比较分析了太白红杉种群的空间分布格局；汤孟平等(2006)采用 Ripley's K(d)函数对优势种群空间分布格局和种间关联性进行了分析。

1.3.5　濒危植物生殖生态学研究

植物生殖生态学(plant reproductive ecology)是研究植物繁殖行为、过程及其与环境间相互关系与规律的科学(苏智先，1990)。生殖生态学以生殖生物学和生态学理论与方法为基础，包括研究植物生殖体系、生殖策略、生殖节律对环境的适应、开花生物学、传粉生态学、种子及幼苗生态学以及植物群落的自然更新等内容(曹坤方，1993)。因此，植物生殖生态学不仅从个体水平上研究植物的开花、传粉、受精及种子发育的机制，而且在群体水平上探讨其生活史过程及其适应机制。总之，植物生殖生态学就是以植物的繁殖过程为核心，强调生态环境和植物之间选择及适应的关系(曹坤方，1993)。随着学者对植物学领域的不断深入研究，植物生殖生态学已逐渐发展成为种群生态学的研究热点之一(杨利平，2004)。

目前，由于人类无节制地滥用自然资源，造成全球生态环境的急剧变化，使得生物多样性面临自身进化和人类严重干扰的双重威胁，致使越来越多的植物处于濒危状态。因此，濒危植物生殖生态学研究已成为当今濒危植物保护生物学研究领域的一个热点(黄双全等，2000)。国内外众多学者采用不同研究方法，从不同层次对濒危植物的生殖生态学进行了大量研究，"八五"期间国家自然科学基金重大项目"中国主要濒危植物生物学研究"更促进了这一领域的研究，其中攀枝花苏铁(*Cycas panzhihuaensis*)、鹅掌楸(*Liriodendron chinense*)、银杉(*Cathaya argyrophylla*)、矮牡丹(*Paeonia suffruticosa* var. *spontanea*)、杭州石荠苎(*Mosla hangchowensis*)、南川升麻(*Cimicifuga nanchuenensis*)、长喙毛茛泽泻(*Ranalisma rostratum*)、短柄五加(*Eleutherococcus brachypus*)、裂叶沙参(*Adenophora lobophylla*)、木根麦冬(*Ophiopogon xylorrhizus*)曾是国家自然科学基金重大项目的研究对象(Zu，1999)。研究发现，导致植物出现濒危状态主要有两方面的因素：①由于濒危植物内在的遗传机制缺陷导致植物的适应力、生活力降低，使其生存受到限制，从而导致种群更新困难，种群数量减少、分布区面积逐步缩小；②外部环境条件的剧烈变化，使植物种本身不能适应变化的环境而导致灭绝(王志高等，2003)。

1. 濒危植物开花物候学特性研究

植物开花物候是植物生殖生态学研究的一个重要内容。开花物候的研究特别强调相对于居群内其他个体或群落内其他物种的特定时间开花的适应意义(Griz et al.，2001；Batalha et al.，2004；刘艳等，2006)。

目前，国外有关植物开花物候的研究主要集中在四个方面：①物候模式的系统发生和生活型的综合分析(Ollerton et al.，1992；Bronstein，1995；Smith-Ramirez et al.，1998；Devineau，1999)；②共存种(coexisting species)的物候分化研究(Widen et al.，1995；Bosch et al.，1997)；③单个种的种群沿海拔、纬度梯度或者在生态异质生境之中的变异研究(Guitian et al.，1992；Tarasjev，1997)；④种群内的物候变异研究。

国内则主要集中于：①开花与传粉及交配系统(繁育系统)等方面的研究(Stenstrem et al.，1997；Totland et al.，2002；Goulart et al.，2005)；②开花物候与环境关系的研究(焦培培等，2007；李新蓉等，2007；Kudo et al.，2003；李小艳等，2009)，即开花物候受环境因素(海拔、纬度、光照、温度、湿度等)的影响；③开花物候与生殖对策关系的研究，即开花物候对生殖成功的影响(Wagner et al.，1997；曹艳芳等，2008)。国内关于濒危植物开花物候对其生殖成功的影响研究较少。

通过对濒危植物的开花物候学特性进行研究，可以发现其中涉及植物濒危的原因，并可为物种的保护及合理开发利用提供科学依据。谭敦炎等(1998)对雪莲(*Saussurea involucrata*)的物候观测发现，雪莲在开花前和开花期常遭受大面积的采挖，导致其土壤种子库无法得到补充，这是其濒危的重要原因；肖宜安等(2004a)研究发现，长柄双花木(*Disanthus cercidifolius* var. *longipes*)的开花期在每年的 7～9 月，此时伴生物种中同期开花的植物较多，其与伴生植物中的传粉昆虫存在较强竞争，这种竞争机制也可能是导致该物种濒危的一个原因。

2. 濒危植物繁育系统研究

繁育系统(breeding system)通常是指能直接影响植物后代遗传组成的所有有性特征(Wyatt，1983)，主要包括花部综合特征、花各性器官的寿命、花开放式样、自交亲和程度和交配系统，它们与传粉者和传粉行为共同构成影响生殖后代遗传组成和适合度的主要因素(何亚平等，2004)，其中交配系统是核心。物种的繁殖是进化过程的核心，了解植物的繁育系统是认识植物生活史的前提，也是研究任何生物进化问题的关键(张大勇，2004)，因此，植物学家在对各物种进行调查时必须重视其研究对象的繁育系统。

经典的繁育系统概念是指控制种群或分类群中异体受精或自体受精相对频率的各种生理、形态机制(Heywood，1979)。繁育系统在决定植物的进化路线和表征变异上起着重要作用(Grant，1981)，是种群有性生殖的纽带。不同学者对繁育系统和交配系统概念的理解差异很大，大多学者认为要准确描述一种植物的繁育系统至少应具备三方面的内容：种群的繁殖类型、花部综合特征、影响植物自交和异交的花部性状(Silvertown et al.，2001)。王崇云等(1999)系统地综述了不同学者的观点，将植物的繁殖类型、繁育系统与交配系统的关系进行了归纳总结(图 1-2)。

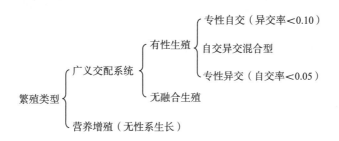

图 1-2 植物繁殖类型、繁育系统与交配系统的关系

繁育系统类型是群落组成和结构的一个重要方面。对植物繁育系统的多样化及其作用模式与机制的研究，是理解植物各类群进化的重要基础之一(王洪新等，1996)。在国外，植物繁育系统的研究一直受到重视，并已成为进化生态学研究的热点和重点之一。随着等位酶技术、简单重复序列间扩增(ISSR)等分子标记技术在繁育系统中的成功应用，繁育系统的研究进入了一个新的层次，国内也开展了许多相关的研究工作(陈家宽等，1994；汪小凡等，1999；宋志平等，2000；孟宏虎，2008)。濒危物种的繁育系统是有关致濒原因研究的重要方面，因此濒危植物繁育系统的研究对于繁育生物学和生物多样性保护和管理

具有重要意义(王崇云等，1999)。

3. 濒危植物传粉生态学研究

传粉是种子植物有性生殖的必经阶段之一，而传粉生态学是研究与传粉有关的各种生物学特性及环境适应性规律的学科。传粉生态学的研究内容不仅涉及生殖生态学，同时也是保护生物学家分析物种能否正常繁衍生存的要点内容。因此，保护生物学发展的同时，传粉生态学也得到迅速的发展(伦德勒，1965)，并逐渐成为种群生物学和进化生物学中的热门领域(刘林德等，2003)。目前，传粉生态学的研究热点主要集中在几个方面：①植物性表达的多样性及其进化、植物的繁育系统特别是交配系统与种群的遗传结构；②花形态特征的变异和化学成分的变化与传粉者的相互作用及其进化机制；③传粉效率、生殖效率、传粉系统及其进化；④花粉流、花粉流的标记方法及花粉的散布规律；⑤花粉竞争、花粉管竞争及其生物学含义；⑥传粉生态学在保护生物学中的应用等(周世良等，1998；黄双全等，2000)。

我国在传粉生物学方面的研究起步较晚，但在濒危植物传粉生态学方面取得了一定的成绩。我国"八五"期间自然科学基金重大项目"中国主要濒危植物保护生物学"中将 10 个濒危植物的传粉生物学列为生殖生物学的重要组成部分，目前，对小花木兰(*Magnolia sieboldii*)(王立龙等，2005)、刺五加(*Eleutherococcus senticosus*)(刘林德等，1998)、短柄五加(刘林德等，2002)、单性木兰(*Kmeria septentrionalis*)(赖家业等，2007)、南川升麻(*Cimicifuga nanchuanensis*)(奇文清等，1998)、矮牡丹(罗毅波等，1998)、少花柊叶(*Phrynium oliganthum*)(段友爱等，2008)、翅果油树(*Elaeagnus mollis*)(魏学智等，2007)、长柄双花木(肖宜安等，2004b)和蒜头果(*Malania oleifera*)(赖家业等，2008)等物种的传粉生态学研究已经获得重要的成果。因此，弄清一个物种的传粉机制对于阐明植物种群生殖特性、种群动态、种群预测以及濒危植物保护对策的制定无疑具有十分重要的意义。

近年来，随着传粉生态学的逐渐发展，植物与动物之间的关系，植物的报酬物、植物花冠形态及颜色等传粉综合特征及其与访花昆虫的关系(刘林德等，2002；王红等，2003；何亚平等，2004；刘林德等，2004；刘志秋等，2004a、b)，光照、温度、湿度等天气条件对昆虫访花行为的影响(刘林德等，2004；肖宜安等，2004)，不同花期传粉者访花频率的变化(Eyned et al.，2002；周红军等，2003)等逐渐成为传粉生态学研究的重点及热点。

4. 濒危植物种子和幼苗生态学研究

植物通过有性生殖产生种子，借以传递生命、延续种族(傅家瑞，1985a)，在此过程中其面临着强大的选择压力，从而表现出很强的适应性(王明玖，2000)。种子植物自然更新的过程大致包括三个阶段或时期：①种子生产和散布；②种子在适宜地点萌发及幼苗建成；③幼树成长直至成树(肖治术等，2003)。在这些过程中，每个阶段都面临着外界环境的适应挑战，因而影响每个阶段的任何因子都会影响更新过程中的完成。尤其是种子萌发和幼苗生长到成株的阶段是对种群的影响和作用最大的阶段，该过程中植株个体的死亡风险最大(王普旭，2009)。另外，人为活动和自然因素的干扰，对植物种群数量和分布格局及群落结构与功能等有不同程度的影响(李小双等，2007)。

目前，国内外对种子及幼苗生态学的研究主要集中在几方面：①种子大小。种子的大小在某一植物种内常常被认为是相对稳定的(Harper et al.，1970；Silvertown，1981)，但由于自然选择压力的作用，种群内、种群间甚至个体间，种子大小有很大差异(Schaal，1980；Thompsin，1984)，其变异会影响种子扩散、种子萌发及幼苗特征，对幼苗定居和存活有很大影响，进而影响种群更新(Wulff，1986)。通常认为大种子常有较高的萌发率，产生更大更高的幼苗以增强其存活和竞争力。因此，种群内种子大小变异的研究对群落演替、种群更新具有重要的生态意义(柯文山等，2000)。②种子萌发。种子萌发受外部生态环境因子包括光照、温度、水分、化学物质、土壤因子、腐殖层厚度、生物因素等方面的影响；同时，种源、降雨量、土壤含水量、种群大小、自身休眠特性、温度及光照、播种深度等因素对种子的萌发都存在影响(胡世俊等，2007；魏胜利等，2008；殷东生等，2011)。③幼苗生态学。种子的萌发、生长直至幼苗的建成，是植物整个生活史中最薄弱的一个环节，因此，大部分研究集中于种子萌发及幼苗生理生长状况(柯文山等，2000)、幼苗适应性(肖春旺等，1999)及分布格局(李文良等，2008)。

研究人员对多种濒危植物的种子及幼苗生态学的研究发现：种子产量少且质量低(李文良等，2008)、果实形态和结构特殊不利于种子散布及发芽(肖春旺等，1999)、种子具休眠特性或存在发芽抑制物(上官铁梁等，2001；胡世俊等，2007)、动物的破坏(张文辉等，1998)、种子寿命短(上官铁梁等，2001；吴大荣等，2001)等原因均会导致濒危植物种子及幼苗数量稀少、种群更新困难。从上述分析可以看出，濒危植物种子和幼苗稀少是由种子形态学、生理及环境因子等多种因素共同作用的结果。因此，通过对濒危植物种子和幼苗生态学的研究能找出其育种育苗的更好途径，对扩大种群数量和避免种群灭绝具有重要意义。

5. 濒危植物生殖值和生殖分配研究

植物种群的生殖值研究是植物种群生殖生态学的重要手段，它不仅可以计算种群现实的生殖能力，还可对种群的潜在生殖能力做出推测。而植物生殖过程中的生殖分配格局以及植物如何调节其生殖分配以适应其生活型和年龄变化的动态，是生殖生态学研究的重要任务(苏智先等，1998)。生殖分配(RA)与物种的生殖阶段密切相关，一般从花期到果期其生殖分配呈下降趋势(徐庆等，2001)，这可能与花果转化率有关。大量研究表明，生境较差条件下植物会产生较高的生殖值(吴榜华等，1993；徐庆等，2001)，这可能是其适应恶劣环境所采取的生殖对策。徐庆等(2001)根据四合木生殖年龄和生殖分配值大小，将四合木种群的生殖期分为生殖起动期、生殖增长期、生殖高峰期和生殖衰退期四个阶段，这为有效预测四合木种群的动态变化提供了科学的依据。因此，研究濒危植物的生殖分配格局及其适应性特征，有助于揭示濒危植物生殖与生存的相互关系，对于探讨植物的生活史适应对策及其濒危原因和保护对策具有重要的意义(方炎明等，2004)。

1.4　濒危植物更新限制机制研究

1.4.1　自然更新概述

植物的自然更新过程备受人们的关注,是 20 世纪 70 年代以来生态领域研究的热点问题之一。狭义上,自然更新是指植物体的部分有机体丢失或损伤的再生长;广义包括由于自然或人类活动造成植物种群破坏后的再生(李小双等,2007)。广义的自然更新包含了多方面的生态过程,包括植物的开花和结实、种子扩散和萌发、幼苗建成和生长、植物种繁殖过程及其伴生种的种群变化等过程(Harper,1977)。科学地认识濒危植物的自然更新及其限制机制,是对其进行种质资源保护和可持续利用的生态学基础,对于探讨其濒危原因和保护对策至关重要。

1.4.2　种子更新研究模型

植物的自然更新包括种子生产、种子扩散、种子萌发、幼苗定居及幼树建成等生活史过程。一般情况下,依赖种子的自然更新成功必须满足两个条件:①要有足够数量、能维持较长时间且顺利过冬的种子库;②适合种子萌发,支持幼苗存活、生长和幼树形成的环境条件(Liu et al.,2005)。前者是由种子生产、种子扩散决定的,后者与种子萌发、幼苗定居和幼树建成过程密切相关,其中任何一个环节均可能成为植物更新的限制因素(Yan et al.,2005)。目前,对植物种子更新的生态学过程的研究主要有种子命运模型、补充限制模型和时空动态模型等三种研究模式(郭华,2011),这三种研究模式各有侧重,但其共通之处均在于紧紧围绕种质植物更新的关键环节开展工作。

1. 种子命运模型

该模型由 Chambers 等(1994)提出,旨在通过监测种子的命运研究种子植物的自然更新。该模型着重强调种子从母树脱落到幼苗建成的全部运动过程。由于需要对种子产生至幼苗建成的全过程进行长期跟踪监测,因此对大多数研究者而言难以实现。尤其是对于生长周期长的大多数木本植物,或者种子有顽拗性休眠习性的植物,此研究途径难以奏效。

2. 补充限制模型

Clark 等(1999)在对北美洲东部南部阿帕拉契山脉温带落叶阔叶林长期研究的基础上,结合 Eriksson、Ehrlen、Crawley 等对欧洲温带森林更新机制的长期研究,总结提出了种子更新的补充限制理论。该理论认为,在森林动态研究中,种子更新主要存在种子雨、幼苗雨两种补充限制观点。其中,"种子雨观点"强调种群更新限制是受种源缺乏、种子产量低、扩散受限等因素综合影响的结果。对种子可用性的量化评估是种子雨观点指导下森林更新机制研究的重点。"幼苗雨观点"强调微环境的分布格局和质量,即影响种子萌发及幼苗生长、死亡的各种生态因子的分布情况及其时空变异性，是导致种群产生补充限制的主要原因。该观点强调对物种生活史早期的种群统计学调查和对适宜微生境的时空格局动态的监测，突出了环境筛在补充限制中的作用。

3. 种子扩散的时空动态模型

Nathan 等(2000)强调，种子扩散过程的时空格局是决定物种补充更新的决定性因子，即种子扩散的时空动态模型(图 1-3)。时空模型将种子植物更新的全过程分成五个时期，即成树、种子生产、在临时土壤种子库内的种子、在持久土壤种子库内的种子、幼苗等，并且注意这五个阶段之间的密切联系和影响因素。时空动态研究模型比较全面地描述了植物更新的过程及其影响因素，已成为研究种子植物更新机制的常用模式。

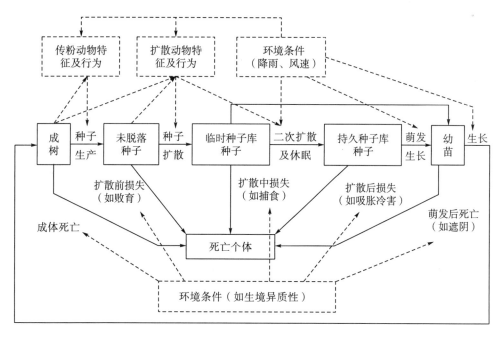

图 1-3 植物种子更新的时空动态模型研究模式

注：实线表示过程，虚线表示影响因素。

1.4.3 种子更新限制机制研究

根据时空动态研究模型，国内外学者针对濒危植物的更新限制机制进行了大量的研究，普遍认为，种子植物从种子到幼树的生活史过程中主要受种源限制、传播限制和建成限制三种更新限制机制的影响(李宁等，2011)。

1. 种源限制

种子生产量低而导致有效传播低，更新幼苗数量受到种子生产量大小的限制，从而产生种源限制(Schupp et al., 2002)。植物种子生产过程中的某些环节异常, 如大小孢子与雌雄配子体发育不正常、传粉媒介不足等都将影响生殖的有效性, 从而引起种源限制(高润梅, 2002; 赵兴峰等, 2008)。因此, 对濒危植物的大小孢子发生与雌雄配子体形成过程、传粉受精过程及胚胎发育过程进行研究, 分析其中导致植物结实率低的原因, 已成为濒危植物濒危原因研究的重要内容。

2. 传播限制

传播限制是更新限制的关键环节之一, 主要指种子离开母体后, 由于各种原因不能到达合适的萌发地点, 从而导致植物种群更新失败(Clark et al., 1998)。传播限制是解释植物生物多样性维持的理论(Terborgh et al., 2002), 逐渐成为国内外该领域研究的热点。传播限制主要受数量、距离和动物行为三方面的影响。数量上, 缺乏有限传播者必将减少传播数量, 但如果种子拥有较高质量, 则能逃脱数量限制; 距离上, 植物更新个体显示出明显的 Janzen-Connell 格局, 但传播距离趋向稳定, 形成植物种群的进化稳定对策; 食果动物行为上, 不同传播者对更新贡献存在差异, 捕食者直接降低更新, 融入两类动物行为的模型更能反映食果动物对更新的限制。

3. 建成限制

能否逃脱传播限制的种子所到达的生境, 常决定其能否成功更新。生境常包含土壤、水分、阳光、种间竞争、种内竞争和捕食者等多种限制因素, 前三者常被称为非密度制约, 后三者称为密度制约(Terborgh et al., 2002)。由环境中的密度制约和非密度制约导致植物种群更新失败, 称为建成限制(Clark et al., 1999)。其中, 微生境的土壤、水分、光隙和植物邻居等因子均会影响到濒危植物种子萌发与幼苗建成, 从而制约着植物的生长和繁育(李宁等, 2011)。另外, 种子质量特征决定了植物是否能逃离建成限制。物种种子质量较高, 在生境中建成幼树概率大, 易逃离建成限制; 物种种子质量较低, 常通过多次传播到达适宜生境以完成更新(Muller-Landau, 2010)。因此, 从建成限制角度研究濒危植物种子萌发及幼苗建成的影响因素, 揭示其生殖适应性对策, 已成为当前濒危植物更新限制研究的热点内容之一。

1.5 濒危植物保护遗传学研究

1.5.1 保护遗传学的目的及意义

从长远来看, 濒危物种保护对策的制定必须同遗传因子和环境因子结合起来考虑。遗传变异是物种进化的基础, 一个物种只有具备足够多的遗传变异才可能适应剧烈变化的环境(Frankel et al., 1981)。因此, 在全球气候变化的背景下, 如何有效保护物种的进化潜力成为人类共同关心的问题(熊敏等, 2014)。遗传多样性是生物进化的基础, 物种的遗传多样性高低是长期进化的产物, 对其生存和进化有着巨大的影响(Stockwell et al., 2003)。

只有在弄清物种的遗传结构和遗传多样性现状的前提下，才能真正了解物种的进化历史和濒危机制，才能够制定出切实可行的保护和遗传管理策略(Yang et al.，2014)。

保护遗传学是保护生物学研究的重要核心内容之一，其研究目标主要是保护物种的遗传多样性和保持物种的进化潜力，主要包括种群遗传结构、近亲繁殖、遗传变异、基因流、种间杂交、物种迁移、亲缘关系、进化显著单元的确定、适应潜力和濒危机制等方面的研究内容(Milligan et al.，1994；Congiu et al.，2000)。其中，有关种群遗传结构和进化显著单元的研究将直接影响物种遗传多样性的保护和进化潜力的保持，以及保护管理策略的制定和实施，这已成为保护遗传学研究中最重要的两个方面(Hedrick et al.，1992；Avise，1994)。因此，开展濒危植物的种群遗传结构和进化显著单元等保护遗传学研究，对于探讨其濒危机制和制定切实有效的保护对策具有非常重要的意义。

1.5.2　遗传多样性概述

生物多样性是生物经历了长期的进化过程之后而形成的历史产物，它包括遗传多样性、物种多样性、生态系统多样性和景观多样性等四个层次(Beer et al.，2008；Gibson et al.，2011)。遗传多样性又被称之为基因多样性，是生物多样性的基础和重要组成成分，也是保护生物学研究的重要内容之一(Butchart et al.，2010)。

遗传多样性在概念上有狭义和广义的区别。广义上，遗传多样性所指的是地球上所有动物、植物及微生物个体基因中所包含的全部遗传信息的总和，实际上就是指地球上所有生物个体所携带的遗传信息的总和；狭义上，则是指某一物种的不同群体间和种群内不同个体间的遗传多样性，即物种内的遗传变异总和(尚占环等，2002；郭慧，2011；李美琼，2011)。在实际应用中，遗传多样性一般都是指后者，而物种内的遗传变异通常有四种类型：①局部种群内存在的变异；②生长在相似的环境条件下且存在地理隔离的种群间的遗传变异；③长期生活在不同的环境条件下产生的具有适应意义的独特生态型的种群间的变异；④分类学上亚种间的变异(张恒庆等，2009)。

综上可知，遗传多样性是用来表示某个物种、亚种或者种群内遗传变异的概念，遗传变异水平的高低则是其直接表现形式。然而，任何物种个体的生命活动都要受到时间的限制，唯有由个体组成的群体或群体系统在时间上才可能是永久的，才是真正意义上的进化单位(Stebbins，1963；Dobzhansky，1964)。这些物种种群在经过了不断的进化过程之后，便会形成各自所特有的分布格局，所以从这个意义上来讲，物种的遗传多样性除了包含种内遗传变异水平之外，还包括种群间的遗传变异分布格局，即种群的遗传结构。

遗传多样性的表现形式可以分为四个方面：表型层面、细胞学层面、生理生化水平、分子水平(胡守荣等，2001；冯夏莲等，2006)。但归根结底，遗传多样性都是在物种的历史进化过程中，由各种原因所引起的物种基因组 DNA 序列发生改变。

1.5.3　影响植物遗传多样性的主要因素

在自然界中，植物种群的遗传多样性往往会受到各种生物和非生物因素的影响，比如植物的繁育系统、遗传漂变、自然选择压力、基因流和基因突变等。除此之外，还包括生存环境和人为破坏因素而引起的生境片段化、种群隔离、物种灭绝等(孙林等，2014)。总体而言，遗传多样性是物种在其长期的生存过程中对环境的不断适应和进化所形成的最终结果。

1. 繁育系统

植物的繁育系统是指种群内个体之间的传粉方式、配子特征以及繁殖世代周期的长短等，具体包括植物的自交或异交、有性生殖或无性生殖、种子和花粉的类型及其传播方式、植物生活型等(文亚峰等，2010)。植物的繁育系统与种内遗传变异有着直接的关系，它是决定植物遗传多样性和遗传结构的最主要也是最直接的因素(王洪新等，1996)。

2. 遗传漂变

在个体数量较少的群体中，下一代的个体容易因为有的个体没有产生后代或有的等位基因没有遗传给后代，使得下一代和上一代有不同的等位基因频率，最终导致这些等位基因在此群体中消失的过程称为遗传漂变(王欣欣等，2015)。随着有效种群的变小，遗传漂变的速度会明显加快，常常经过几代甚至一代之后，某些等位基因就可能消失，使得群体间出现较为明显的遗传分化，而群体内遗传多样性水平也相应地降低(Freeland，2005)。因此，遗传漂变的后果是减少了有限群体中的杂合体频率，使近交更为频繁，最终致使群体的遗传多样性水平降低。

3. 自然选择

自然选择是达尔文进化论的核心内容，也是导致种群遗传变异的主要因素之一，尤其是对植物表型性状变异的影响作用极为明显。无论是在地球生态系统中，还是在小的种群内，植物遗传多样性与生境选择强度密切相关，自然选择作用越强烈，多样性越丰富(Nevo，2001)。Li 等(2000)研究表明，自然分布区内的生境异质性也是影响林木变异的重要因素，分布区的生境异质性越大，则群体内个体之间的遗传变异也越大。

4. 基因流

群体遗传学中所提到的基因流是指某个物种的基因借助花粉、种子、孢子、营养体等遗传物质携带者的迁移或扩散，进而在群体之间或群体内个体之间进行交流的过程，植物基因交流的两种最主要方式是花粉传播和种子扩散途径(Ellstrand，1992)。基因流在促进群体间配子(基因)交换概率的同时，也阻碍了群体间的遗传分化，基因流越大，植物群体间的遗传相似度就会越大，群体也就越均匀(曲若竹等，2004)。因此，可以说基因流在提高植物群体的遗传多样性水平和避免种群分化的过程中扮演着相当重要的角色(Slatkin，1987)。

5. 人为干扰

由于人口数量和人类活动的剧增，人为干扰对植物遗传多样性所造成的影响也越来越严重。对林木和草地资源的过度利用、荒地开垦、城镇化建设和旅游业的快速发展以及外来物种的不适当引进等人为活动对植物的破坏是极为严重的，可以说是造成现代物种遗传多样性丧失而逐渐濒危和灭绝的首要原因，其中生境的破坏、片段化和丧失对现存植物的生存和繁衍威胁尤为严重(范升，2014)。

　　植物的遗传多样性是以上各种因素共同作用的结果。通常来说，在各因素的影响力不变的情况下，植物的遗传多样性会维持在某一个相对稳定的水平，如果某一特定因素的作用力突然骤降或骤增，遗传多样性也会随之逐渐发生变化，然后又逐渐维持在另一相对稳定的水平(文亚峰等，2010)。

1.5.4　遗传多样性的研究方法

　　根据遗传多样性所表现的四个层次(形态学水平、细胞学水平、生理生化水平、分子水平)，研究者们发展了相应的检测方法(时明芝等，2005)。无论是通过哪一种方法在哪种层次上检测，其目的都是为了揭示基因多样性。迄今为止，不管是哪一种检测方法都有其利弊，还没有一种可以完全取代其他所有方法的全能技术(雷武逵，2008)。形态学标记、细胞学标记、生化标记和分子标记，各种不同的方法都能从各自的角度提供相关有价值的信息，对于我们从不同角度去认识遗传多样性及其生物学意义具有重要的作用(解新明等，2000)。

1. 形态学标记

　　在检测种群遗传多样性的各种方法中，表型标记是最古老也是最简便易行的(张恒庆等，1999；刘晓等，2011)。尤其是在生理生化、分子标记等方法无法进行时，形态学标记成为研究者的首选研究方法(钱迎倩等，1994)。由于个体自身的遗传物质和所处生境对其形态性状的综合作用，使得形态性状既具有相对变异性又具有一定的稳定性，这也是生物适应其特定生存环境的表现形式(杨继，1991)。对表型性状变异的研究不仅可以反映物种的遗传变异，而且还可以在一定程度上反映生物个体所处环境的异质性及其对环境的适应和进化方式(沈浩等，2001)。但是形态标记方法也会受到表型性状较少且多态性较差、遗传表达不稳定、易受环境条件或基因显隐性等因素的限制(胡守荣等，2001)。

2. 细胞学标记

　　细胞学标记主要是指通过分析染色体核型和带型的差别，从而确定物种遗传变异的类型和分布。遗传多样性在染色体水平上的表现是通过核型分析来发现的(陈珊珊等，2010)。与形态性状而异的是，染色体变异一定会引起遗传变异(李海涛，2008；王艳梅等，2008)。由于很多物种染色体倒位的类型、频率与季节、纬度和海拔有很强的相关性，因此染色体变异是物种对环境适应一种响应，对染色体多态性的研究也具有重要的生物学意义。即便染色体标记可以检测出较为丰富的遗传变异，但是受到制片技术、细胞分裂时机难以把握和操作等的限定，通过这种方法研究遗传多样性势必具有一定的挑战性(窦笑菊，2012)。

3. 生化标记

生化标记主要利用同工酶和贮藏蛋白来进行研究，是一种从基因表达产物——蛋白质水平来反映生物遗传变异的研究方法（肖复明等，2003）。运用生化标记来研究遗传多样性是通过电泳将具有不同电荷或分子质量的酶蛋白，使其分离，并通过适当的染色技术对酶谱带进行染色。时至今日，此技术已经较为成熟，在采样策略、实验方法、数据处理等各方面都形成了一套统一的标准，并确立了衡量遗传多样性和遗传结构的定量指标，各个物种的研究结果能以同一个标准进行比较（王中仁，1996；郑敏等，1999）。但生化标记也有其劣势，如其表达存在器官特异性和阶段特异性，而且位点较少、多态性较差，分析的定量精度要求较高等，使其应用受到了一定的限制（杨玉珍等，2006）。

4. 分子标记

DNA 分子标记与上述几种标记相比较而言，其优点如下：①直接以 DNA 为研究对象，不受环境、气候及个体发育等其他因素的影响；②多态性高；③表现为中性标记；④大都表现为共显性标记；⑤样品来源较广；⑥DNA 样品能在适宜条件下长期保存（张恒庆等，2009；黄映萍，2010）。近年来，DNA 分子标记的广泛使用极大地提高了人们对遗传资源的认识（Kalia et al.，2011）。

目前，已经出现的分子标记技术很多，但在多态性水平、位点的特异性、重复性、技术难度、对 DNA 的质量要求等各方面都各有优缺点（表 1-2）。不同的方法可以从不同的角度为我们提供信息，进而有助于我们更加全面地认识遗传多样性及其生物学意义（邹喻苹等，2003）。

表 1-2 几种常用分子标记技术的特点

分子标记技术	重复性	多态性水平	位点特异性	技术难度	DNA 质量要求
RAPD	低	中等	无	易	低
RFLP	高	中等	是	难	高
AFLP	高	中等	无	中等	中等
ISSR	中等	中等	无	易	低
SSR	高	高	无	中等	低
SNP	高	低	无	易	低
SSCR	低	低	是	中等	低
CAPS	低	低	是	高	低
SCAR	低	中等	是	中等	低

1.5.5 遗传变异的一般模式

由于地理环境条件的差异，植物所处的选择压不同，在这一过程中，由于生态环境及选择压的连续或不连续变异，植物基因频率会在不同地理区域之间产生相应变化，造成植物内部发生遗传变异。因而多数学者认为连续变异、非连续变异是种内变异的两种主要模式(马颖敏，2010)。

1. 连续变异

多数植物的分布区很广阔，广阔的分布区使植物所处的环境条件也发生剧烈变化，如随着海拔的升高，相对湿度减小，蒸发量增加；从低纬度到高纬度，温度降低，日照时数减少；随经度的增加，降水量增大，环境湿度增大。当这些环境因子发生连续变化时，植物的性状就会随着环境的变化而发生逐渐和连续的变异(Conkle，1973)，最终形成连续变异模式。

2. 非连续变异

由于地理隔离和生殖隔离，植物长期处于特定环境条件下，最终产生遗传上有差异的群体称为非连续变异，也称为生态型变异(石雷，2007)。根据形成机理，生态型变异可以分为气候生态型及土壤生态型两种类型，前者与气候因子的差异有直接关系，如割裂的山脉、海岛环绕等形成的小环境(陈晓阳，1989)；而后者与土壤形成条件的不同有较密联系，如旱生型、水生型、盐碱型等不同类型的立地条件。由于分布在不同地理区域及土壤类型上，同一种植物在生长速率、发育变化及适应环境的能力上都有显著差异，这种生态条件的长期影响，使得植物产生不连续变异。

1.5.6　濒危植物保护遗传学研究现状

濒危植物是指短时间内灭绝率较高，其种群数量已达到存活极限的物种(洪德元，1990b)。濒危植物的地理分布范围很窄，常常生长于脆弱的、有限的生境中。由于长期受不同环境条件的影响和基因交流的限制，同一种植物的各种性状会在种内或种间群体中发生遗传分化，最终形成与地理分布相联系的种内或种间遗传变异(洪德元等，1995)。目前，濒危植物保护遗传学研究主要集中在选择中性遗传变异研究、适应性遗传变异研究和景观遗传学研究三个方面。

1. 选择中性遗传变异研究

选择中性遗传标记是过去几十年保护遗传学最常用的分子标记。国内外学者采用这类分子标记开展了大量的保护遗传学研究，主要集中在几个方面：①个体、品种和物种鉴定。由于场地限制等因素，对于迁地保护的濒危物种通常需要采用选择中性遗传标记进行个体和物种的鉴定，以检测保护效果，提高保护效率(李昂等，2002；Pichot et al.，2008)。②种内遗传分化单元，尤其是冰期避难所的鉴定。目前，我国学者利用中性遗传标记对濒危物种的谱系地理学、遗传多样性大小以及种群间的遗传分化进行了大量的研究，确定了物种冰期时的避难所及冰期后的扩散路线，并确定了保护管理单元和保护策略(Wang et al.，2006；Gong et al.，2008)。③种群大小及其效应分析。通常，历史事件(如冰川活动)和人类活动是引起种群变小、造成瓶颈效应的主要原因(Lascoux et al.，2008)，这是以前濒危物种研究的主要内容。但隐性(cryptic)非生境因素也会引起瓶颈效应,这逐渐引起生物学家的重视。如群落物种的结实存在大小年现象时,少数个体的后代会在群落中占有较大比例;或在扩散能力受限情况下,濒危物种的后代在群落中的分布格局呈现斑块化现象,这就要求在对这样的物种进行迁地保护时需要对不同斑块进行采种,以避免类似瓶颈效应的影响(Kettle et al.,2008)。另外,近交衰退是小种群效应可能产生的一个遗传后果(Ouborg et al.,2006;Aguilar et al.,2008),在进行迁地保护时充分利用个体间的遗传相似度和物种本身的扩散性,在有限空间内有效配置,能有效避免近交衰退的影响(Fernández et al.,2009)。

2. 适应性遗传变异研究

濒危植物保护的根本目标就是保存物种的进化潜力。物种在不同环境下受外界选择压力(自然选择)的影响,主要是通过改变其遗传基础来适应环境的变化(Gienapp et al.,2008),因此物种适应环境而产生的遗传变异(即适应性遗传变异)能够体现出该物种应对环境变化的能力。从适应性遗传变异的角度研究濒危植物的进化潜力已成为保护遗传学的研究前沿(王峥峰等,2009)。由于受环境、种群大小、种群变迁历史等影响,判断遗传变异是中性还是适应性的,或是有害的并不容易(Pertoldi et al.,2007)。目前,国内外学者主要通过 AFLP、EST-SSR 等一些较容易操作的分子标记,并结合生境的变异数据,检测可能的非中性遗传变异(Ellis et al.,2007;Vernesi et al.,2008)。

3. 景观遗传学研究

景观遗传学研究的目的在于解释景观与生境影响下种群间的基因流和遗传多样性格局(Manel et al.,2003;Storfer et al.,2007),主要包括与物种保护密切相关的五个方面的研究内容:①景观格局对遗传多样性格局的影响;②阻碍基因流的障碍;③遗传多样性的源与库;④遗传变异的时空格局形成;⑤特定生态假说的验证(Storfer et al.,2007)。

早在 20 世纪末,就有利用景观生态学方法开展植物保护遗传学的研究(王峥峰等,2009)。近年来,研究方法和研究手段不断创新,景观遗传学在物种保护方面发挥的作用越来越受到保护生物学研究者的重视。Yamagishi 等(2007)利用空间自相关分析研究手段分析了片段化生境对白花延龄草(*Trillium camschatcens*)种群两个年龄级(大树,可开花个体;幼苗)的小尺度遗传结构的影响;Wagner 等(2006)、McRae 等(2007)结合更多模型(如利用物理上的电流回路理论)开展了景观遗传学研究,以期更多地了解景观结构对基因流的影响。

1.6　水青树保护生物学研究进展

1.6.1　形态特征

水青树为落叶乔木,高可达 30m,胸径可达 1.5m,全株无毛;树皮片状脱落;长枝顶生,幼时暗红褐色,短枝侧生,基部有叠生环状的叶痕及芽鳞痕。叶片呈卵状心形,顶端渐尖，基部心形，边缘具细锯齿，齿端具腺点，背面略被白霜，掌状脉 5~7 条；花小，花被淡绿色或黄绿色，呈穗状花序下垂，着生于短枝顶端；雄蕊与花被片对生，长为花被的 2.5 倍，花药卵珠形，纵裂；心皮沿腹缝线合生；果长圆形，棕色，沿背缝线开裂；种子条形；花期在 6~7 月，果期在 9~10 月 (Fu et al.，2001；吴征镒，2004)。

1.6.2　地理分布

水青树在我国主要分布于甘肃、贵州、陕西、河南、湖北、湖南、四川、云南、西藏等省区，生于海拔 900~3500m 的深山、峡谷、陡坡悬崖等处的常绿阔叶林或常绿落叶阔叶混交林的林缘及溪边；在不丹、印度、尼泊尔、缅甸、越南亦有少量分布 (Fu et al.，2001)。

1.6.3　系统地位

基于水青树外部形态与昆栏树属 (Trochodendron) 植物有很多相似特点，在 1889 年 Oliver 将水青树置入木兰科 (Magnoliaceae) 的昆栏树族。基于水青树木材结构与 Drimys 类似，在 1897 年 Harms 将 Drimys 和水青树属 (Tetracentron Oliv) 一并归入木兰科 (Magnoliaceae)。基于木材结构的研究情况，van Teig hem 在 1900 年将水青树独立为水青树科 (Tetracentraceae)。随后，各位学者对水青树属种群结构、繁殖特征、种子生态等进行了深入研究，对水青树属的系统地位又有了新的认识。其中，Smith 对水青树属和昆栏树属的外部形态进行了详细的研究，最终认为这两个属的基本特征相似，但在枝型、叶形、叶脉等其他表型特征上有显著的区别，因而在 1945 年首次将水青树属独立为水青树科 (Tetracentraceae) (张吉斯，2008)。同时，张萍等 (1999) 将水青树科与相关科的花粉和种皮的特征进行比较，结果表明水青树科应归入昆栏树目，再置于金缕梅亚纲中比较合适。近年来，任毅课题组根据木材的导管结构、花的形态发生和发育、解剖学及花发育相关基因研究的结果，将水青树属作为昆栏树属的姐妹群，归入昆栏树科 (Chen et al.，2007；Ren et al.，2007；张吉斯，2008；杜春梅，2009)。基于分子生物学数据，APG 系统也将水青树属归入到昆栏树科 (Angiosperm Phylogeny Group，2009)。其化石在新生代始新世出现，是古老的孑遗物种，因此，其系统位置的研究对研究古代植物区系、被子植物的系统演化与起源具有重要的科学价值。

1.6.4　植物化学研究

Tower 等 (1953)、柳顺熙等 (1992) 研究了水青树的木质素化学结构，发现水青树木质素主要结构单元为愈疮木基丙烷结构，显示出典型针叶材木质素的结构特征，而不同于一般阔叶材质的木质素。郑向炜等 (2000)、吴献礼等 (2000)、Yi 等 (2000) 用化学和波谱分析方法从水青树茎皮中分离鉴定了丁香甙、儿茶素、β-谷甾醇、β-胡萝卜甙、长链脂肪酸、羽扇豆醇、白桦脂醇、白桦酸和齐墩果酸等化合物。来国防等 (2010) 从水青树乙酸乙酯与正丁醇萃取部分中分离并鉴定了 15 个化合物。Wang 等(2006)研究发现，水青树茎干的乙醇提取物含有抗 HIV 活性，部分提取物还具有抗白血病细胞活性，因此具有重要的药用价值。

1.6.5　群落与种群生态学研究

水青树在世界上分布于北纬 24°～34.5°，东经 98°～111.5°的亚热带和暖温带区域，在我国主要分布于中部和西南山地的海拔 900～3500m 的深山峡谷之中，其中在 1500～2400m 处分布较多(张萍，1999)。刘毅(1985)对秦岭珍稀树种水青树的研究结果表明，水青树通常生于阴坡、土壤肥沃、土壤较厚的山谷或山坡下部水肥条件较好的地方。陈娟娟等(2008)在对元江自然保护区的水青树群落进行调查发现，在光照条件好的情况下水青树种子的繁殖能力强。黄金燕等(2010)对四川省卧龙自然保护区水青树群落组成和结构进行了调查，结果发现水青树所处的群落类型组成与结构有一定变化。但 Tang 等(2013)对云南哀牢山的水青树种群现状进行研究后认为，在天然林分布区，水青树种群大小及年龄结构呈多峰分布；自然条件良好的情况下，水青树幼苗多生长于林隙、岩石、陡坡、路边、以种子进行更新；在环境条件恶劣的情况下，水青树在土壤中发展根系，结合成庞大的网状体系，最终在母体的根系上萌生形成新的枝条。

由于地质历史时期的气候变迁，以及后期人为干扰的影响，近年来对水青树野生种群的破坏已达空前严重的程度，致使其野生植株日趋减少，濒危状态日益严重，现已被列入CITES(濒危野生动植物种国际贸易公约) 附录Ⅲ[①]，也被我国列为国家二级重点保护植物(傅立国等，1992)。

1.6.6　种子与幼苗生态学研究

为了更好地繁育和保护水青树，前人针对其种子萌发的适宜条件开展了较多的研究。万才淦(1986)研究认为，水青树种子对光的反应因温度的不同而有所差异，25℃时不需光，24~33℃(多在 28~30℃)时喜光，10~20℃时光对发芽有促进作用；最适发芽温度为 25℃；经冬季低温层积的种子，可在 1.4~8.2℃的低温中发芽；硝酸钾能部分解除种子发芽对温度的要求，GA 也略有这种作用。徐亮等(2006)研究发现，水分条件并不影响水青树种子的活力；周佑勋(2007)、文晖(2010)研究发现，水青树种子具有需光萌发的特性，其萌发受光照和温度相互作用的影响，对温度的适应性较广泛，10~30℃时种子均能萌发。

物种更新、群落演替等过程中非常关键的一步便是植物幼苗的更新，因为幼苗比成年个体对环境因子更加敏感，受环境的影响更加剧烈。文晖(2010)发现，不同光照条件下的水青树幼苗根、茎、叶的相对生长量均存在差异，其中10%光照强度下幼苗叶的相对生长量最高，叶面积的变化速率最快，其次是根相对生长量，茎的生长速率较前两者缓慢些。因此，一般认为，水青树 1 月龄苗适合在荫蔽的环境中生长，半年生以上的幼苗不适应较

---

① https://cites.org/eng/node/41216

萌蔽的环境，开始表现出一定的喜光特性。因此，水青树具有耐阴植物的一些特性，其在生活史的某些阶段（尤其是幼苗期）需要适度弱光。

1.6.7　种群遗传学研究

Yang 等（2012）采用 FIASCO（fast isolation by AFLP of sequences containing repeats）方法，以来自湖北、重庆、四川的 3 个种群的 44 个水青树个体为实验对象，开发出了 8 对微卫星标记引物，为其种群遗传多样性的研究奠定了基础。Sun 等（2014）以来自 27 个种群的 157 个个体为研究对象，通过提取叶绿体 DNA，并对叶绿体基因的 4 个间隔区序列进行研究，探讨了更新纪和更新纪前的气候变迁对水青树现存种群的地理系统模式的影响。结果表明：现存水青树种群的分布格局受到第四纪冰期和更新纪气候变化的影响，虽然在晚更新世冰期，水青树存在多个避难所，但是中国西南部是其度过古近-新近纪冰期的重要避难所也是最早分化的支系，应作为重点保护区域；生境片段化可能阻碍了群体之间的基因交流而导致遗传多样性的丧失，并据此提出确立保护区等保护措施。

第2章　水青树群落特征及其优势
种群生态位研究[①]

本章通过对四川美姑大风顶国家级自然保护区水青树群落组成、结构及其优势乔木种群生态位进行研究，试图达到以下目的：①揭示水青树种群在群落中的地位与作用；②探讨水青树与其群落中优势乔木种群对可利用资源的利用状况以及种间关系；③预测该群落及其种群的发展趋势；④为水青树的有效保护提供科学依据。

2.1　研究地自然概况

2.1.1　地理位置

研究地位于四川美姑大风顶国家级自然保护区。该保护区经国务院国发〔1978〕256号文批准，1979年在美姑县与马边县交界的大风顶一线的瓦侯区境内建立，1994年由原国家林业部林函护字〔1994〕174号文确认为国家级自然保护区。保护区位于四川省凉山彝族自治州美姑县东北部（E 102°52′～103°20′，N 28°30′～28°50′）。属青藏高原的东南缘，地处横断山脉中段，黄茅埂山脉顶峰大风顶以西，西北的树窝、龙窝、依果觉、炳途、尼哈、苏洛乡境内。东以罗姑波、罗姑咧皆、觉罗豁、大风顶山脊线为界，与马边大风顶国家级自然保护区相邻；南以史扎、览波加界、远牙斯普山脊为界，与依果觉乡社区相连；西以年渣果火山脊为界，与越西县申果庄保护区毗邻；西北以美姑县与甘洛县县界为界，与甘洛马鞍山自然保护区相接；北面以美姑县与峨边县的行政区划界为界，与峨边县黑竹沟自然保护区为邻；东北面以洪溪经营所国有林经营界为界，与树窝乡、龙窝乡社区接壤；东面及东南面以洪溪林场国有林经营界为界，与苏洛、尼哈、炳途、依果觉乡社区连成一片。南北长37km，东西宽45km，总面积50655.0hm²。

2.1.2　地质地貌

保护区地处青藏高原东南部的横断山脉与四川盆地的西南边缘交汇处，属川滇南北构造东沿部分的凉山褶断带，位于扬子准地台与青藏褶皱带两个性质迥异的构造大单元之间。地貌属深切割中山地貌类型，地势由西南向东北倾斜，最高海拔3998m（年渣果火山

---

① 本章主要依据李怀春的硕士学位论文《濒危植物水青树的种群生态学研究》（西华师范大学硕士学位论文，2015）修改而成。

主峰），最低海拔 1356m（树窝乡大湾村），相对高差 2642m。

2.1.3　水文

自然保护区河流众多，水流湍急，流量充沛，水资源丰富，主要有美姑河、滥龙拉达和瓦侯河，分属于金沙江、大渡河和岷江水系。

2.1.4　气候

美姑大风顶保护区位于中亚热带季风湿润气候区，年均降水量 1110mm，年均相对湿度在 80% 左右，年均气温为 11.4℃，年最高温在 7～8 月，无霜期 230～280d。区内温度低、湿度大且多云雾，雨量充沛。

2.1.5　土壤

保护区的土壤垂直带谱明显，主要有黄壤、紫色土、黄棕壤、棕壤、暗棕壤、亚高山草甸土、高山草甸土等类型。海拔 2150m 以下为黄壤、紫色土等；海拔 2150～2550m，为黄棕壤与紫色土呈复区分布；海拔 2550～2900m 为棕壤带；海拔 2900～3200m 为暗棕壤带；海拔 3200～3500m 为亚高山草甸土；海拔 3500m 以上为高山草甸土。土壤 pH 为4.5～5.4，有机质含量高。

2.1.6　植被

保护区植被在四川植被区划中属"川西南山地偏干性常绿阔叶林亚带，川西南河谷山原植被地区，大凉山山原植被小区"，区内植被属山地植被类型，植被垂直分布比较明显，垂直带谱结构比较完整，包括常绿阔叶林、常绿与落叶阔叶混交林、针阔叶混交林、亚高山针叶林、高山灌丛草甸等植被类型。海拔 1800m 以下为常绿阔叶林带，为古近-新近纪古热带和温带植物群的衍生物及植物种再度分化的起源地；海拔 1800～2200m 为常绿与落叶阔叶混交林带；海拔 2200～2500m 为针阔叶混交林带；海拔 2500～3500m 为亚高山针叶林带；海拔 3500m 以上为高山灌丛草甸带。本区域主要植被类型是常绿落叶阔叶混交林，水青树常单株散生，或与槭属（*Acer* spp.）、荚蒾属（*Viburnum* spp.）和红桦（*Betula albo-sinensis* Burk.）等植物混生。

2.2　研　究　方　法

2.2.1　样地设置与调查

在对保护区水青树分布进行全面调查的基础上，选择 6 个 20m×20m 具有代表性的样地，面积共计 2400m²。记录各样地的坡度、坡向、海拔、岩石裸露度、郁闭度、群落类型、干扰类型等生境因子(表 2-1)。

表 2-1　6 个水青树群落的基本情况

样地	坡度/(°)	岩石裸露度/%	海拔/m	坡向	郁闭度/%	群落类型
Q1	35	2	2182	NW	65	水青树+褐毛稠李—黑茶藨子 *T. sinense+Padus brunnescens- Ribes nigrum*
Q2	45	0.5	2153	SE	25	水青树+房县槭—桦叶荚蒾 *T. sinense+Acer franchetii—V. betulifolium*
Q3	25	0.5	2273	NW	45	水青树—桦叶荚蒾 *T. sinense — V. betulifolium*
Q4	5	8	2377	NW	60	水青树+连香树—桦叶荚蒾 *T. sinense+Cercidiphyllum japonicum-V. betulifolium*
Q5	-	18	2371	——	55	水青树—桦叶荚蒾 *T. sinense—V. betulifolium*
Q6	-	0.5	2261	——	20	水青树—杜鹃 *T. sinense—Rhododendron* spp.

群落植被按垂直高度分成三层：乔木层(高度：>4m)、灌木层(高度：1～4m)、草本层(高度：<1m)。按照中国科学院生态系统调查要求，采用相邻格子法，对样地内所有树种进行每木调查，记录物种名、树高、胸径、冠幅、枝下高。在各样地的四角和中央分别取 5 个 5m×5m 的灌木样方和 5 个 1m×1m 的草本样方，分别进行灌木、草本层调查，记录其物种名、高度、盖度及株丛数、地径等。并分别记录灌木层中乔木树种的幼树(高度：1～4m)和草本层中乔木树种的幼苗(高度：<1m)。所有物种按物种水平进行鉴定，凭证标本保存于西华师范大学植物标本室。

2.2.2　数据统计与分析

2.2.2.1　重要值的计算

乔木层重要值
$$IV=(相对密度+相对频度+相对优势度)×100 \tag{2.1}$$
灌木层及草本层重要值
$$IV=(相对多度+相对频度+相对盖度)×100 \tag{2.2}$$
式(2.1)和式(2.2)中，相对密度和相对多度为某种植物的个体数目占样方中所有植物个体数目的比例；相对频度为某种植物出现的样方数占总样方数的比例，是反映某种植物分布均匀程度的一个指标；相对优势度为某种植物的胸高断面积总和占样方内所有物种的胸高断面积总和的比值，能反映物种在群落中的优势程度(宋永昌，2001；史小华等，2007)。

2.2.2.2　物种多样性测度方法

采用以下方法测度水青树群落的物种多样性：

Shannon-Wiener 指数：

$$H' = -\sum P_i \ln P_i \tag{2.3}$$

Simpson 指数：

$$D = 1 - \sum P_i^2 \tag{2.4}$$

Pielou 均匀度指数：

$$J_{sw} = \frac{H}{\ln(s)} \tag{2.5}$$

式(2.3)～式(2.5)中，s 为样地中的物种总数；$P_i = N_i / N$，N_i 为第 i 个物种的植株个体数，N 为样地中总的个体数。

群落中分层物种多样性数据用 IBM SPSS Statistics version 21.0 中的 One-Way ANOVA 进行差异显著性分析。在满足方差齐性的情况下，运用该软件 Duncan 检验进行多重比较分析；若不满足方差齐性的要求，则采用该软件的 Dunnett's T3 进行多重比较。运用 OriginPro 9.0 进行作图。

2.2.2.3　优势乔木种群生态位宽度

资源位的选取依据每个样地作为一维资源状态，计算水平生态位宽度和垂直生态位宽度。

水平生态位宽度的测度采用 Shannon-Wiener 指数(Shannon et al.，1949)和 Levins 指数(Levins，1968)。

Shannon-Wiener 指数：

$$B_{(\mathrm{SW})i} = -\sum_{j=1}^{r} P_{ij} \ln P_{ij} \tag{2.6}$$

Levins 指数：

$$B_{(\mathrm{L})i} = \frac{1}{\sum_{j=1}^{r} (P_{ij})^2} \tag{2.7}$$

式(2.6)和式(2.7)中，$B_{(\mathrm{SW})i}$ 为种群 i 的 Shannon-Wiener 生态位宽度；$B_{(\mathrm{L})i}$ 为种群 i 的 Levins 生态位宽度，具有域值[1/r,1]；P_{ij} 为种群 i 利用资源状态 j 的数量占它利用资源总数的比例，$P_{ij}=n_{ij}/N_i$；r 为资源位数，即样地数。B_i 越大，说明物种的生态位越宽，则该物种利用的资源总量越多，竞争力越强。

垂直生态位宽度计算方法采用 Levins 指数。以 2m 为 1 高度级(资源单位)，统计各高度级内出现的每个乔木树种的个体数，在此基础上计算不同乔木树种的垂直生态位宽度。其中，资源位数 r 为高度级数；P_{ij} 为某乔木种群 i 在第 j 资源位(高度级)中的个体数比例，其他符号含义同水平生态位宽度。

2.2.2.4 优势乔木种群生态位重叠

水青树群落的优势乔木种群生态位重叠用下列公式测度（张金屯，2011）：

$$\mathrm{NO} = \sum_{j=1}^{r} P_{ij}P_{kj} \Big/ \sqrt{\sum_{j=1}^{r} P_{ij}^2 \sum_{j=1}^{r} P_{kj}^2} \tag{2.8}$$

式中，NO 为生态位重叠值；P_{ij} 和 P_{kj} 分别为种 i 和种 k 在资源 j 上的优势度。

2.3 结果与分析

2.3.1 群落物种组成与地理成分特征

根据野外调查统计，美姑大风顶自然保护区水青树群落共包括 80 种维管植物，分属于 41 科 67 属（表 2-2）。其中，蕨类植物 5 科 6 属 6 种，分别占总科、属、种的 12.19%、8.95%、7.5%；裸子植物仅 1 科 1 属 1 种，仅分别占总科、属、种的 2.44%、1.49%、1.25%；被子植物 35 科 60 属 73 种，其中单子叶植物 3 科 8 属 9 种，分别占总科、属、种的 7.32%、11.94%、11.25%；双子叶植物 32 科 52 属 64 种，分别占总科、属、种的 78.05%、77.61%、80%。

表 2-2　水青树群落维管植物统计

科名	属数	种数	科名	属数	种数
蔷薇科（Rosaceae）	7	8	冬青科（Aquifoliaceae）	1	1
忍冬科（Caprifoliaceae）	4	4	爵床科（Acanthaceae）	1	1
百合科（Liliaceae）	4	4	苋科（Amaranthaceae）	1	1
荨麻科（Urticaceae）	3	4	茜草科（Rubiaceae）	1	1
禾本科（Gramineae）	3	3	酢浆草科（Oxalidaceae）	1	1
虎耳草科（Saxifragaceae）	3	3	旋花科（Convolvulaceae）	1	1
唇形科（Labiatae）	3	3	凤仙花科（Balsaminaceae）	1	1
伞形科（Umbelliferae）	3	3	石竹科（Caryophyllaceae）	1	1
蓼科（Polygonaceae）	2	4	小檗科（Berberidaceae）	1	1
桦木科（Betulaceae）	2	2	五加科（Araliaceae）	1	1
毛茛科（Ranunculaceae）	2	2	葡萄科（Vitaceae）	1	1
蹄盖蕨科（Athyriaceae）	2	2	马兜铃科（Aristolochiaceae）	1	1
槭树科（Aceraceae）	1	4	景天科（Crassulaceae）	1	1

续表

科名	属数	种数	科名	属数	种数
胡桃科（Juglandaceae）	1	4	堇菜科（Violaceae）	1	1
杜鹃花科（Ericaceae）	1	3	车前科（Plantaginaceae）	1	1
莎草科（Cyperaceae）	1	2	红豆杉科（Taxaceae）	1	1
连香树科（Cercidiphyllaceae）	1	1	紫萁科（Osmundaceae）	1	1
水青树科（Tetracentraceae）	1	1	蚌壳蕨科（Dicksoniaceae）	1	1
蓝果树科（Nyssaceae）	1	1	铁线蕨科（Adiantaceae）	1	1
樟科（Lauraceae）	1	1	蕨科（Pteridiaceae）	1	1
芸香科（Rutaceae）	1	1			

含 4 种及以上的科有蔷薇科（Rosaceae）、忍冬科（Caprifoliaceae）、百合科（Liliaceae）、荨麻科（Urticaceae）、蓼科（Polygonaceae）、槭树科（Aceraceae）、胡桃科（Juglandaceae）等 7 个科，含 22 属 32 种，分别占总科、属、种的 17.07%、32.84%、40%，这 7 个科种数约占总种数的一半，是水青树群落的主要组成科；禾本科（Gramineae）、虎耳草科（Saxifragaceae）、唇形科（Labiatae）、伞形科（Umbelliferae）、杜鹃花科（Ericaceae）均有 3 个种；仅含 1～2 个种的科有 29 个，占总科数的 70.73%；仅含一个种的属有 60 个，占总属数的 89.55%。

区系成分是植物群落的重要特征之一，决定着群落的外貌与结构。根据吴征镒（1991）对中国种子植物属分布区类型的划分标准，可以将美姑大风顶自然保护区水青树群落种子植物 61 个属划分为 9 个分布区类型。其中，世界分布的属有 9 个，占总属数的 14.75%；热带类型有 12 个属，占总属数的 19.67%，其中泛热带分布的有 6 个属，占总属数的 9.84%；20 个属显示北温带分布特征，7 个属表现为北温带和南温带间断分布。具有北温带分布特征的属最多，占总属数的 44.26%。

表 2-3　水青树群落的区系成分组成

分布区类型	属数	百分比/%
1. 世界分布	9	14.75
2. 泛热带分布	6	9.84
4. 旧世界热带分布	4	6.56
7. 热带亚洲分布	2	3.28
8. 北温带分布	20	32.79
8-4. 北温带和南温带间断分布	7	11.47

续表

分布区类型	属数	百分比/%
9. 东亚和北美洲间断分布	5	8.20
10. 旧世界温带分布	1	1.64
14. 东亚分布	5	8.20
15. 中国特有分布	2	3.28
合计	61	100.00

2.3.2 群落垂直结构

水青树群落的垂直结构可明显分为乔木层、灌木层及草本层。其乔木层可以分为 3 个亚层：上层(14~20m)、中层(8~14m)和下层(4~8m)。乔木层中，下层的物种丰富度最高，以枫杨属(*Pterocarya*)、槭属(*Acer*)植物为主；中层以水青树为主；上层以水青树和连香树为主。灌木层(0~4m)以杜鹃花属(*Rhododendron*)、悬钩子属(*Rubus*)、荚蒾属(*Viburnum*)及箭竹属(*Fargesia*)的植物为主。草本层的物种最为丰富(图 2-1)，以高山委陵菜为主，常见的伴生物种还有蝎子草(*Girardinia diversifolia* subsp. *suborbiculata*)、天名精(*Carpesium abrotanoides*)、东方草莓(*Fragaria orientalis*)、蛇莓(*Duchesnea indica*)、假楼梯草(*Lecanthus peduncularis*)、细风轮菜(*Clinopodium gracile*)等。

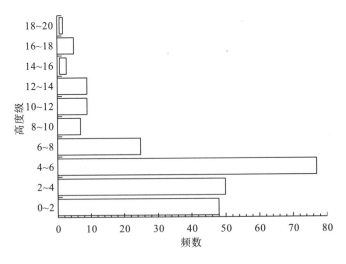

图 2-1 乔木层和灌木层所有植株的高度分布图

2.3.3 群落物种多样性

物种多样性是指物种的数目及其个体分配均匀度的综合指标，它体现了生物群落和生态系统结构的复杂性程度(樊后保，2000)。不同样地水青树群落的物种丰富度、多样性指数和均匀度指数均不高(表 2-4),各层之间的 Shannon-Wiener 指数、Simpson 指数和 Pielou 均匀度指数的走势基本一致,由高到低依次是草本层、乔木层和灌木层(表 2-5)。Duncan 差异显著性检验结果表明,乔木层、灌木层和草本层各指数之间的差异均不显著($P>0.05$), 各层之间的 Shannon-Wiener 指数、Simpson 指数差异不显著($P>0.05$),乔木层和草本层之间的 Pielou 均匀度指数有显著差异($P<0.05$)。

表 2-4　水青树群落分层物种多样性

样地	分层	物种丰富度 S	Shannon-Wiener 指数 $H^{'}$	Simpson 指数 D	Pielou 均匀度指数 J_{sw}
Q1	乔木层	8	1.8367	0.8114	0.8832
	灌木层	4	0.0713	0.0215	0.0514
	草本层	17	1.5616	0.5936	0.5512
Q2	乔木层	4	1.1369	0.6222	0.8201
	灌木层	3	0.2355	0.0974	0.2143
	草本层	23	2.5751	0.8895	0.8213
Q3	乔木层	4	1.1034	0.6016	0.7960
	灌木层	7	0.3266	0.1204	0.1679
	草本层	18	1.9746	0.7827	0.6832
Q4	乔木层	6	1.5942	0.7603	0.8897
	灌木层	14	2.2052	0.8465	0.8356
	草本层	20	1.8333	0.7503	0.6119
Q5	乔木层	8	1.7632	0.7756	0.8479
	灌木层	15	2.0403	0.7798	0.7534
	草本层	27	2.0517	0.7719	0.6225
Q6	乔木层	3	0.9003	0.5312	0.8194
	灌木层	8	1.8193	0.8117	0.8749
	草本层	30	1.8253	0.6519	0.5367

表 2-5　水青树群落分层物种多样性差异

层次	Shannon-Wiener 指数 $H^{'}$	Simpson 指数 D	Pielou 均匀度指数 J_{sw}
乔木层	1.3891+0.160a	0.6837+0.046a	0.8427+0.015a
灌木层	1.1164+0.409a	0.4462+0.165a	0.4829+0.154ab
草本层	1.9702+0.139a	0.7400+0.043a	0.6378+0.043b

2.3.4　主要乔木种群重要值

重要值是物种的综合数量指标,表征物种在群落中的地位和作用(岳春雷等,2002), 反映物种在群落中的优势程度。水青树群落的乔木层共出现 17 个树种,其中水青树、房县槭(*Acer franchetii*)、褐毛稠李(*Padus brunnescens*)、连香树(*Cercidiphyllum japonicum*)、五角枫(*Acer pictum* subsp. *mono*)、枫杨(*Pterocarya stenoptera*)等前 6 个树种的重要值之和达到了 71.1%。可见，这 6 种乔木树种为水青树群落的优势树种。其中，水青树的重要值明显高于其他物种(表 2-6)，在群落中占绝对优势，占据乔木层的中上层，是群落的建群种。

表 2-6　优势树种重要值

优势种	相对密度	相对频度	相对优势度	重要值
水青树 (*Tetracentron sinense*)	0.342	1.000	0.521	186.257
房县槭 (*Acer franchetii*)	0.125	0.500	0.014	63.900
褐毛稠李 (*Padus brunnescens*)	0.108	0.333	0.018	45.921
连香树 (*Cercidiphyllum japonicum*)	0.100	0.500	0.216	81.565
五角枫 (*Acer pictum subsp. mono*)	0.092	0.833	0.048	97.285
枫杨 (*Pterocarya stenoptera*)	0.067	0.500	0.015	58.128

2.3.5　优势乔木种群生态位宽度

2.3.5.1　水平生态位宽度

水平生态位宽度反映不同植物在水平空间上对资源的占据和利用的能力。由表 2-7 可知，水青树群落不同树种的水平生态位宽度存在一定差异，Shannon-Wiener 指数和 Levins 指数显示的水平生态位宽度大小顺序一致，均为：水青树>五角枫>枫杨>房县槭>连香树>褐毛稠李。

相关分析表明，重要值与水平生态位宽度表 2-7 具显著正相关关系，其相关系数分别为 0.882(Shannon-Wiener 指数，$p<0.05$)和 0.961(Levins 指数，$p<0.01$)，表明重要值大的种群具有较宽的水平生态位；相反，重要值小的种群水平生态位往往较窄。在各资源梯度上，水青树的 Shannon-Wiener 指数生态位宽度和 Levins 指数生态位宽度指数均为最大，除五角枫外均超过了其他树种的 2 倍，表明水青树在群落中对资源利用能力最强，具有较强的环境适应能力。

2.3.5.2　垂直生态位宽度

垂直生态位宽度反映植物对以光为主导的生态资源的利用能力。垂直生态位宽度大，表明种群不同高度的个体在各资源位内分布较为均匀。由表 2-7 可以看出，优势乔木种群垂直生态位宽度大小顺序为：水青树>连香树>枫杨>五角枫>褐毛稠李>房县槭，说明水青树在群落中垂直高度上分布较均匀，在群落中对光资源的利用也具有较大的优势。相关分析表明，重要值与垂直生态位宽度没有相关性。

表 2-7 水青树群落优势乔木树种的生态位宽度

物种名	水平生态位宽度				垂直生态位宽度	
	$B_{(SW)i}$	排序	$B_{(L)i}$	排序	$B_{(L)i}$	排序
水青树（Tetracentron sinense）	1.714	1	5.141	1	4.556	1
房县槭（Acer franchetii）	0.970	4	2.419	4	1.142	6
褐毛稠李（Padus brunnescens）	0.429	6	1.352	6	1.610	5
连香树（Cercidiphyllum japonicum）	0.960	5	2.323	5	4.500	2
五角枫（Acer pictum subsp. mono）	1.414	2	3.457	2	2.373	4
枫杨（Pterocarya stenoptera）	0.974	3	2.462	3	2.462	3

2.3.6 优势乔木种群生态位重叠

生态位重叠是两个种群在生态因子联系上具有相似性，当两个种群利用同一资源或者共同占有同一资源时就会出现生态位重叠现象(祖元刚，1999)。由表 2-8 和图 2-2 可以看出，水青树群落中大部分种群水平生态位重叠程度较大，在 0.5 以上的有 9 对，占 60%，表明群落中各物种间关系复杂，对资源共享趋势明显，各物种对资源利用情况相似。水青树与其他优势树种水平生态位重叠大小顺序依次为：枫杨>五角枫>连香树>房县槭>褐毛稠李，其中与前三者的重叠值均超过了 0.6。

由表 2-9 和图 2-2 可知，水青树群落中各种群垂直生态位重叠值较大，均大于 0.5，表明群落中各优势种对垂直空间利用的相似性非常大，其中有 3 对树种的垂直生态位重叠值超过 0.9，表明其对光源的竞争非常激烈。水青树与 5 种伴生乔木树种之间的垂直生态位重叠值均超过了 0.7。

表 2-8 优势树种的水平生态位重叠

物种	水青树	房县槭	褐毛稠李	连香树	五角枫	枫杨
水青树（Tetracentron sinense）	1.000	0.430	0.312	0.618	0.636	0.651
房县槭（Acer franchetii）		1.000	0.659	0.132	0.473	0.569
褐毛稠李（Padus brunnescens）			1.000	0.250	0.832	0.807
连香树（Cercidiphyllum japonicum）				1.000	0.580	0.423
五角枫（Acer pictum subsp. mono）					1.000	0.762
枫杨（Pterocarya stenoptera）						1.000

表 2-9　优势树种的垂直生态位重叠

物种	水青树	房县槭	褐毛稠李	连香树	五角枫	枫杨
水青树 (*Tetracentron sinense*)	1.000	0.760	0.823	0.801	0.867	0.888
房县槭 (*Acer franchetii*)		1.000	0.987	0.567	0.748	0.824
褐毛稠李 (*Padus brunnescens*)			1.000	0.621	0.834	0.900
连香树 (*Cercidiphyllum japonicum*)				1.000	0.743	0.728
五角枫 (*Acer pictum* subsp. *mono*)					1.000	0.989
枫杨 (*Pterocarya stenoptera*)						1.000

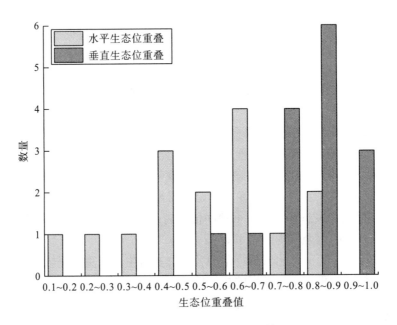

图 2-2　种间生态位重叠值分布情况

2.4　结论与讨论

2.4.1　群落学特征

　　据 6 个样地统计，美姑大风顶自然保护区水青树群落的植物种类较为丰富，但比较集中于一些科属，多数科只有少数种或单种，科属组成也比较分散，属的密集度较小，表明水青树群落有待于进一步分化或近缘种的入侵(刘丽丽，2009)。从种子植物属的地理成分来看，以北温带分布的类型居多，表明水青树群落的植物区系具有典型的北温带性质，同时热带类型含有较大的比重。此外，属的世界分布类型占有较大的比例，反映出植被的次生性特征(张光富等, 2001), 这与水青树所在群落受干扰严重、普遍处于次生林阶段这一特点相符。

组成群落的树种数量和空间配置的不同, 形成了群落树种不同的结构格局, 其垂直结构上的物种多样性也存在一定的差异。植物群落的结构模式通常由于不同树种的数量和空间分布的差异, 形成具有不同物种多样性的垂直结构(樊后保, 2000)。一般来说, 一个较成熟的群落往往具有较高的物种多样性和较高的均匀度(彭少麟, 1996)。在研究的水青树群落中, 垂直结构比较复杂, 可分为三层: 乔木层、灌木层和草本层。物种丰富度、多样性和垂直结构不同层的均匀度指数相对较少。结果表明, 水青树群落发育尚不成熟, 处于演替的某一个阶段, 这与香果树、南方铁杉等濒危植物的研究结果基本一致(陈子林等, 2007; 张志祥等, 2008)。

水青树群落的物种丰富度、多样性指数及均匀度指数均不高, 群落各指数均以灌木层最低, 其中多样性指数为草本层>乔木层; 均匀度指数为乔木层>草本层。该群落多样性格局形成的原因可能是因为在单个样地中灌木层的微环境分化较小, 而草本层的微环境分化较大, 而且草本层中岩石裸露度较小, 草本层植物密度较高, 种类多, 这也是草本层物种多样性大的原因之一。其次, 乔木层树种种类相对固定, 灌木层中除了灌木种还应有乔木种的幼苗和幼树, 但调查中却很少发现乔木的幼苗及幼树, 尤其是水青树的幼苗和幼树缺乏, 导致灌木层中的物种多样性和均匀度相对较低。

2.4.2　优势乔木种群重要值及其生态位宽度

重要值是一个综合的物种数量指标, 能够表征物种的地位和作用, 反映群落中物种的优势。物种的生态位宽度反映了物种对环境资源的利用程度和对环境的适应状况, 也表征了物种的生态适应性和分布幅度, 即生态位宽度越大, 对环境的适应能力越强(Weider 1993; 王祥福等, 2008)。水平生态位宽度反映了在水平空间上不同树种对资源的利用和占据能力。在水青树的群落里, 水青树的重要值和水平生态位宽度均为最大, 表明水青树种群在水平空间上具有最强的资源利用能力, 在群落中占有绝对的优势地位。垂直生态位宽度可以反映不同物种对随着高度变化的以光因子为主导的生态资源的利用能力。在研究的水青树群落中, 水青树种群的垂直生态位宽度也为最大, 表明不同高度的水青树个体可以在每个高度资源位均匀分布。综合分析表明, 水青树种群具有较强的环境适应性, 对环境资源的利用具有明显优势, 是群落的主要建群种, 对群落的外貌、稳定性、群落功能、种类组成等方面均起着重要作用。

综合分析还可以发现, 水青树群落中不同的树种对水平和垂直方向上生态资源的利用是不一致的。小乔木表现为对水平生态资源利用较为充分, 而对垂直生态资源利用则不足, 例如群落中五角枫的水平生态位排第二位, 而垂直生态位排第四位; 高大乔木表现为对垂直生态资源的利用较为充分, 而对水平生态资源利用有一定的局限性, 例如群落中连香树的垂直生态位排第二位, 而水平生态位却排第五位。群落中各树种对水平及垂直资源的利用程度不同, 因而形成了自己特定的生态位, 这也是它们在群落中共存的基础。

2.4.3　优势乔木种群生态位重叠

生态位重叠可以反映不同种群对同一资源的利用情况,也反映了具有生态位重叠的种群在某些生态因子上的相似性(张文辉等,2005a)。当两个种群利用同一资源或者共同占有同一资源时就会出现生态位重叠现象。研究发现,优势乔木种群之间均存在较高的生态位重叠,这表明水青树群落中的种间关系比较复杂,这些物种对生态因子的需求程度比较相似。相比其他优势种群而言,水青树与枫杨、五角枫、连香树的水平生态位重叠相对较高,这说明水青树与这三个伴生物种之间对生境需求的相似性程度较高。水青树与五种伴生乔木树种之间的垂直生态位重叠值均超过了 0.7,表明群落中水青树与其他伴生乔木之间存在较为激烈的光源竞争关系。

生态位重叠较大表示群落中各种群对环境资源具有相似的生态学需求,并不表示它们之间的竞争一定激烈(李瑞等,2006)。Bengtsson 等(1994)认为,在研究生态位分化对物种竞争与共存的作用时,应考虑环境条件的时空异质性。研究发现,在水青树群落中,水青树与连香树、五角枫、枫杨三个物种之间的水平生态位重叠和垂直生态位重叠均相对较大,表明它们之间具有较为相似的生境需求。在资源充沛的条件下,它们对资源的利用有明显的共享趋势,能在群落中以共优种存在(吴晓莆等,2004);如果环境变化,资源相对不足时,则会产生相对激烈的利用性竞争,导致群落的波动。野外调查中发现,作为建群种的水青树极少有幼苗或者幼树出现,其种群更新不良,当环境发生变化时,其有可能被具有相似生态学需求的五角枫、枫杨等种群所取代。这也从侧面反映了森林生态系统的演替趋势,可为珍稀濒危植物水青树的保护、群落结构与动态预测等提供科学依据。

由于这六种高大乔木对水平生态资源的利用具有一定的局限性,而对垂直生态资源的利用比较充分,因此,它们水平生态位之间的重叠相对较小;而垂直生态位之间的重叠较大,各组的垂直生态位重叠值均超过 0.5。有研究表明,同属的植物种群间具有相似的生物学、生态学特性,为了在同一块小生境中共存,它们在一定程度上对环境资源需求发生不同程度的分化,导致了生态位重叠程度有所下降(陈波等,1995)。本研究中房县槭和五角枫同属于槭属,其水平生态位重叠值相对较低(0.473),明显低于与其他物种之间的生态位重叠值,就是属于这种情况。

已有研究表明:较大的生态位宽度和较高的生态位重叠之间并非呈正相关关系(陈波等,1995;王仁忠,1997;苏志尧等,2003;赵永华,2004;陈艳瑞等,2008;刘春生等,2009)。我们研究发现,在水青树群落中,种群生态位宽度较大的或较小的种群(水青树与褐毛稠李),所构成的种间生态位重叠值也有小有大,两者之间没有相关性,这与前人的研究结果相似(胡喜生等,2004;李瑞等,2006)。

第3章　水青树种群数量动态与分布格局研究[①]

种群动态研究是种群生态学的核心(江洪，1992；Chapman et al.，2001)，而生命表和存活曲线是研究种群数量动态的重要工具(Armesto et al.，1992；陈远征等，2006；林勇明等，2007)。生存分析的 4 个函数辅助种群生命表的分析，可以更好地阐明种群的生存规律(杨凤翔等，1991)。进行种群生命表的编制对于揭示种群的数量特征具有重要的现实意义。研究植物种群的空间分布格局，以定量分析种群的水平结构，并对濒危物种种群与环境之间的相互作用过程进行阐释，可为濒危植物有效保护措施的制定提供一定的科学依据(Brodie et al.，1995；康华靖等，2007)。目前，有关水青树种群结构、数量动态及分布格局方面的研究还未见报道。

3.1　水青树种群结构与数量动态研究

本章通过绘制水青树种群的年龄结构图及编制水青树种群的静态生命表来揭示其种群的生存现状，结合 4 个生存分析函数来预测该种群的动态变化，以揭示水青树种群的生存现状及其数量动态，为水青树的进一步研究、保护和利用奠定基础。

3.1.1　研究地点及概况

研究地点设在四川美姑大风顶国家级自然保护区，其自然概况见 2.1 节。

3.1.2　研究方法

3.1.2.1　野外调查

水青树呈乔木散生分布，参照 Warren 等(1964)的方法，在保护区内布设样线，对保护区内所有的水青树进行调查，同时记录其胸径、树高、枝下高、冠幅等数据。

3.1.2.2　年龄结构的编制

由于缺乏解析木资料，故采用空间替代时间方法，即将林木按胸径大小分级，以立木径级结构代替种群年龄结构分析种群动态(江洪，1992；Brodie et al.，1995)。参照相关文

---

① 本章主要依据李怀春的硕士学位论文《濒危植物水青树的种群生态学研究》(西华师范大学硕士学位论文，2015)修改而成。

献(苏建荣等，2005)，结合水青树立木径级分布的范围，将种群划分为 13 个径级：D1，0<DBH<5cm；D2，5≤DBH<10cm；D3，10≤DBH<20cm；D4，20≤DBH<30cm；…；D13，110≤DBH<120cm。第 1 径级对应于第 1 龄级，第 2 径级对应于第 2 龄级，如此一一对应。分别统计各龄级的植株数，以年龄级为横坐标、植株数为纵坐标分别绘制水青树的年龄结构。

3.1.2.3　生命表的编制

根据静态生命表的编制方法，特定时间生命表包含：x，单位时间年龄等级的中级；a_x，在 x 龄级内现有的个体数；a_x^*，匀滑后 x 径级内的现存个体数；l_x，在 x 龄级开始时标准化存活个体数(一般转化为 1000)；d_x，从 x 到 $x+1$ 龄级间隔期间标准化死亡数；q_x，从 x 到 $x+1$ 龄级间隔期间死亡率；L_x，从 x 到 $x+1$ 龄级间隔期间还存活的个体数；T_x，从 x 龄级到超过 x 龄级的个体总数；e_x，进入 x 龄级的生命期望寿命；K_x，消失率；S_x，存活率。按以下的公式计算：

$$l_x = a_x / a_0 \times 1000 \tag{3.1}$$

$$d_x = l_x - l_{x+1} \tag{3.2}$$

$$q_x = d_x / l_x \times 100\% \tag{3.3}$$

$$L_x = (l_x + l_{x+1}) / 2 \tag{3.4}$$

$$T_x = \sum_{x}^{\infty} L_x \tag{3.5}$$

$$e_x = T_x / l_x \tag{3.6}$$

$$K_x = \ln l_x - \ln l_{x+1} \tag{3.7}$$

$$S_x = l_{x+1} / l_x \tag{3.8}$$

由于静态生命表反映的是多个时代重叠的年龄动态历程中的一个特定时间，并不是对这一种群所有生活史的追踪，且调查中系统误差的存在，会出现死亡率为负的情况，Wratten 等(1980)认为，可对其进行匀滑技术处理。根据美姑大风顶国家级自然保护区水青树种群的调查资料，发现在第 1 龄级、第 2 龄级、第 8 龄级和第 11 龄级的数据发生波动，据特定生命表假设，年龄组合是稳定的，各年龄的比例不变。因此，将数据分为两个区段(1～7；9～13)，分别计算两个区段存活数的累积：

$$T_1 = \sum_{i=1}^{7} a_{xi} 213, \quad T_2 = \sum_{i=9}^{14} a_{xi} 18 \tag{3.9}$$

平均数分别为：$a_{x1} = T_1 / n_1 = 213 / 7 \approx 30$，$a_{x2} = T_2 / n_2 = 18 / 8 \approx 4$。且认为这两个平均数是区段的组中值。另外，根据两个区段的最多存活数和最少存活数的差数(61，7)及区段数之间的差值(7，5)，经匀滑修正后得到 a_x^*，并以此编制特定时间生命表。

3.1.2.4　存活曲线分析

根据编制的水青树种群静态生命表，以龄级为横坐标，以存活量的自然对数为纵坐标，绘制水青树自然种群的存活曲线。

参照 Hett 等(1976)的方法，采用以下两种数学模型对水青树的存活情况进行检验，以验证其是符合 Deevey II 型曲线还是符合 Deevey III 型曲线。

描述 Deevey II 型存活曲线：

$$N_x = N_0 e^{-bx} \tag{3.10}$$

描述 Deevey III 型存活曲线：

$$N_x = N_0 x^{-b} \tag{3.11}$$

3.1.2.5　生存分析

生存函数是任意时刻的函数，比存活曲线更加直观、具体，在种群生命表分析中具有很高的实际应用价值(杨凤翔等，1991)。为了更好地分析水青树的种群结构，阐明其生存规律，本研究把生存分析中的 4 个函数引入种群生存分析中(冯士雍，1983；杨凤翔等，1991)，即种群生存率函数 $S_{(i)}$、累计死亡率函数 $F_{(i)}$、死亡密度函数 $f_{(ti)}$、危险率函数 $\lambda_{(ti)}$，计算公式如下：

$$S_{(i)} = S_1 \cdot S_2 \cdot S_3 \cdots S_i \ (S_i \text{ 为存活率函数}) \tag{3.12}$$

$$F_{(i)} = 1 - S_{(i)} \tag{3.13}$$

$$f_{(ti)} = (S_{i-1} - S_i)/h_i \ (h_i \text{ 为龄级宽度}) \tag{3.14}$$

$$\lambda_{(ti)} = 2(1 - S_i)/[h_i(1 + S_i)] \tag{3.15}$$

根据式(3.12)~式(3.15)4 个生存函数的估算值绘制生存曲线、累计死亡率曲线、死亡密度曲线和危险率曲线。

3.1.2.6　时间预测分析

选用一次移动平均法对水青树的种群龄级结构进行模拟和预测(Xiao et al., 2004)，公式如下：

$$M_t^{(1)} = \frac{1}{n} \sum_{k=t-n+1}^{t} X_k \tag{3.16}$$

式中，n 表示需要预测的未来时间年限；$M_t^{(1)}$ 表示未来 n 年时 t 龄级的种群大小；X_k 为当前 k 龄级的种群大小。本书根据水青树种群的存活情况，分别对未来 2a、6a 和 12a 水青树种群数量进行时间序列预测。

3.1.3　结果与分析

3.1.3.1　水青树种群年龄结构

经调查，美姑大风顶自然保护区龙窝水青树种群有 239 株水青树个体，其年龄结构比较完整，表现为基部狭窄的非典型的金字塔结构(图 3-1)。其中，I、II 径级的个体仅占总数的 7.11%，几乎没有调查到幼苗($H<0.33$m)和幼树($H\geqslant 0.33$m，DBH<2.5cm)。

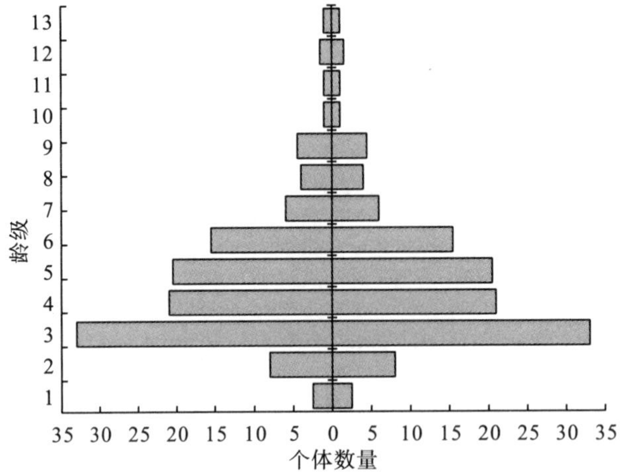

图 3-1　水青树种群的年龄结构

3.1.3.2　水青树种群生命表编制

由表 3-1 可知，水青树种群结构存在一定的波动性。随着径级的增加，存活的水青树个体数将逐渐降低。水青树种群分别在第 1 龄级和第 7 龄级具有很高的期望寿命，之后将随着径级增加而降低。

表 3-1　水青树种群静态生命表

龄级	径级	组中值	a_x	a_x^*	l_x	$\ln l_x$	d_x	q_x	L_x	T_x	e_x	K_x	S_x
1	0~5	5.5	5	64	1000.000	6.908	140.625	0.141	929.688	4062.500	4.063	0.152	0.859
2	5~10	7.5	16	55	859.375	6.756	140.625	0.164	789.063	3132.813	3.645	0.179	0.836
3	10~20	15	66	46	718.750	6.578	140.625	0.196	648.438	2343.750	3.261	0.218	0.804
4	20~30	25	42	37	578.125	6.360	140.625	0.243	507.813	1695.313	2.932	0.279	0.757
5	30~40	35	41	28	437.500	6.081	140.625	0.321	367.188	1187.500	2.714	0.388	0.679
6	40~50	45	31	19	296.875	5.693	140.625	0.474	226.563	820.313	2.763	0.642	0.526
7	50~60	55	12	10	156.250	5.051	31.250	0.200	140.625	593.750	3.800	0.223	0.800
8	60~70	65	8	8	125.000	4.828	15.625	0.125	117.188	453.125	3.625	0.134	0.875
9	70~80	75	9	7	109.375	4.695	15.625	0.143	101.563	335.938	3.071	0.154	0.857
10	80~90	85	2	6	93.750	4.541	15.625	0.167	85.938	234.375	2.500	0.182	0.833
11	90~100	95	2	5	78.125	4.358	15.625	0.200	70.313	148.438	1.900	0.223	0.800

续表

龄级	径级	组中值	a_x	a_x^*	l_x	$\ln l_x$	d_x	q_x	L_x	T_x	e_x	K_x	S_x
12	100~110	105	3	4	62.500	4.135	15.625	0.250	54.688	78.125	1.250	0.288	0.750
13	110~120	115	2	3	46.875	3.847	-	-	23.438	23.438	0.500	3.847	-

注：DBH，胸径（diameter at breast height）；a_x，存活数（survival number）；l_x，存活量（survival quantity）；d_x，死亡量（death number）；q_x，死亡率（mortality rate）；L_x，区间寿命（span life）；T_x，总寿命（total life）；e_x，期望寿命（life expectancy）；K_x，消失率（vanish rate）；S_x，存活率（survival rate）。

3.1.3.3　存活曲线分析

存活曲线显示水青树的存活率在前 6 龄级下降较为平稳；随后快速降低，仅有 15.9% 的个体能通过筛选进入第 7 龄级；之后维持在一个较低的水平（图 3-2）。

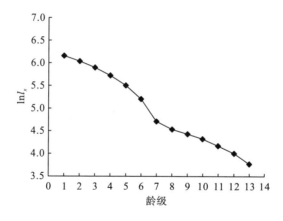

图 3-2　水青树种群的存活曲线

本研究采用图 3-2 中的两种模型对水青树存活曲线进行了检验，运用 SPSS 统计分析软件进行拟合，建立模型如下：

$$N_x = 7.661e^{-0.053x}，\quad r^2 = 0.982，F = 561.419；$$
$$N_x = 9.316x^{-0.315}，\quad r^2 = 0.921，F = 116.494$$

由于指数函数模型中的相关系数 r^2 值和 F 值均大于幂函数对应的值。因此，水青树自然种群的存活曲线应属 Deevey II 型。

由图 3-3 可以看出，水青树种群的死亡率和消失率的变化趋势基本一致，且都具有两个峰值，分别为第 6 龄级（死亡率为 47.4%）和第 12 龄级（死亡率为 25%）。

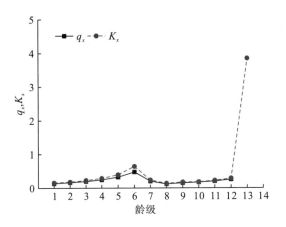

图 3-3   水青树种群死亡率和消失率曲线

3.1.3.4   种群生存分析

根据水青树 4 个生存函数可得出表 3-2 的估算值，以龄级为横坐标，分别以 4 个函数值为纵坐标作图，得到图 3-4 和图 3-5。

表 3-2   4 个生存函数估算值

龄级	径级	组中值	$S_{(i)}$	$F_{(i)}$	$f_{(ti)}$	$\lambda_{(ti)}$
1	0～5	5.5	0.859	0.141	0.028	0.030
2	5～10	7.5	0.719	0.281	0.005	0.036
3	10～20	15	0.578	0.422	0.003	0.022
4	20～30	25	0.438	0.563	0.005	0.028
5	30～40	35	0.297	0.703	0.008	0.038
6	40～50	45	0.156	0.844	0.015	0.062
7	50～60	55	0.125	0.875	-0.027	0.022
8	60～70	65	0.109	0.891	-0.008	0.013
9	70～80	75	0.094	0.906	0.002	0.015
10	80～90	85	0.078	0.922	0.002	0.018
11	90～100	95	0.063	0.938	0.003	0.022
12	100～110	105	0.047	0.953	0.005	0.029
13	110～120	115	0.000	1.000	0.000	0.000

注：$S_{(i)}$，生存率函数(survival rate function)；$F_{(i)}$，累计死亡率函数(cumulative mortality rate function)；$f_{(ti)}$，死亡密度函数 (mortality density function)；$\lambda_{(ti)}$，危险率函数(hazard rate function)。

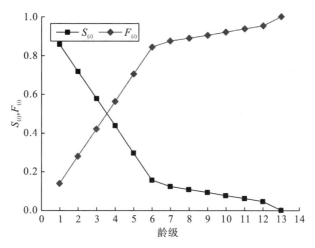

图 3-4　水青树种群生存率($S_{(i)}$)和累计死亡率($F_{(i)}$)曲线

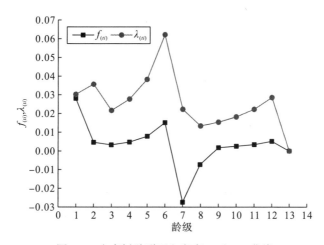

图 3-5　水青树种群死亡密度 $f_{(ti)}$ 和 $\lambda_{(ti)}$ 曲线

由图 3-4 可知，水青树种群的生存率单调下降，累计死亡率单调上升，二者互补；生存率曲线和累计死亡率曲线都在前 5 个龄级升降幅度较大，从第 6 龄级开始两个曲线的升降都比较平缓；到第 13 龄级阶段以后，种群生存率小于 5%，累计死亡率大于 95%，说明水青树种群在此龄级后逐渐进入生理衰老期，种群呈现衰退的症状。

由图 3-5 可知，水青树种群的死亡密度曲线和危险率曲线变化趋势基本一致，都在第 6 龄级和第 12 龄级阶段出现峰值，在第一个峰值处危险率很高(达到了 6.2%)，生存率较低(15.6%)。

3.1.3.5　时间序列分析

根据水青树各龄级的个体数和种群的生存分析，运用时间序列分析方法预测了未来 2、6、12 龄级后的水青树种群的动态。从表 3-3 可知，在未来的 2a 内，水青树种群幼龄级(如第 2、3 龄级)数量显著下降，中龄级(如第 4、6、7 龄级)个体有细微的增长趋势，老龄级的个体数量相对比较稳定。在未来 6a 内，各龄级株数在总体上随年龄增大而减少，整个种群呈衰退趋势，尤其是 9 龄级后几乎无植株存活。在 12a 后，水青树各龄级个体都将显著下降，种群数量将从现在的 239 株下降到 4 株。

表 3-3　水青树年龄结构时间预测序列分析

龄级	存活个体数	$M^{(1)}_2$	$M^{(1)}_6$	$M^{(1)}_{12}$
1	5			
2	16	10.5		
3	66	41		
4	42	54		
5	41	41.5		
6	31	36	5.58	
7	12	21.5	6.75	
8	8	10	8.08	
9	9	8.5	-1.42	
10	2	5.5	-8.09	
11	2	2	-14.59	1.92
12	3	2.5	-19.26	1.74
13	2	2.5	-20.93	0.47
总计	239	235.5	-43.88	4.13

3.1.4　结论与讨论

3.1.4.1　种群结构

种群的年龄结构反映了不同个体的组配状况、种群数量动态和其发展趋势(李先琨等，2012)。植物的种群结构可以分为 3 种类型：①增长型，表示种群有大量幼体贮备，老龄个体较少，种群出生率大于死亡率，是迅速增长的种群；②稳定型，表示种群中的老、中、幼龄个体比例介于增长型和衰退型种群之间，出生率和死亡率大致相平，种群比较稳定；③衰退型，种群中幼龄个体比例减少而老龄个体比例增大，种群的死亡率大于出生率(Deevey，1947)。但濒危植物的种群结构主要表现为衰退型，尤其是古老长寿的孑遗植物(张峰等，2004；张志祥等，2008)。导致濒危植物种群结构衰退主要有两方面的因素：适应性和生殖能力差(如秦岭冷杉和银杉)、外界的干扰(如攀枝花苏铁)。Norman 认为濒危植物赖以生存的生境片段化和退化会加速其濒危过程(Ellstran et al. 1993)。本书研究发现，水青树的自然种群年龄结构表现为基部狭窄的非典型的金字塔结构，其幼龄个体相对缺乏。针对濒危植物乔木树种而言(谢宗强等，1999；Guo et al.，2011)，丰富的幼苗、幼树和成年树个体数量往往预示该种群能够自然更新(Pala et al. 2012；Dutta et al.，2013)。因此，水青树种群中幼龄个体的缺乏将成为该种群更新和恢复的瓶颈。这也表明，水青树自然种群的年龄结构相对稳定，但已经处于衰退的早期阶段，与香果树（*Emmenopterys henryi*）（康华靖等，2007）和柏加芦荟（*Aloe peglerae*）（Phama et al.，2014）的研究结果相似。

3.1.4.2　种群数量动态

我们研究发现，水青树种群的存活曲线趋向为 Deevey II 型，表明水青树种群相对比较稳定（Deevey，1947）。其死亡率、消失率、累积死亡率、死亡密度和危险率均在第 6 龄级和第 12 龄级分别达到峰值。第一个峰值的出现可能是种内与种间竞争的结果，第二个峰值可能与水青树的生物生态学特性有关（闫桂琴等，2001；肖宜安等，2004a、b）。随着水青树个体年龄的增长，其群落中的种间、种内竞争将逐渐增加，这将影响到水青树个体的生长和存活。到第二个峰值时，水青树个体将进入生理衰老期，将导致高的死亡率和危险率出现。

对生存曲线分析发现，水青树种群的存活率在 6 龄级之前下降较为缓慢，在第 7 龄级快速下降，之后维持在一个较低的水平。生存分析也表明，在前 6 龄级，该种群的累积死亡率单调增加，累积存活率单调降低，而后趋势较为平稳。结果表明，水青树种群具有前期锐减、中期稳定、后期衰退的特点。该结果也得到时间序列分析的证实，但不同于黄山松、云南铁杉等的研究结果（毕晓丽等，2002）。在水青树群落中，幼苗和幼树数量非常少，甚至没有幼苗，可能是环境的筛选作用非常强烈而导致其幼苗的存活率非常低。经过环境筛选而进入下一阶段，其数量相对比较稳定，而到中树和大树阶段，其数量又显著下降，伴随着水青树进入生理死亡年龄，种群逐渐衰退。

时间序列预测表明，在幼龄时水青树种群数量下降，中老龄级种群数量稳定增长，与种群生存分析中的龄级生存率和死亡率的变化曲线一致。在未来 6a 内，各龄级株数在总体上随年龄增大而减少，整个种群呈衰退趋势，特别是 9 龄级后几乎无植株存活，说明水青树种群进入生理死亡年龄，种群个体迅速消亡。植物体的生长不仅受自身生物生态学特性的影响，还受环境气候条件的影响，如遇冻害、干害等异常天气现象，也会导致植物死亡（Korner，1998；Hoch et al.，2002；程伟等，2005）。19 世纪末以来，全球气温逐渐变暖，气候逐渐干燥，使水青树的分布面积不断收缩，生长受到抑制（李文漪，1998），从而使水青树在野外分布的数量逐渐减少。

3.2　水青树种群分布格局研究

本节通过野外样地调查和相关统计分析，对水青树自然种群空间分布格局进行研究，以了解水青树种群分布的空间结构，对于水青树种群濒危机制的探索、种群的保护与合理利用具有重要的理论意义，可为水青树的进一步研究提供理论依据。

3.2.1 研究地点及概况

研究地点设在四川美姑大风顶国家级自然保护区，其自然概况见 2.1 节。

3.2.2 研究方法

3.2.2.1 样地设置与调查

样地设置与样方调查同第 2 章，其生境指标见表 2-1。

3.2.2.2 数据处理与分析

把各样地划分成 16 个 5m×5m 的小样方，运用相邻格子法记录样地内的数据资料，用以种群分布格局的分析。本研究采用下述方法测定水青树种群的分布格局（张金屯，2011；郝朝运等，2006；Pielou，1985）：

1. 扩散系数

$$DI = S^2 / \bar{x} \tag{3.17}$$

式中，S^2 为种群多度的方差；$\bar{x}$ 为种群多度的均值。当 DI 值等于 1 时，种群趋于随机分布；大于 1 时，种群为集群分布；小于 1 时，种群为均匀分布。扩散系数可对种群的分布格局做初步判断。为了检验种群分布格局偏离随机分布的显著性，进行 t 检验：

$$t = (DI-1) \Big/ \sqrt{\frac{2}{n-1}} \tag{3.18}$$

式中，n 为样方数。

2. 丛生指数

$$I = (S^2 / \bar{x}) - 1 \tag{3.19}$$

当 $I > 0$ 时为集群分布；$I = 0$ 时为随机分布；$I < 0$ 时为均匀分布。

3. 平均拥挤度指数

$$m^* = \bar{x} + (S^2 / \bar{x}) - 1 \tag{3.20}$$

当 $m^* > 1$ 时为集群分布；$m^* = 1$ 时为随机分布；$m^* < 1$ 时为均匀分布。

4. 聚块性指数

$$PAI = m^* / \bar{x} \tag{3.21}$$

当 $PAI > 1$ 时为集群分布；$PAI = 1$ 时为随机分布；$PAI < 1$ 时为均匀分布。

5. 负二项式分布参数

$$K = \overline{x}^2 / (S^2 - \overline{x}) \tag{3.22}$$

K 值与种群密度无关，用于衡量种群的聚集强度。K 值愈小，聚集度愈大；当其值趋于无穷大时(一般为 8 以上)，则逼近随机分布。

6. Cassie 指标

$$C_A = 1 / K \tag{3.23}$$

当 $C_A > 0$ 时为集群分布；$C_A = 0$ 时为随机分布；$C_A < 0$ 时为均匀分布。

7. Morisita 指数

$$I_\delta = q \frac{\sum n(n-1)}{N(N-1)} \tag{3.24}$$

式中，q 为样地内的总样方数；n 为各样方中观测到的个体数；N 为样地内所有样方中观测的个体总数。当 $I_\delta < 1$ 时为均匀分布；$I_\delta = 1$ 时为随机分布；$I_\delta > 1$ 时为集群分布。

3.2.3　结果与分析

由表 3-4 可知，水青树各种群的扩散系数(DI)在 1.71 和 3.565 之间，均大于 1。t 检验结果表明，Q1 的 t 值为 1.943，达到显著性水平；除了 Q2 和 Q4 差异不显著，其余均达到显著性水平。这说明水青树种群为集群分布。但各样地的集群强度有所差异，Q3 和 Q6 种群聚集强度明显大于其他样地。结合种群生境调查，这两个样地具有较低的岩石裸露度和较大的生境异质性可能是导致其聚集分布的主要原因之一。

从生指数(I)、平均拥挤度指数(m^*)与 DI 值的测度结果基本一致。平均拥挤度指数(m^*)可用于集群程度的度量，主要反映种群个体数量和密度。从 m^* 值来看，6 个水青树种群中，Q2 种群的最小，仅为 0.582；Q3 种群的最大，为 3.125。这可能与 Q2 种群水青树较少、Q3 种群聚集较多的水青树有关。

聚块性指数(PAI)反映种群在样方内的聚集程度。各样方的 PAI 值均大于 1，表明水青树种群具有集群分布的特征。6 个水青树种群中，Q5 种群的 PAI 值最小(1.907)，Q3 种群的 PAI 值最大(5.581)。这可能与 Q3 单个样方中水青树数量多而 Q5 单个样方中水青树数量少有关。

6 个种群的 Cassie 指标(C_A)均大于 0，表明水青树种群集群分布的特征。除 Q4 和 Q5 种群小于 1 外，其余 4 个种群的 Cassie 指标均大于 1，表明这两个种群所在样地的生境异质性不大，而其余 4 个种群所处的生境异质性相对较大。

Morisita 指数(I_δ)与聚块性指数(PAI)结果一致。

负二项式分布参数不受群体平均密度的影响，即在种群的大小由于随机死亡而减小时，它保持不变。本研究中，K 值均比较小，除 Q4、Q5 种群大于 1 外，其余种群均小于 1，反映出野外水青树种群的聚集程度较大，与其他分布格局指标测定结果基本一致。

表 3-4　水青树种群分布格局

样地编号	S^2	$\bar{x}$	DI	t 值	结果	I	m^*	PAI	K	C_A	I_δ	结果
Q1	0.650	0.38	1.710	1.943	C	0.710	1.090	2.867	0.536	1.867	3.200	C
Q2	0.333	0.25	1.332	0.908	C	0.332	0.582	2.327	0.754	1.327	2.667	C
Q3	1.997	0.56	3.565	7.025	C	2.565	3.125	5.581	0.218	4.581	5.778	C
Q4	0.517	0.38	1.360	0.987	C	0.360	0.740	1.948	1.054	0.948	2.133	C
Q5	1.583	0.88	1.798	2.186	C	0.798	1.678	1.907	1.102	0.907	1.934	C
Q6	1.063	0.44	2.416	3.877	C	1.416	1.856	4.218	0.311	3.218	4.571	C

3.2.4　结论与讨论

分布格局类型是群落的一种客观属性,对于同一群落,它的格局类型是固有的,不应该随着研究尺度的变化而变化(惠刚盈等,2007)。种群的空间分布格局是指种群的个体在水平位置上的分布样式,它是物种生物学特性、种内种间关系及环境条件综合作用的体现(王晓春等,2002;哀建国等,2005;郝朝运等,2006;王鑫厅等,2006)。对种群空间分布格局的研究和阐明有助于深化对群落结构的认识,了解单株木的生长状况,解决营造林中的植株配置和采伐问题,正确描述种群的空间分布格局对判定林木分布规律,掌握其过程演化及预测其变化趋势亦具有重要意义(张会儒等,2006;叶芳等,1997)。

多种指标显示,野外水青树种群均属于集群分布的特征,而负二项式参数表明其野外水青树种群的聚集程度都比较大。在岩石裸露率低、土层较厚、立地条件比较优越的样地中,水青树与其群落中其他优势树种的生境相似,水平和垂直生态位重叠较高,导致它们之间竞争非常强烈;而水青树幼苗竞争力薄弱,经过环境的强烈筛选,存活率非常低,难以改变其空间分布格局,因而经过筛选而存活的植株大都分布在与母树相同或相邻样方内,表现为集群分布。

在未来的经营管理中,应对天然林进行适度的人为干扰,注意间伐乔木层和灌木层其他树种,适当扩大林窗面积,以降低群落郁闭度,促进水青树种子萌发成幼苗,加强群落通风条件,提高花粉的授粉率。

第4章 水青树大小孢子发生及
雌雄配子体形成研究[①]

植物自然更新与有性生殖过程有关,植物通过有性生殖能够维持其遗传多样性以适应外部环境的变化。研究植物的生殖生物学特性对于濒危植物的有效保护十分必要。已有研究表明,植物有性生殖过程中发生的异常现象,如大小孢子发生和胚胎发育异常等(潘跃芝等,2001,2003;Xue et al,2005;Xiao et al.,2006;赵兴峰等,2008)均可以影响繁殖的有效性,从而导致植物自然更新困难。迄今,有关水青树大小孢子发生及配子体形成过程是否存在影响水青树自然更新的异常现象尚无相关研究报道。

本章利用光学显微镜,对水青树的大小孢子发生及雌雄配子体形成过程进行了较为系统的研究,分析其中存在的限制水青树更新的因素,为水青树的有效保护提供科学参考。

4.1 材料与方法

4.1.1 植物材料

研究用的材料于2007~2009年采自四川峨眉山自然保护区水青树自然种群,凭证标本保存于西华师范大学植物标本室(CWNU,甘小洪200700A)。

4.1.2 细胞学研究

不同发育阶段的水青树花序材料于2007~2009年采集。用于光镜观察的材料,用卡诺固定液(100%的乙醇和乙酸按体积1∶1混合)固定1h,然后保存于温度为4℃的70%乙醇里。经Ehrfich苏木精染色后,将标本用石蜡包埋,用Leica R2126切片机(德国)将标本切至6~8μm大小的切片。在Motic BA300显微镜下观察和拍照。

---

① 本章主要依据甘小洪等的*Sporogenesis and development of gametophytes in an endangered plant, Tetracentron sinense Oliv* (Biological Research,2012,45: 393-398)修改而成。

4.2 结果与分析

4.2.1 小孢子发生和雄配子体的形成

花药具有四个小孢子囊[图 4-1(A)]，每个花粉囊的表皮下均有一列细胞分化发育形成孢原细胞。在 3 月中旬首次观察到孢原细胞阶段。小孢子发生和雄配子体发育发生在 3 月中旬至 8 月初。

4.2.1.1 花药壁的形成

3 月中旬，经观察发现，花药壁由四至五层细胞组成：从外到内分别为表皮(一层)、药室内壁(一层)、中层(一至两层)和具单核的绒毡层(一层)[图 4-1(B)]。在花粉母细胞(PMC)减数分裂初期，绒毡层细胞出现双核现象[图 4-1(C)]，随后逐渐液泡化[图 4-1(D)]和原位降解[图 4-1(E~F)]。因此，绒毡层为腺质型。随着绒毡层细胞的发育，药室内壁细胞逐渐扩展并液泡化[图 4-1(D)]；经历 U 形增厚[图 4-1(F)]后，药室内壁逐渐发育形成纤维层[图 4-1(G)]。所有的中层细胞短暂存在[图 4-1(D)]，并迅速分离[图 4-1(E)]，而药室内壁逐渐纤维性增厚。因此，成熟的花药壁仅包含表皮和纤维层两层细胞[图 4-1(G~H)]。

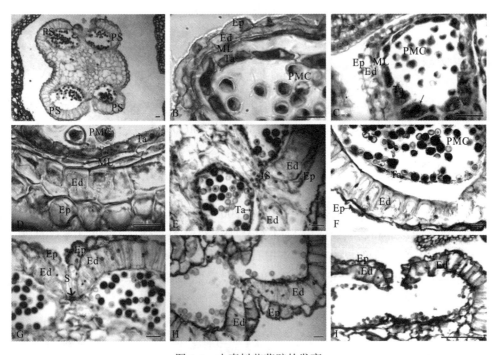

图 4-1 水青树花药壁的发育

A.每个雄蕊的花药具有四个孢子囊；B.在 PMC 的阶段，花药壁主要由一层表皮、一层药室内壁、一至两层中层和一层绒毡层构成；C. 具有双核的绒毡层细胞；D.药室内壁逐渐增大并液泡化，两层中层细胞扁平；E.上下药室之间的隔片和裂口形成，中层降解；F.药室内壁 U 形增厚，绒毡层细胞降解；G.纤维层形成，药室之间的隔片降解(箭头所示)；H.上下两个药室之间的隔片降解后，2 个花药药室整合形成一室；I: 裂口打开后，花药开裂。比例尺= 10μm。Ed: 药室内壁；Ep: 表皮；IS: 药室之间的隔片；ML: 中层；PS: 花粉囊；PMC: 花粉母细胞；S: 裂口；Ta: 绒毡层。

在中层降解的同时，上下两个花粉囊之间位于表皮下的细胞逐渐特化形成药室之间的隔片，一套特化的表皮细胞则发育成裂口[图 4-1(E)]。随后，药室之间的隔片首先降解[图 4-1(G)]，将上下两个花粉囊汇合成一室[图 4-1(H)]。之后，裂口分开，药室壁纵向开裂，花粉从花药中释放[图 4-1(I)]出来。

4.2.1.2　小孢子发生和雄配子体的形成

四月初，来源于孢原细胞的造孢细胞逐渐发育形成花粉母细胞[图 4-2(A)]。花粉母细胞经历第一次减数分裂后，形成四面体型的四分体[图 4-2(B～E)]。小孢子的胞质分裂为同时型。在减数分裂 I 完成后并不形成细胞板[图 4-2(B～C)]，在减数分裂 II 完成时细胞板同时形成[图 4-2(E)]。七月初，小孢子彼此分离，单独发育形成具有浓厚的细胞质和细胞核的花粉粒[图 4-2(F)]。随后，小孢子的细胞质逐渐变得稀疏和液泡化，细胞核逐渐边缘化，三沟萌发孔逐渐形成[图 4-2(G)]。7 月中旬，小孢子核进入有丝分裂，形成两个不等细胞：一个大的营养细胞，一个较小的生殖细胞。生殖细胞逐渐变为梭形，并依附在营养细胞上[图 4-2(H)]。8 月初，生殖细胞与营养细胞融合，成熟花粉形成。在花药开裂时，每个花粉粒具 2 个细胞。

小孢子发生和雄配子体发育过程中发生了一些异常现象：在花粉母细胞减数分裂阶段，部分花粉母细胞液泡化，核质粘连[图 4-2(A)]；在花粉母细胞[图 4-2(I)]、二分体[图 4-2(J)]、四分体阶段[图 4-2(K)]，花粉母细胞收缩和变形，尤其是在四面体的四分体时期超过 50%的花粉母细胞变态成骨形[图 4-2(L)]；绒毡层原位降解较为缓慢，在二细胞花粉粒时期绒毡层还持续存在[图 4-2(L)]。

4.2.2　大孢子发生和雌配子体的形成

4 月初，在胚珠的珠孔端表皮下方的一个薄壁细胞逐渐发育形成孢原细胞，其细胞质浓厚，细胞核较大[图 4-3(A)]。之后，孢原细胞平周分裂为两个细胞：初生壁细胞和造孢细胞[图 4-3(B)]。6 月中旬，初生壁细胞经过几次平周和垂周分裂发育形成珠心细胞，造孢细胞则直接发育成具浓厚细胞质和大细胞核的大孢子母细胞[图 4-3(C)]。功能大孢子母细胞深埋于珠心组织中，因此胚珠类型为厚珠心胚珠。同时，内、外层珠被开始发育[图 4-3(C)]，倒生胚珠逐渐形成[图 4-3(D)]。

在经历减数分裂的连续变化后，二分体[图 4-3(E)]、直链四分体逐渐发育形成。之后，合点端的细胞发育形成功能大孢子，珠孔端的其他三个逐渐退化[图 4-3(F)]。最后，功能大孢子逐渐增厚并液泡化，其细胞核悬在中央[图 4-3(G)]，形成大孢子。

7 月初，来自功能大孢子的单核雌配子体体积逐渐增大，并产生两个子核，子核分别

移至雌配子体中的两极[图 4-3(H)]。经历三次有丝分裂后，大孢子逐渐发育成八核的雌
配子体[图 4-3(I～K)]。因此，雌配子体的发育属于单孢型、八核的蓼型胚囊。随着雌配
子体的体积显著增大，珠孔端三个细胞核逐渐形成卵器，包括一个卵细胞和两个助细胞；
合点端的三个核逐渐发育形成反足细胞[图 4-3(J～K)]。同时，珠孔或合点端各有一个核
迁移到中心逐渐发育形成极核[图 4-3(J～K)]。

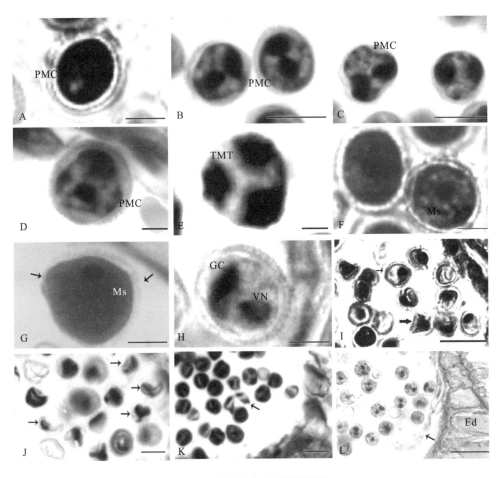

图 4-2　小孢子发生及异常现象

A. 小孢子母细胞；B. 花粉母细胞减数分裂末期的 2 个子核；C. 花粉母细胞四面体时期，示减数分裂Ⅱ的前期，一个花粉
母细胞具有 2 个子核；D. 一个花粉母细胞具有 4 个子核，但未形成细胞板，示花粉母细胞减数分裂Ⅱ的末期；E. 小孢子的
四面体时期；F. 新释放的单核小孢子；G. 具萌发孔的单核小孢子(箭头)；H. 具营养细胞和生殖细胞的二细胞花粉；I. 花粉
母细胞减数分裂Ⅰ期，示核质粘连并液泡化的花粉母细胞(小箭头)和收缩的花粉母细胞(大箭头)；J. 花粉母细胞减数分裂
Ⅰ期，示收缩的花粉母细胞(箭头)；K. 四分体时期，示花粉母细胞收缩成骨形(箭头)；L. 二细胞花粉阶段时期，示持续存在
的绒毡层(箭头)。

A, E～H：比例尺＝50μm；B～D, I～L：比例尺为 10μm；Ed：内层；GC：生殖细胞；Ms：小孢子；PMC：花粉母细胞；
TMT：四面体型；VN：营养细胞核。

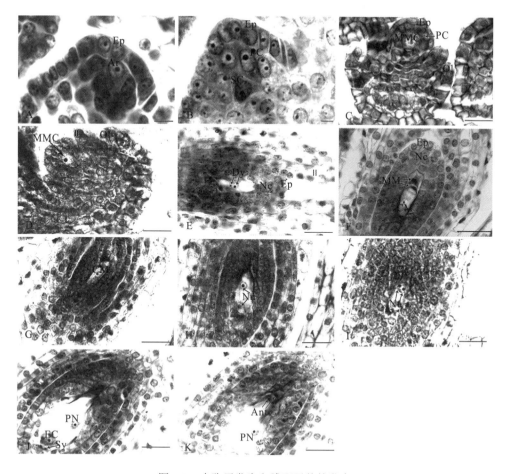

图 4-3　大孢子发生和雌配子体的发育

A.雌配子体的孢原细胞；B.初生壁细胞和造孢细胞；C. 大孢子母细胞和内、外珠被的形成；D.倒生胚珠；E. 二分体；F. 功能大孢子及退化的大孢子；G. 单核胚囊；H.二核胚囊；I. 横切面上，可见四核胚囊的 2 个核；J、K.连续切片，示成熟的八核胚囊。

比例尺＝10μm；Ant：反足细胞；Ar：孢原细胞；CM，合点端的大孢子；Dy：二分体；EC：卵细胞；Ep：表皮；II：内珠被；MM：珠孔端大孢子；MMC：大孢子母细胞；Nc：珠心；Nu：核；OI：外珠被；PC：初生壁细胞；PN：极核；SC：造孢细胞；Sy：助细胞。

4.3　讨　　论

　　水青树的孢子发生及配子体形成过程具有如下特征：每个雄蕊的花药具有四个孢子囊；花药壁在发育成熟之前，由表皮、药室内壁、一到两层中层和绒毡层构成；减数分裂的胞质分裂为同时型，并形成四面体型的四分体；成熟花粉在花药开裂时为二细胞；其胚珠倒生，双珠被，厚珠心，胚囊的发育属于单孢型蓼型。其结果与以前的研究报道一致。在此发育过程中，首次发现一些特殊的现象：①药室内壁纤维性增厚和药室间隔片解体后，花药迅速开裂；②绒毡层延迟解体，在二细胞花粉粒时期还持续存在；③在花粉母细胞、二分体、四分体时期观察到一些细胞异常现象，如花粉母细胞和小孢子液泡化、收缩变形等。

花药开裂是花药发育的最后一步，最终使花粉从花药中释放（Scott et al.，2004）。由于花药开裂异常将导致种子产量减少，进而影响植物的繁殖（Matsui et al.，1999），因此花药开裂机制受到科学家的极大重视。迄今，已发现的被子植物花药开裂机制有四种基本类型：①在大多数被子植物中，药室内壁的扩张和纤维增厚，以及药室之间裂口的开裂是花药开裂所必需的；②在烟草等茄科植物中，裂口和环形细胞群这两个特化的细胞类型聚集在缺口区域，与花药开裂相关（Beals et al.，1997）；③在大多数非茄科植物中（D'Arcy，1996；Sanders et al.，2005），药室之间特化的隔细胞执行了花药开裂的功能；④在水稻中，药室内壁 U 形增厚、药室之间的隔降解和裂口破裂有助于花药的开裂（Matsui et al.，1999）。在水青树花药发育过程中也发现有趣的现象，药室内壁 U 形增厚后发生纤维性增厚，随后药室之间的中隔降解，裂口开裂，最终导致花药开裂。结果表明，水青树的花药开裂应归因于药室内壁纤维增厚、药室之间隔细胞核裂口开裂的协同作用，这与以往报道不一致（Beals et al.，1997；Matsui et al.，1999；Sanders et al.，2005）。为揭示水青树的花药开裂机制，有必要就有关药室内壁和药室之间隔细胞在水青树花药发育过程中的细胞学及细胞化学动态变化开展进一步深入研究。

有关花粉母细胞小孢子发育过程中的异常现象也有相关报道，如花粉母细胞的液泡化和收缩变形、花粉母细胞和花粉的胞质粘连现象（潘跃芝等，2001；王峥峰等，2005；赵兴峰等，2008）。花粉母细胞发育过程中的异常现象通常与花粉败育有关，进而影响繁殖的有效性（赵兴峰等，2008）。此外，持续存在的绒毡层常常在雄性不育植物中被观察到（Gorman et al.，1997；Chaubal et al.，2000），其延迟降解将阻止养分运输，从而影响花粉粒的正常发育（Buyukkartal et al.，2005）。我们发现，水青树雄性繁殖中出现的小孢子和绒毡层异常发育现象，将会导致花粉败育和影响有性繁殖的有效性，进而影响其结实，这可能是导致该物种的自然更新能力差的重要因素。迄今为止，有关水青树孢子发生及配子体形成过程中的异常现象的机理还不清楚。为了有效地保护水青树这一药用植物，应该对水青树小孢子和绒毡层异常发育的机制开展进一步的深入研究。

第5章　水青树开花物候、繁育系统及传粉生态学研究①

濒危植物生殖生物学研究对预测其生存能力和提出适当的保护措施至关重要 (Rodriguez-Perez，2005)。这些研究可能有助于确定植物个体繁殖及其种群维持与更新的影响因素。大量的研究表明，统计学特征(成功繁殖)和遗传机制(近亲繁殖和进化潜力)将强烈地影响植物种群的维持(Frankham et al.，1998；Saccheri et al.，1998)。植物繁育系统有助于确定统计学及遗传关键参数，因此通常处于种群健康与维持的核心地位(Gaudeul et al.，2004)。

传粉是植物繁殖成功的一个重要环节，往往依赖于与动物的互惠互利。而传粉媒介的减少将直接影响繁殖产出，这将减少果实和种子的数量和质量，并促进自交亲和物种的自交(Rodriguez-Perez，2005)。广义上，自交率的增加会导致种群内或种群间基因流的降低，从而增加自交或近交衰退的概率(Buza et al.，2000)。许多研究表明，稀有植物表现出比普通植物更高水平的自交亲和性(Saunders et al.，2006)。因此，由于缺乏传粉者的访问导致的珍稀植物的近交衰退，常常是导致物种濒危的最重要的因素。

目前，尚无水青树开花物候、繁育系统及传粉生态学方面的相关报道，其传粉过程中是否存在濒危因素，进而导致其种群更新困难，至今尚不明确。本章拟从传粉生物学角度分析生境片段化中水青树生殖特点及其生殖适应性对策，探讨其生活史中的薄弱环节，揭示其濒危机制，为水青树种群的恢复和有效保护提供科学依据。

5.1　材料与方法

5.1.1　研究地点与样地设置

研究于 2010 年 4 月至 2011 年 10 月在四川省美姑县大风顶自然保护区龙窝保护站(E:103°08′238″~103°29′046″，N: 28°46′305″~28°47′091″)开展。研究地自然概况见 2.1 节。

根据水青树的分布特点，分别设置不同海拔的水青树样地，对其花期物候、开花生物学习性等进行观测。

---

① 本章主要依据甘小洪等发表的论文*Floral biology, breeding system and pollination ecology of an endangered tree Tetracentron sinense Oliv.* (*Trochodendraceae*) (Botanical Studies，2013，54: 50)修改而成。

5.1.2　开花物候及开花生物学

按照 Dafni(1992)的方法观测记录水青树不同样地中的开花起始期、盛花期(超过 50%个体开花的时期)、末期时间。于 2010 年 4～7 月，选取 40 个花序(一个样株 4 个花序)，从花序现蕾开始，定期对花序的长、宽进行观察、拍照。

从 10 棵样树中随机选取冠层中下部花序 10 个，每个花序 2 朵单花(共计 20 朵)进行标记，在花期对单花进行定期观测。观测内容包括：①花冠发育状态，包括其颜色和大小变化；②雄蕊发育状态，包括花丝长短，花药颜色，花药与柱头间距变化，以及花药的开裂方式等；③雌蕊发育状态，包括花柱长短、柱头颜色、位置及形状的变化；④气味和分泌物的相关性。

5.1.3　花粉活力及柱头可授性

在花期的不同阶段，分别随机选取 2 朵单花，用于花粉活力及柱头可授性观测。按照 Dafni(1992)的方法，采用 MTT 染色法对花粉活力进行检测，被染成蓝紫色的花粉粒记为有活力，未着色或着色很浅的记为无活力。按照 Zeisler(1938)的方法，使用 3%的过氧化氢溶液检测柱头可授性，将开花后不同天数的柱头完全浸泡在过氧化氢反应液中，若柱头具有可授性则周围的反应液中有大量气泡出现，否则无气泡，重复两次。

5.1.4　繁育系统检测

5.1.4.1　花粉/胚珠(P/O)值估算

在 6 个水青树花序的上、中、下三个部位各选取刚开放的花朵(花药未开裂)1 个(共 18 朵)，将各花朵的花药分别挤碎于盛有少量 1% HCl 溶液的烧杯中解离，然后转移至 10mL 容量瓶内，仔细冲洗烧杯壁并定容。取 10μL 于载玻片上，在显微镜下统计其花粉数目，每张玻片选择 5 个视野使用计数器分别计数，计算平均值得出每花的花粉粒总数。将每朵花的子房置于载玻片上，40 倍解剖镜下进行解剖，在载玻片上滴一滴蒸馏水，将子房置于其中。将胚珠从胎座上分离，观察并计数。按 Cruden(1977)的标准，计算花粉/胚珠值。

5.1.4.2　杂交指数的估算

选择 5 个花序对花序直径、花朵大小和开花行为进行测量及繁育系统的评判。按照 Dafni(1992)的标准，计算杂交指数(out-crossing index，OCI)作为繁育系统的评判指标。

5.1.4.3　套袋去雄实验

根据 Dafni(1992)描述的方法进行下述处理。①对照：不套袋(硫酸纸，下同)，不去雄，自由传粉，用于检测自然条件下的传粉情况；②同株异花授粉：去雄套袋，同株异花之间人工授粉，检测是否受精；③异株异花授粉：套袋、去雄，用不同植株的花粉进行异花授粉，检测杂交是否亲和；④自然条件下异花传粉：不套袋、去雄、自由传粉，与①和③的结果比较，检测坐果状况是否受传粉者限制；⑤自花传粉，开花前套袋、不去雄，检测是否需要传粉者；⑥去雄，套袋，检测有无融合生殖现象，各处理均选择 7 个花序。

5.1.4.4　控制授粉方式对种子萌发和幼苗生长的影响

经净度分析后，将采回的种子在室温下自然晾干，将不同授粉方式的水青树种子随机数 1000 粒，称重，重复 4 次(徐亮等，2006)。分别选取不同授粉方式的饱满种子各 300 粒，设 3 个重复，每个重复 100 粒。萌发前先用 0.1% NaClO 溶液消毒 30min，蒸馏水漂洗 5~6 次；然后在 25℃的蒸馏水中浸泡 8h；在 1 000 lx、8h·d^{-1} 的光照条件、25℃恒温下(周佑勋，2007)，以两层滤纸为基质进行萌发，实验中保持湿润和通气。当胚根长到种长一半时视为萌发(徐亮等，2006)，每 24h 记录一次，萌发结束后计算萌发起始时间、持续时间、萌发率和发芽势待子叶长出后每组每个重复随机选取长势一致的植株 10 株，测量其根、茎的长度用于幼苗初期生长动态分析，每 2d 测量一次。

5.1.5　传粉媒介的检测

5.1.5.1　访花者及访花行为观察

在水青树的盛花期进行定点观察，并在每个样点随机选择 3 个花序进行连续观察 3 天，从 9:00~16:00，每 40min 为一个观察时段，记录其访花者的类别和访花频率及当时的气候条件(温度、湿度等)。描述访花者的行为，并对访花者进行拍照。用昆虫网捕获昆虫标本以待后续鉴定。访花昆虫的鉴定及观察：捕捉访花昆虫，将用于鉴定种类用的个体固定于 50%乙醇中，将用于扫描电子显微镜(SEM)观察的个体自然干燥，喷金镀膜后在扫描电子显微镜下观察照相。

5.1.5.2　环境因素对访花频率的影响

在各样地的水青树盛花期，观察有无与水青树同期开花的植物，并对其花粉进行检测，以排除其他植物的花粉干扰。同时观察记录光照条件、温度、湿度、风力等气候因素对水青树访花者的访花频率有无明显影响。

5.1.5.3　风媒检测

选择一株周围开阔的水青树进行传粉的日进程观测：于盛花期利用重力载玻片法，把涂有凡士林的载玻片以花粉源为中心按东、南、西、北 4 个方位固定在花粉采集器上，载玻片间的间距为 0.5m，各方向布 10 张载玻片(0.5m×10)。每隔 2h 检测所搜集的花粉的量，得到花粉的日变化进程。

5.1.6　数据统计与分析

不同授粉处理的结实率、种子质量和发芽率用 SPSS21.0 软件中的单因素方差分析方法和 Duncan's 多重比较进行显著差异性分析。

5.2　结果与分析

5.2.1　花期物候及开花生物学

由表 5-1 可知，水青树的开花过程可分为蕾期和花期两部分。海拔较低位置(2000～2100m)的水青树在6月上旬进入花期，到7月上旬花期结束。海拔较高位置(2150～2300m)的水青树或大部分个体花期的同步性较高，多于 7 月上、中旬进入盛花期，8 月初花期结束。同时，高海拔地区水青树花期结束也就意味着该保护区内水青树种群花期结束。对不同海拔分布地的其他水青树个体观测发现：水青树整个种群的花期为 2 个月左右，个体植株的花期为 1 个月左右。水青树单花的花期为 15～24d，其中蕾期至花被片打开时期经历的时间较长，一般为 50d 左右。

表 5-1　水青树种群水平的开花进程(月/日)

观测项目	样树 1	样树 2	样树 3
现蕾	4 / 25	5 / 17	5 / 10
开始开花	6 / 10	6 / 17	6 / 30
25%的花开始开放	6 / 22	7 / 6	7 / 20
50%以上的花开始开放	7 / 3	7 / 8	7 / 25
25%以下的花尚处于花期	7 / 6	7 / 14	7 / 28
10%以下的花处于花期	7 / 13	7 / 19	8 / 2
花期结束	7 / 17	7 / 25	8 / 7

水青树的开花动态大致可分为 9 个时期。①花蕾期：花被片呈覆瓦状排列[图 5-1，A～B]；②花被片打开期：左右花被片逐渐开裂呈"口"字形，并露出聚拢且直立的绿色柱头及雄蕊(先左右、后上下)[图 5-1(C～D)]；③柱头伸长期：随开花的继续进行，聚拢的柱头逐渐分离并开始反折，同时雄蕊逐渐呈青黄色[图 5-1(E～G)]；④柱头反折期：柱头逐渐反折呈 90°，呈淡褐色[图 5-1(H)]；⑤左右雄蕊伸长期：左右雄蕊逐渐变黄，且花丝开始伸长，直至高于柱头后停止伸长[图 5-1(I～J)]；⑥左右雄蕊散粉期：已发育成熟的左右雄蕊开始纵裂散粉，同时柱头的颜色逐渐加深[图 5-1(I～J)]；⑦上下雄蕊伸长期：左右雄蕊散粉结束后，上下雄蕊的花丝开始伸长[图 5-1(K)]；⑧上下雄蕊散粉期：伸至

最终状态的雄蕊开始散粉，柱头的颜色逐渐加深呈褐色[图 5-1(L)]；⑨花败期：雄蕊散粉结束后凋落，花被片及花柱宿存。

　　随着开花的进行，水青树花的各部分形态特征呈现以下变化(表 5-2)。①花被片：整个花期中花被片的颜色一直为绿色；随着果实的成熟，其颜色逐渐加深；花被片宿存。②雄蕊：雄蕊在整个花期中的发育大致可分为两个时期，即左右雄蕊成熟期和上下雄蕊成熟期。随着开花的进行，左右雄蕊逐渐由绿色变成黄绿色，同时花丝逐渐伸长，花丝停止伸长时即为左右雄蕊成熟时期；此时，上下雄蕊也逐渐呈黄绿色，并随着左右雄蕊开始散粉，上下雄蕊的花丝也开始伸长，其颜色也由黄绿色变为黄色，直至伸长至最终状态便开始散粉[图 5-1(G～L)]；③雌蕊：开花初期，雌蕊聚拢、直立且整体呈绿色，随着开花的进行柱头逐渐呈现 90°反折，将柱头上部的纤毛区完全暴露于空气中接受花粉，同时柱头的颜色也逐渐加深呈现出褐色[图 5-1(D～L)]。④气味及分泌物：水青树花散发出淡淡的清香，随着开花的进行，其香味逐渐减弱直至消失，同时在观察访花昆虫时会发现访花昆虫会将口器伸入到花基部取食花蜜。

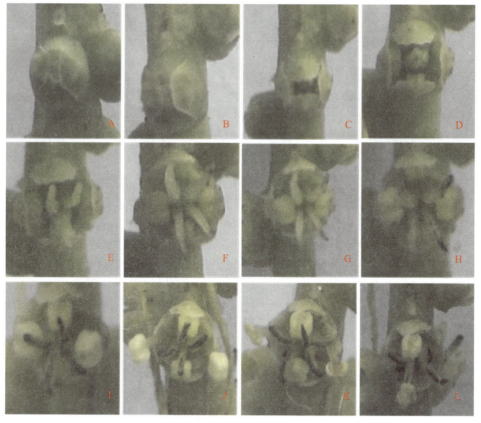

图 5-1　水青树花的开花动态

A、B:花被片未打开；C:花被片打开，裂口呈长方形；D：花被片进一步打开，左右雄蕊露出，四枚雌蕊聚合一束且直立；E：雄蕊仍未完全露出，柱头伸长且反折；F～H：柱头进一步伸长，左右雄蕊呈青黄色且开始伸长；I～J：左右雄蕊已伸长至最终状态，上下雄蕊开始伸长；K～L：上下雄蕊继续伸长至最终状态并开裂散粉，左右雄蕊散粉结束后呈橙黄色。

表 5-2 水青树花的形态功能特征

观测部位		功能特征变化
花器官	枯萎顺序	除花萼、花柱外，其他各部一起凋落
花冠	颜色变化	浅绿→黑褐色
	大小变化	无变化
雄蕊	花丝长短	随着开花进行，花丝逐渐伸长
	花药与柱头间距	随着开花进行，间距逐渐增大
	花药开裂方式	纵裂(两侧)
	花药颜色	绿色→浅黄→橙黄→褐色
雌蕊	花柱长短	随着开花进行，柱头稍微伸长仍低于雄蕊
	柱头颜色	浅绿→褐色→灰白→黑褐色
	柱头形状	直立→外侧翻卷
	柱头位置	一直低于雄蕊
气味		有
分泌物		有

5.2.2　花粉活力及柱头可授性

各样树不同时期的花粉活力存在差异(表 5-3)。始花期：样树 3 的花粉活力最强，同时柱头也具最强可授性；样树 1 和样树 2 在柱头反折期及左右雄蕊伸长期，花粉活力一直维持在较低水平，均低于样树 3。随着花期进行，各样树均在左右雄蕊散粉期花粉活力出现最高值，同时此时的柱头可授性也最强；随着上下雄蕊成熟及散粉，各样树的花粉活力及柱头可授性均下降，但此时样树 2 和样树 3 的花粉活力仍高于样树 1。样树 2、样树 3 雄蕊伸至最终状态时花粉活力及柱头可授性均较高，且整个花期中花粉活力一直维持在较高水平。而样树 1 的花粉活力及柱头可授性直至左右雄蕊散粉时才出现最高值。

综合分析发现，各样树在始花期花粉活力均较低，随着花期的进行雌雄蕊逐渐发育成熟，花粉活力逐渐升高至最大值；随着左右雄蕊散粉的结束，花粉活力开始降低，直至散粉结束花粉仍具较高活力。水青树花粉活力最高值及柱头可授性最强时期均为左右雄蕊伸长期及散粉期，且花粉活力最高可达(70.89±1.46)%，直至上下雄蕊散粉期，花粉活力一直维持在较高水平。同时，整个花期柱头一直具有可授性，随着花期的进行而逐渐减弱。

5-3　各样地水青树花粉活力和柱头可授性检测结果

样树	观测时期	花粉活力/%	柱头可授性
1	雄蕊可见期	30.65±8.67	++/--
	柱头反折期	30.63±1.70	+++/-
	左右雄蕊伸长期	29.17±2.00	+++/-

样树	观测时期	花粉活力/%	柱头可授性
	左右雄蕊伸至最终状态	35.38±2.79	+++/-
	左右雄蕊(一个)散粉期	44.19±1.44	++++
	左右雄蕊散粉期	63.31±1.89	++++
	上下雄蕊伸长期	53.90±2.64	+++/-
	上下雄蕊伸至最终状态	46.58±2.11	++/--
	上下雄蕊(一个)散粉期	42.57±2.26	++/--
	上下雄蕊散粉期	38.93±2.32	++/--
2	雄蕊可见期	23.18±1.91	+++/-
	柱头反折期	23.94±3.33	+++/-
	左右雄蕊伸长期	31.20±2.71	+++/-
	左右雄蕊伸至最终状态	64.11±1.34	++++
	左右雄蕊(一个)散粉期	67.42±2.60	++++
	左右雄蕊散粉期	70.89±1.46	+++/-
	上下雄蕊伸长期	63.25±1.12	+++/-
	上下雄蕊伸至最终状态	60.09±3.28	+++/-
	上下雄蕊(一个)散粉期	59.30±3.05	+++/-
	上下雄蕊散粉期	53.74±3.93	++/--
3	雄蕊可见期	44.12±4.90	++++
	柱头反折期	34.19±1.53	++++
	左右雄蕊伸长期	48.94±3.81	++++
	左右雄蕊伸至最终状态	64.35±2.72	++++
	左右雄蕊(一个)散粉期	68.63±1.66	++++
	左右雄蕊散粉期	53.22±1.94	+++/-
	上下雄蕊伸长期	48.89±3.29	+++/-
	上下雄蕊伸至最终状态	49.72±2.71	+++/-
	上下雄蕊(一个)散粉期	48.84±3.24	++/--
	上下雄蕊散粉期	48.38±2.56	++/--

注：++++表示柱头具最强可授性；+++/-表示部分柱头可授性较强,部分柱头可授性较弱；++/--表示部分柱头具可授性,部分柱头不具可授性；+/---表示少部分柱头具可授性；----表示全部柱头失去可授性。

5.2.3　繁育系统

由表 5-4 可知,水青树的花粉/胚珠比为 720±28,根据 Cruden 标准,属于 244.7～2588.0 范围内,其繁育系统为兼性异交。

由表 5-5 可知,水青树的杂交指数为 3,据此判断水青树繁育系统为自交亲和,有时需要传粉者。

由图 5-2 可知,同株异花授粉和异株异花授粉处理水青树具有结实现象,且结实率没有显著差异，这表明水青树是自交亲和、异交可育的；自花授粉处理有较高的结实率，表明水青树单花具有自发的自花传粉现象；去雄套袋后水青树没有结实现象，表明水青树不存在无融合生殖现象；异株异花授粉处理的结实率明显高于对照、自然状态下异花授粉，表明水青树结实时存在传粉限制。

由表 5-6 可知，来自异株异花授粉处理的水青树种子的千粒重和萌发率、发芽势均明显高于其他处理，而来自自然授粉和自花授粉处理的种子的各项指标均相对较低。

表 5-4　水青树单花的花粉胚珠比

观测项目	花粉量	胚珠数目	花粉/胚珠值	繁育系统类型
观测结果	18 000±706	25±1	720±28	兼性异交

表 5-5　水青树的杂交指数

观测项目	花序直径/mm	雌、雄蕊可授期间隔时间	柱头与花药空间位置	OCI 值	繁育系统类型
数据	4.023±0.1518	雌蕊先熟	左右花药：1.82±.0475 上下花药：0.86±0.024		繁育系统为自交亲和，有时需要传粉者
结果	2	0	1	3	

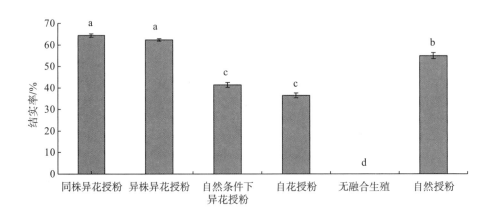

图 5-2　不同授粉处理水青树的结实率

表 5-6　不同授粉处理后水青树种子的千粒重与萌发特征

处理方式	自花授粉	同株异花授粉	异株异花授粉	自然授粉
千粒重/mg	73.16±4.74b	81.40±4.81b	97.85±5.10a	82.28±3.33b
萌发率/%	50.75±4.75c	69.75±1.25b	86.50±1.32a	38.00±1.30d
发芽势/%	14.25±2.78bc	19.75±1.60b	30.00±1.96a	12.25±0.85c

5.2.4　传粉媒介

5.2.4.1　访花昆虫及行为

经调查发现，水青树的访花昆虫多为鞘翅目(Coleoptera)、食蚜蝇科(Syrphoidea)、胡蜂科(Vespoidea)、姬蜂科(Ichneumonidea)、蜜蜂科(Apoidea)。不同类型访花昆虫的访花行为存在一定的差异。鞘翅目及食蚜蝇科昆虫访花行为较相似：长期在花序上爬行，将口器伸入花基部取食花蜜，同时身体各部位黏附大量花粉[图 5-3(a~c、h、j)]；胡蜂科、姬蜂科和蜜蜂科昆虫在访花过程中通常绕着花序旋飞，停留时也是将口器伸入花基部取食花蜜，取食结束后又迅速飞向另一花序[图 5-3(d~g、i)]，但是其访花活动容易受外界环境的影响。通过对昆虫身体各部位进行电镜扫描发现昆虫的口器[图 5-3(k)]、胸部[图 5-3(i)]、腿部[图 5-3(m~p)]都携带有大量的花粉。

潜在传粉者的访花行为受外界环境因素(如温度)影响显著($P=0.019$)。在盛花期晴朗的天气，每天的最高温度出现在 10:40~13:40，各样地的访花高峰期均为 11:40~13:40 这一时段(图 5-4)。在 9:00~10:40 这一时段，温度较低及光照强度的增加，活动的访花昆虫量较少；随着温度的升高，访花昆虫的数量逐渐增加；在 14:00 之后温度开始下降、光照强度减弱，访花昆虫的数量急剧减少，特别是 16:00 之后几乎没有访花昆虫活动。而在阴雨天气基本上没有访花昆虫活动。

5.2.4.2　风媒传粉检测

采用重力载玻片法于盛花期对不同方向的传粉日进程进行检测发现：在 9:30~11:30 这一时段，分布在西方(W)的载玻片上的花粉量最多，其次依次为北方(N)、南方(S)、东方(E)。同时，随着布片距离的逐渐加大，收集的花粉数量越来越少。在 11:30~13:30 这一时段中，分布在西方(W)的载玻片上的花粉量同样最多，其次依次为北方(N)、南方(S)、东方(E)，随着布片距离的加大花粉落置数量总体呈减少趋势。

对不同时段及不同方向载玻片上收集的花粉进行统计发现：正午时段(11:30~13:30)载玻片上收集的花粉量最大，同时顺风方向(W)的载玻片上的花粉量在不同方向中为最高。

在水青树的盛花期，随着布片距离的加大，各时段不同方向载玻片上落置的花粉数目均呈逐渐减少的趋势。这表明水青树是可以进行风媒传粉的物种(图 5-5)。

图 5-3　昆虫访花行为检测

a～i：访花昆虫；k～p：昆虫口器、腿部、背部的电镜扫描，各部位可见大量花粉粒(蜂蜜科)；q～t：水青树花柱头的电镜扫描，可见柱头上的纤毛结构及花粉粒。

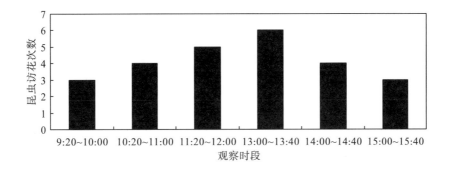

图 5-4 访花昆虫的活动情况

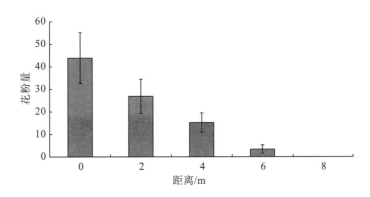

图 5-5 花粉量随距花粉源不同距离的变化

5.3 结论与讨论

5.3.1 开花与传粉的相关性

研究结果表明，水青树表现为风媒和虫媒传粉兼具的授粉综合征。在控制授粉试验中，经去雄套袋的花可以结实，表明水青树具风媒传粉现象。因为套袋的花序没有结实，但人工授粉时又能结实，该植物也不具无融合生殖现象。通过重力玻片法可以收集到大量空气中的花粉，也支持风媒传粉的有效性。水青树适应于风媒传粉的特征包括缺失花瓣、柱头乳头状、花药和柱头外露、伸长的柔荑花序状花序（Vikas 2011；Yamasaki et al. 2013）。这个物种也具有虫媒传粉的特性，在昆虫的身体上检测到了水青树的花粉。在食蚜蝇、蜜蜂等昆虫的口器、胸部和腿部均检测到大量的花粉，表明这些昆虫可能是有效的传粉者。水青树具有以下适应昆虫传粉的花部特征：①雌雄异位、雌蕊先熟，下弯的柱头等花部特征均有助于昆虫授粉（Mayer et al.，2011）；②具有许多排列紧密和无梗花的花序，有利于昆虫访花者的长期停留；③单花花期较长（持续 15～24d）和雄蕊释放花粉的时间相对集中；④在研究种群，水青树开花相对集中在七月，花期可检测到细微的香味和蜜腺，可为访花昆虫提供花粉和花蜜等重要的访花报酬（Dafni，1992；Yamasaki et al.，2013)。

Culley 等(2002)总结了被子植物中兼具风虫媒传粉特征的植物。相对较少的开花植物表现为兼具风虫媒传粉特征(Yamasaki et al.，2013)。一般，风虫媒传粉兼具被认为是处于完全风媒传粉或生物授粉的过渡阶段(Culley et al.，2002)。对一些先锋植物(包括柳树 *Salix* spp.和印楝 *Azadirachta indica*)，由于森林演替阶段风况的变化，兼具风虫媒特征是有利的(Karrenberg et al.，2002；Vikas，2011)。其他植物(例如，野桐 *Mallotus japonicus*)，种群密度的减少也有助于风媒和虫媒传粉兼具特性的维持(Yamasaki et al.，2013)。以往的研究认为，在风媒传粉植物中，花粉限制会随着距花粉源距离的增加而迅速增加(Hesse et al.，2011)。相反，对于虫媒传粉的植物而言，花粉限制并不强烈地依赖于植物花粉源的距离(Albrecht et al.，2009)。由于历史上的过度采伐，水青树种群密度急剧减小，目前大多分布在高山、峡谷、溪流或陡坡悬崖处(Fu，1992)。在研究的水青树种群中，个体之间的距离往往大于空气花粉的平均移动距离(8m)，空气中花粉量随花粉源距离的增加而迅速下降，从而导致来自风媒传粉的花粉限制的增加。因此，水青树具有的虫媒传粉的特性，恰好可以弥补风媒传粉过程中出现的花粉限制，这可能是水青树为保证生殖成功而形成的适应性策略。所以我们认为，水青树风媒和虫媒传粉兼具传粉特性应该归因于其种群密度的降低。

本书研究还发现，水青树自花传粉后可以结实，表明水青树具有自发的自我授粉机制。同时，水青树也表现出许多与自花传粉相适应的特征：两性花，下弯的柱头低于花药，雌蕊先熟，花粉活力和柱头可授性无时间分离(Faegri et al.，1979)。然而，自花授粉后结实率、种子质量和萌发率均明显低于异株异花授粉和对照。另外，控制授粉试验表明水青树自然种群的结实率受到传粉昆虫的限制，没有无融合生殖现象。因此，当风媒或者虫媒授粉受到影响时，自发的自花授粉机制对于水青树生殖的成功具有积极的意义。

5.3.2 繁育系统及其适应性

人工授粉实验表明，水青树具有自交亲和、异交可育，没有无融合生殖现象的特征。异株异花授粉的结实率高于自然条件下的异花授粉和对照，表明水青树自然种群中存在传粉者限制。以上结果综合表明，水青树是自交亲和，有时需要传粉媒介，可以通过风和昆虫授粉(食蚜蝇和蜜蜂)，这与异交指数和花粉/胚珠值所得的结果一致。根据 Dafni(1992)，杂交指数为 3，表明水青树是自交亲和、兼性异交，有时需要传粉者。花粉/胚珠值(720±28)位于 244.7～2588.0，符合兼性异交类型(Cruden，1977)。因此，水青树的繁育系统属于自交和异交兼有的混合类型，不存在无融合生殖。同时，异株异花授粉和对照的结实率分别比自花授粉高 25.87%和 18.43%，而种子的萌发率分别比自花授粉高 56.43%和 32.35%，这表明水青树的繁育系统以异交为主。

植物交配策略的进化总是有一个与进化相关的主题：异交或自体受精(Barrett，1998)。相比其他植物而言，开花植物从基于自交不亲和的专性异交到自体受精优先的进化路径可能遵循多条不同的进化路线(Stebbins，1974)。据预测，自交优先和异交为主可能是大多数植物种群选择稳定的交配系统进化的结果(Lande et al.，1985)，一些物种的自然种群中存在稳定的混合交配系统证实了这一观点(Barrett et al., 1996)。我们的研究结果表明,水青树的交配系统同时存在自交和异交。然而,异交为主和自发的自花授粉正好在确保生殖成功方面发挥了辅助作用,尤其是当异交条件不利时,如环境条件的转变,或正常传粉者缺失,或者数量减少(黄双全等,2006)。

5.3.3　开花与传粉过程中的濒危原因

尽管昆虫授粉能够成功完成,传粉者的活动很容易受到环境条件的影响,本研究在雨天或阴天几乎没有观察到昆虫的活动。在美姑大风顶自然保护区,水青树的花期恰好与雨季相重合(6~8 月),这对昆虫的访花行为产生了负面影响。此外,空气中的花粉粒密度在距离树冠 8m 远处完全下降,而种群间密度较小导致个体间距较大,这可能会对风媒授粉产生负面影响。因此,在大多数情况下,水青树的成功繁殖可能只能依靠自花授粉或同株异花授粉,这将导致自交或同株自交。然而,自交会导致近交衰退或遗传多样性降低,从而导致种群对外界环境适应能力的降低(Buza et al., 2000;Gaudeul et al., 2004),这将不利于水青树种群的自然更新。因此,种群密度降低,以及开花传粉期恶劣的环境条件可能是导致水青树濒危的主要原因之一。当务之急是全面分析水青树遗传和发育过程中导致自然更新能力差的因素,并制定有效的保护措施,尤其是有必要通过人工干预措施尽快扩大其种群和个体数量。

第 6 章　水青树的结实特性与生殖配置研究①

种子植物的生活史中，种子萌发、幼苗存活与生长、生殖成熟植株的开花率、结果率和败育率等生态生物学特征是种子植物种群生殖生态学研究的重要内容(Harper，1977)。其中，果实和种子是植物繁殖系统的重要特征，由于强大的选择压力作用从而表现出很大的适应性(Wheeler et al.，1982)。另外，果实和种子也是受遗传控制较强的生物学特征，具有较强的比较和区分意义(孙玉玲等，2005)。因此，研究濒危植物水青树的果实和种子的基本特征，以及其生殖配置规律，有助于从繁殖生态学角度阐释水青树濒危的原因，可为水青树的有效保护和利用提供科学依据。

目前，国内外学者围绕着形态、解剖、花形态发生与发育、孢粉学、胚胎学、分子生物学和化学成分等方面对水青树的系统分类地位进行了研究(Endress，1986；张萍等，1990；Pank et al.，1993；张萍等，1999；Doyle et al.，2000)；也有学者探讨了水分和光照对水青树种子萌发的影响，并证实水青树种子没有休眠特性(徐亮等，2006；周佑勋，2007)。至今，尚无水青树结实特性和生殖配置方面的相关报道。

6.1　水青树结实特性研究

本节通过对水青树果实与种子的分布格局、营养生长与生殖生长的关系方面进行研究分析，为更好地保护和利用水青树提供理论依据。

6.1.1　研究地自然概况

研究地位于四川美姑大风顶自然保护区。研究地自然概况见 2.1 节。

6.1.2　研究方法

6.1.2.1　果穗产量与特征统计

2006～2008 年连续三年观测水青树种群结实的大小年变化。在水青树结实的丰年

---

① 本章主要依据甘小洪等的论文《濒危植物水青树结实特性研究》(种子，2009，28(9)：59-61)、王东等的论文《水青树不同径级个体构件水平上的生殖配置研究》(林业科学研究，2017，30(4)：667-673)和王东的硕士学位论文《濒危植物水青树的生殖配置研究》修改而成。

(2007 年 10 月)，选择结实最好的水青树母树 10 株，分别测量树的胸径和冠幅。将结实植株树冠等分为上、中、下 3 个部分，按阴面和阳面分别统计果穗的数量。每株从树冠中部各个方向摘果穗 12～30 个，如果树冠中部果穗数量不足 12 个，从相应方向树冠上下部补充，各株树的果穗分别包装好。从每一母树中随机抽取果穗，混合后作为果穗和种子的测定样本，分别测定每个果穗长度、果穗重量；将每个果穗分成三等份，分别测量每一等分果穗的重量、果实数、种子数和种子重量等(彭冶等，2004；陈波等，2004；张文辉等，2006)。

6.1.2.2　数据处理与分析

用 SPSS13.0 统计软件对原始数据进行单因素方差分析、T 检验和相关性分析，并结合水青树果穗产种量和种子重量的统计分析，分析水青树种群的结实特性。

6.1.3　结果与分析

6.1.3.1　果穗特征及其变异

在聚花果水平上，该种群聚花果果穗长度平均值为 13.9880±1.9580cm，果穗重量平均为 0.4693±0.2516g，果穗中种子重量平均为 0.0873±0.0300g，种子鲜重占果穗鲜重的 18.6028%。

果穗的数量或者产种量反映了植株对后代的贡献能力，也在一定程度上反映种群生殖能力。水青树果穗产果量变异范围在 83～132，平均为 104.86，变异系数为 10.7%；在 96～105 的比例最大，占 39.2%；83～85 和 130～132 所占比例最小，仅为 2%(图 6-1)。单个果穗产种量变异范围在 517～2106，平均为 1182.5，变异系数达 36.1%(图 6-2)。单株水青树果穗平均为 843.6 个。结果表明，水青树单株结实率较高，对后代有较大的贡献能力。方差分析表明，不同植株果穗产果量和产种量差异显著(表 6-1)；采自不同母树的水青树种子的重量差异达极显著水平(表 6-1)。

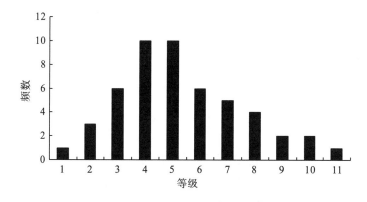

图 6-1　水青树果穗产果量的频率分布

注：1 对应的果实数目为 81～85 个/果穗，每个等级增加 5 个，以此类推。

表 6-1   不同植株果穗单因素方差分析

	产果量	产种量	种子重量
均方比 F	5.647	14.159	10.003
Sig.	0.012	0.000	0.000

6.1.3.2　果穗在树冠上的分布格局

植物结实格局的形成是植物种群与环境长期适应的结果，也是种群为适应特定环境所采取的生殖对策。①果穗在树冠不同方位的分布格局，树冠阴面果穗数平均值为 397.4，阳面果穗数平均值为 456.2，统计分析表明水青树的结实量在树冠方位的分布无阴阳面位置效应（P=0.623>0.05）。②果穗在树冠不同层次的分布格局：树冠中部的果穗数目平均为 310.75，明显高于树冠上部的 81.00 和下部的 36.13。方差分析结果表明树冠不同层次果穗分布有极显著差异，即结实量分布具有树冠层次效应（表 6-2）。

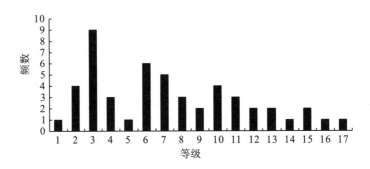

图 6-2   水青树种子数目的频率分布

注：1 的对应种子数目为 500～600 个/果穗，每个等级增加 100 个，以此类推。

表 6-2   树冠不同层次果穗分布的方差分析

变差来源	离差平方和 SS	自由度 df	均方 MS	均方比 F	Sig.
组间	2777978.000	2	1388989.000	97.266	0.000
组内	2698979.000	189	14280.312		
总计	5476957.000	191			

6.1.3.3　果穗不同部位果实与种子的分布格局

图 6-3 表示水青树种群果穗中果实和种子的空间分布格局。结果显示，各植株果实和种子的产量均以果穗中部最多，而顶部多于基部，这可能与顶部果实发育不完全或选择性败育有关。一般而言，顶部果实或种子在晚期同化产物供给减少，或由于自身形成的和早果输送的生长物质聚集到抑制浓度，导致了顶部败育较多，产种量下降（方炎明，1996）。

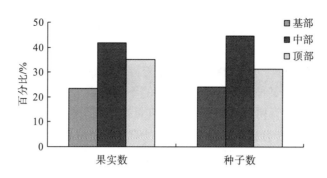

图 6-3　果穗不同部位生殖产量的分布格局

6.1.3.4　营养生长与生殖生长之间的关系

　　植物的生殖行为以显著而微妙的方式取决于其大小、生长型和寿命，这些联系是植物可塑性表现的结果，如植物的大小与花或果实产量的相关性（方炎明，1996）。水青树胸径和冠幅的大小，在一定程度上反映其营养生长状况和植株个体的大小，影响开花结实的数量和质量。统计分析表明，水青树植株胸径和冠幅都与产种量呈明显的正相关，表明其营养生长与生殖生长关系密切（表 6-3）。

表 6-3　营养生长与生殖特征的相关性

生殖特征	胸径(DBH)		冠幅	
	相关系数 R	Sig.	相关系数 R	Sig.
果实数	0.019		−0.169	
种子数	0.492	**	0.568	**

6.1.4　讨论

6.1.4.1　果穗特征及变异

　　观测结果显示，水青树单株结实率极高，单株水平上对后代贡献能力较大。一般，种群的结实率取决于植株密度。目前，水青树生境严重片段化，其种群内植株数量稀少，植株间距较大，可能一定程度影响了种群的结实率，从而减小了整个水青树种群的种子产量，这对水青树的自然更新和发展是不利的。

　　单因素方差分析表明，不同植株果穗产果量和产种量差异显著。一般，从花序发育成果穗，其授粉、胚胎发育等生物学过程中所需环境条件必须得到满足。产种量大的植株环境条件相对优越，产种量小的植株环境条件可能较差，导致了植株间的果穗形态、个体产种量差异(张文辉等，2006)。在未来的森林经营中，应该通过不同的经营措施，给水青树生长提供合适的环境，以促进水青树开花结实。

经研究发现，不同母树水青树种子的重量差异达极显著水平。许多种内分化对种子重量的影响研究认为，在某些情况下同一物种的不同种群间的种子平均重量有显著差异(Thompson，1981)。水青树种群的平均种子重量在不同母株间的变异主要由不同母株生长的立地条件和种内遗传分化所决定。Janzen(1977)认为重量不等的种子的产出，导致种子在母树周围散布的距离和范围不同，可使种子到达适宜的安全岛的概率增大。Willson(1983)也认为种子重量分异有利于其扩散、传播至林窗，增加幼苗幼树的成活。这与陈娟娟等(2008)的研究结果相吻合：水青树种子在林窗或林缘的存活力比林下强，水青树的自然更新能力也更强。因此，水青树种子的重量分异有利于种群的更新和发展。

6.1.4.2　树冠结实量分布格局

一般而言,乔木生殖能力较强的枝系主要位于植株树冠阳面或上部,其上的结实量(如果穗数)较多,因树冠阳面或上部光照充足,有利于光合作用的进行,叶片数目较多,有利于积累更多的光合产物,更能满足生殖过程的需要。经研究发现，水青树结实量无阴、阳面的位置效应，但有树冠层次效应，这点与其他乔木树种不一致(陈波等，2004)。这种分布格局，说明光照对果穗在树冠上的分布格局影响不大，可能与水青树植株的立地条件以及植株上层树冠大都断裂或枯萎的特性有关。

6.2　水青树构件水平上的生殖配置研究

植物将有限的资源按一定的比例分配给营养构件(茎、叶)或者生殖构件(花或花序、果实或果序等)(Suter，2008)，投入到某一构件的资源量增加必然会降低投入到其他构件的资源量，即在植物的不同功能构件之间存在着一种权衡关系(trade off)。例如，植物如果增加投入到生殖(花或果)的资源(即生殖投入)时，就会降低投入到营养生长(茎、叶和根)上的资源(即营养投入)。其中，植物生殖构件的生物量占整个植物地上总生物量的比例被定义为生殖分配(reproductive allocation，RA)(Karlsson et al.，2005)。植物的生殖分配通常与植株个体大小、生殖年龄密切相关(徐庆等，2001)。由于植物可供生殖的资源是有限的，竞争同一资源库的两个或多个生殖器官各构件或组分之间也应存在权衡关系(操国兴等，2007)，这种权衡关系可能存在于雄性与雌性功能之间，也可能存在于构件的数量与大小之间，如每果种子数量与大小之间(Lloyd，1987；Campbell，2000)。

从环境中获取资源和分配资源是植物生长的基本特征(赵志刚等，2004)。当自然中资源受限时，植物各种功能器官对有限资源存在竞争效应，植物就必然要权衡这些功能之间的资源分配(Niu et al.，2012；徐波等，2013)，植物的生殖适应对策是通过调整资源分配模式，以最佳的分配模式适应变化的环境，提高植物的适应性。有研究表明，水青树通常只生长在自然植被较完整、气候阴湿、土壤肥沃、土层较厚的山谷或山坡下部(张萍，1999)。

我们调查发现,在美姑大风顶自然保护区,水青树主要在阴坡沿河流两侧进行分布,但阳坡或者山坡的中上部距河流较远地方也有少量分布。至今尚无水青树生殖配置对环境的适应性的相关报道。

目前,植物生殖分配的研究大多集中在草本植物和灌木方面,对乔木树种的生殖分配研究报道相对较少。基于构件理论,乔木树种 1 个生殖枝就相当于 1 株树的基本单元——构件(modules),一棵大树通常被认为是由基本构件单位不断重复而形成的多层次复合结构体(Herrera,1991;Newell,1991)。在构件水平上研究小枝内部的资源分配与构型特征是乔木植物生活史对策研究的重要内容之一(Bazzaz et al.,1997;Osada,2006)。

因此,本节采用固定样方法和典型抽样法,通过对四川省美姑大风顶自然保护区水青树不同径级个体以及不同生境条件下同一径级个体标准生殖枝的生殖分配进行研究,在构件水平上探讨以下问题:①水青树的生殖投入和生殖分配随生殖年龄的变化规律如何?②水青树生殖构件和营养构件之间、生殖构件内各组分之间是否存在权衡关系?③河流远近和坡向对水青树生殖配置的影响情况如何?通过这些研究,探讨水青树的生活史适应对策及其致濒机制,为水青树种质资源的有效保护和管理提供科学参考。

6.2.1　研究地自然概况

研究地区位于四川省美姑县大风顶自然保护区龙窝保护站,其自然概况见 2.1 节。

6.2.2　研究方法

6.2.2.1　样地设置与调查

1. 不同径级个体水青树生殖配置研究

2014 年 6 月,参照王娟等(2011)的研究方法在龙窝保护站海拔 2 100~2 200m 区域的水青树种群建立150m × 250m 的固定样地(3.75hm²;103.14°～103.14°E,28.77°～28.78°N)用于不同径级个体生殖配置的相关研究。坡向为东北坡,坡度 30°,群落郁闭度 40%,群落高度 19.2m。样地植被类型为落叶阔叶林,其乔木层以水青树为优势种,伴生有连香树(*Cercidiphyllum japonicum* Sieb. et Zucc.)、珙桐(*Davidia involucrata* Baill.)和五裂槭(*Acer oliverianum* Pax)等;灌木层以桦叶荚蒾(*Viburnum betulifolium* Batal.)为优势种,伴生有银叶杜鹃(*Rhododendron argyrophyllum* Franch.)等;草本层主要以高山委陵菜(*Potentilla contigua* Soják)为优势种,伴生有蝎子草[*Girardinia diversifolia* subsp. *suborbiculata*(Chen)Chen et Friis]、天名精(*Carpesium abrotanoides* L.)、东方草莓(*Fragaria orientalis* Lozinsk.)、蛇莓[*Duchesnea indica*(Andr.)Focke]、假楼梯草[*Lecanthus peduncularis*(Wall. ex Royle)Wedd.]和细风轮菜[*Clinopodium gracile*(Benth.)Matsum.]等。

2015 年 4 月对样地内所有胸径(DBH)≥1 cm 的水青树个体的胸径、树高、冠幅、枝下高等进行观测。由于缺乏水青树解析木资料，因此参照张远东等(2012)的研究方法(以胸径大小代表水青树植株的年龄)，以 10cm 为间隔划分胸径等级，共分出 9 级：J1(DBH<20cm)、J2(20～29cm)、J3(30～39cm)、J4(40～49cm)、J5(50～59cm)、J6(60～69cm)、J7(70～79cm)、J8(80～89cm)、J9(DBH≥90cm)。

2. 河流远近对水青树生殖配置的影响

经全面调查发现，水青树在四川省美姑县大风顶自然保护区的分布有两种类型：①部分沿河谷两边分布，距离河谷距离(40～60m)；②部分远离河谷分布，距离河谷往往较远(120～160m)。为探讨河流远近对水青树生长繁殖的影响，在海拔 2200～2300m 范围内分别设置坡度、坡向、土壤性质、群落特征相似的两种样地(表 6-4)。

河边群落(Ⅰ)：样地距离河边 40m。水青树为群落乔木层优势种，杜鹃(*Rhododendron argyrophyllum* Franch.)为灌木层优势种，草本植物主要有冷水花(*Pilea notata* Wright)、假楼梯草、六叶葎(*Galium asperuloides* subsp. *hoffmeisteri*)、东方草莓、细风轮菜等。

坡中群落(Ⅱ)：样地距离河边 120m。水青树为群落乔木层优势种，三角枫(*Acer buergerianum* Miq.)为灌木层优势种，草本植物主要有假楼梯草、六叶葎、蕨麻(*Potentilla anserine* L.)、戟叶蓼(*Polygonum thunbergii* Sieb. Et Zucc.)、球穗香薷(*Elsholtzia strobiliferra* Benth.)等。

表 6-4　距离河流不同距离的水青树群落及生境特征

| 样地 | 坡度/(°) | 坡向 | 土壤 | | | 群落郁闭度 | 群落高度 | 光照强度 |
			含水量/%	含砾量/%	pH			
Ⅰ	25	东南	11	62	4.63	40	15	310
Ⅱ	45	东北	9	63	5.01	50	15.8	91

在两种样地中，分别选取生殖盛期的、孤立水青树样株 4 株，记录小生境的经纬度、海拔、坡度、坡位、坡向、群落透光度、光照强度、植被类型、乔木树种优势种、灌木树种优势种、小地名等生境信息。

3. 坡向对水青树生殖配置的影响

经全面调查发现，水青树在四川省美姑县大风顶自然保护区的分布有两种类型：分布在河谷的阳坡和阴坡。为探讨不同坡向对水青树生长繁殖的影响，在海拔 2200～2300m 范围内分别设置坡度、土壤性质、群落特征相似的不同坡向的固定样地(表 6-5)。

阳坡群落(A)：水青树为群落乔木层优势种，三角枫为灌木层优势种，草本植物主要有冷水花、六叶葎、细风轮菜、蕨麻、大车前(*Plantago major* L.)等。

阴坡群落(B)：水青树、连香树为群落乔木层优势种，桦叶荚蒾(*Viburnum betulifolium* Batal.)为灌木层优势种，草本植物主要有冷水花、绞股蓝[*Gynostemma pentaphyllum*

(Thunb.) Makino]、假楼梯草、六叶葎等。

表 6-5　不同坡向水青树群落及生境特征

| 样地 | 坡度/(°) | 坡向 | 土壤 | | | 群落郁闭度 | 群落高度 | 光照强度 |
			含水量/%	含砾量/%	pH			
A	15	东南	8	78	4.46	20	15.4	294
B	45	东北	9	67	5.01	50	15.8	91

在两种样地中，选取生殖盛期的、孤立水青树样株各 5 株，记录小生境的经纬度、海拔、坡度、坡位、坡向、群落透光度、光照强度、植被类型、乔木树种优势种、灌木树种优势种、小地名等生境信息。

6.2.2.2　取样方法

参照董艳红(2007)的研究方法，于花期(7 月)和果期(10 月)，每个径级选取 3 株水青树，从其东北方向(向阳)的树冠中层分别采集 3 个当年生标准生殖枝($n=9$)。分离叶片、花序(或果序)和枝条，装于信封中带回实验室。

6.2.2.3　构件观测

生殖构件(花序)和营养构件(叶、枝)经 80℃烘箱烘干至恒重后，放入干燥锅中冷却，用电子天平称重(精确到 0.001g)。果序构件经自然风干后，细分为果序轴、果皮和种子三部分，并测量果序轴长度、统计种子数；从每个标准枝中，随机选取 300 粒种子，用精度为 0.01mm 的电子数显游标卡尺测量其长度、宽度、厚度，并测定干重。

6.2.2.4　数据处理

生殖配置(RA)是指生殖的资源量占总资源或营养资源投入量的比例(Karlsson，2005；Osada，2006)，用下式进行计算：

$$RA = \frac{构件生殖器官生物量}{构件营养器官总生物量 + 构件生殖器官生物量} \times 100\%$$

运用 IBM SPSS Statistics 21.0 统计软件对数据进行分析。在满足方差齐性的情况下，对不同径级个体水青树各构件生物量、生殖构件各组分生物量、RA 和种子千粒重采用单因素方差分析方法中的 Duncan 检验进行多重比较；若不满足方差齐性的要求，则采用 Dunnett's 进行多重比较；对 RA、生殖构件生物量与营养构件生物量之间进行相关性分析和线性回归分析；对种子数量和种子千粒重进行相关性分析。对同一径级不同环境条件下的水青树各标准枝构件的生物量和 RA 采用单因素方差分析方法进行比较。

6.2.3 结果与分析

6.2.3.1 不同径级个体水青树生殖配置

1. 营养和生殖投入随径级的变化动态

经连续 2 年调查发现，水青树种群内 J1 径级的植株均未有生殖现象；J7、J8、J9 径级的花序过早脱落，因此分析其生殖与营养投入时缺少上述 4 个径级的资料。

由图 6-4 可知，水青树的营养投入和生殖投入随径级变化整体上基本呈现出同增同减的趋势，营养投入呈现上升→下降→上升的趋势，生殖投入没有明显的波动趋势。其中，营养投入的最小值出现在 J4，其与 J3、J6 之间具有显著性差异，而与其余径级之间差异不显著；其余径级相互之间差异均不显著。在生殖投入方面，各径级之间均没有显著性差异。

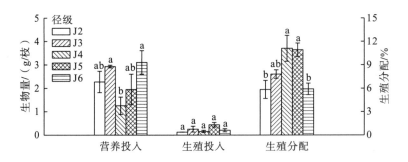

图 6-4　水青树营养投入、生殖投入和 RA 随径级的变化动态

注：不同小写字母表示不同径级差异显著($P<0.05$)。

2. 生殖分配随径级的变化动态

随着径级的不断增大，水青树生殖枝的 RA 值呈现先上升后下降的趋势，在 J2→J4 期间逐渐增加，在 J4 径级达到最大值，J5 径级保持相对稳定，之后迅速减小。其中，J2、J6 分别与 J4、J5 之间差异显著，J3 与其余径级之间、J4 与 J5 之间差异均不显著(图 6-4)。

3. 生殖构件生物量、RA 与营养构件生物量之间的相关性分析

经 Pearson 相关性和线性回归分析发现，水青树生殖枝的生殖总投入量分别与营养投入、叶生物量之间呈显著直线正相关性[$P<0.05$，图 6-5(A、B)]；RA 分别与营养投入、叶生物量之间呈极显著直线负相关性[$P<0.01$，图 6-5(C、D)]。

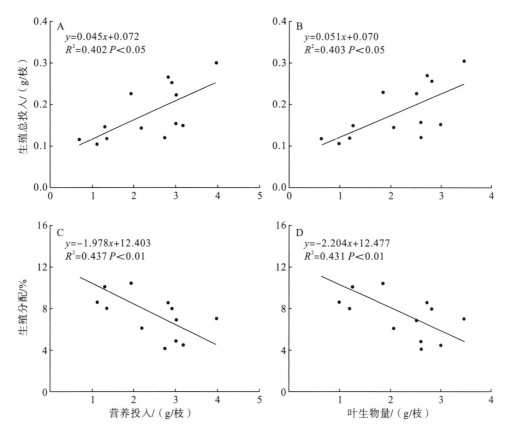

图 6-5　水青树生殖构件生物量、RA 与营养构件生物量之间的线性回归分析

4. 水青树生殖构件各组分的变化动态及其权衡关系

水青树的生殖构件可以分为果序轴、果皮和种子三部分。其果皮生物量所占比例随着径级的增大呈现低→高→低的变化趋势，与 RA 的变化趋势基本一致；果序轴生物量比例随径级的增大呈现高→低→高的趋势，恰好与 RA、果皮变化趋势相反；对果皮和果序轴生物量所占比重而言，J3、J4 之间差异均不显著，分别与其余径级之间差异显著，其余各径级之间差异均不显著(图 6-6)。种子生物量所占比重随径级的增大呈现先下降后上升的趋势，与 RA、果皮变化趋势基本相反；其中最小值出现在 J5 径级，仅为 2.52%，其与 J4 之间差异不显著，分别与其余径级之间差异显著，其余各径级之间差异均不显著(图 6-6)。同一径级下，果序各组分所占生殖投入的比重之间均有显著性差异。其中种子生物量所占比重均为最小，且远远低于生殖的附属结构(果序轴和果皮)；除 J6 外，其果序轴生物量占比重均为最大(图 6-6)。

相关性分析结果表明，水青树生殖枝 RA 值与果序轴干重之间存在极显著负相关性($P<0.01$)，种子生物量与果皮干重之间存在极显著的正相关性($P<0.01$)。

随着径级的增大，水青树生殖枝的种子数量呈现出先缓慢上升然后逐级下降的趋势，在 J3 时达到最大值，在 J6 时达到最小。其中，J3 径级的种子数与其他各径级的种子数具有极显著性差异，其他各径级之间则无显著性差异。种子的千粒重随径级的增大呈现出先缓慢下降,然后从 J3→J4 成明显增加的趋势,在 J4 时达到最大值,J4→J6 呈逐渐下降的趋势(图 6-7)。方差分析表明各径级之间种子千粒重没有显著性差异。

整体上看,种子千粒重随种子数量的增加有减少趋势,随种子数量的减小而有所增加。相关性分析表明,两者之间存在显著的负相关关系($P<0.05$)。

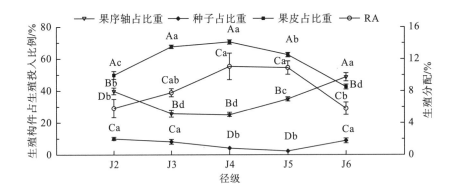

图 6-6　生殖构件占生殖投入比重和生殖分配随径级动态变化

注:不同小写字母表示不同径级差异显著($P<0.05$),不同大写字母表示同一径级差异显著($P<0.05$)。

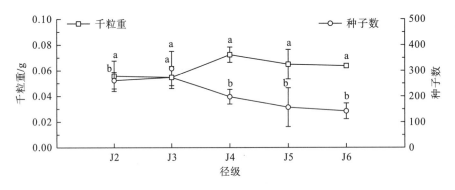

图 6-7　水青树种子数和千粒重随径级变化动态

注:不同小写字母表示不同径级差异显著($P<0.05$)。

6.2.3.2　河流远近对水青树生殖配置的影响

1. 营养和生殖投入随河流远近的差异

在水青树的花期,投入到末端生殖枝营养构件的生物量表现为群落Ⅰ(距离河流 40～60m)小于群落Ⅱ(距离河流 120～160m);方差分析表明,营养投入在两群落之间没有显著性差异。投入到生殖构件的生物量表现为群落Ⅰ大于群落Ⅱ;方差分析表明,生殖投入在两群落之间没有显著性差异。

在水青树果期,投入到营养构件和生殖构件的生物量均呈现出群落Ⅰ小于群落Ⅱ;方差分析表明,营养和生殖投入在两群落之间均没有显著性差异。由于果期营养投入和生殖投入都达到一定的均衡,故由于自身对环境的适应性,没有出现显著性的差异(表 6-6)。

表 6-6　距离河流远近对生殖期营养和生殖投入的影响（平均重量±标准误）　　（单位：g）

生殖期	营养投入				生殖投入			
	Ⅰ	Ⅱ	F	P	Ⅰ	Ⅱ	F	P
花期	3.099±0.353	4.323±1.802	0.870	0.373	0.230±0.033	0.196±0.073	0.256	0.642
果期	2.053±0.286	2.641±0.330	1.817	0.226	0.501±0.059	0.527±0.057	0.098	0.764

注：Ⅰ代表近，Ⅱ代表远。下同。

在花期水青树营养投入和生殖投入都呈现出此消彼长的关系，而在果期营养投入和生殖投入呈现出同增同减的趋势。

2. 生殖分配随距离河流远近不同的差异

水青树个体构件水平上的生殖分配由于距离河流远近的不同而有一定的差异。在花期和果期，均表现为群落Ⅰ大于群落Ⅱ；方差分析表明，花期水青树的生殖分配在两群落之间分别有极显著性差异，在果期两者之间差异不明显（表 6-7）。

表 6-7　距离河流远近对水青树生殖分配的影响（平均数±标准误）　　（单位：g）

花期				果期			
Ⅰ	Ⅱ	F	P	Ⅰ	Ⅱ	F	P
6.840±0.205	4.568±0.585	21.287	0.001	5.130±0.460	4.789±1.335	4.294	0.077

6.2.3.3　坡向对水青树生殖配置的影响

1. 营养和生殖投入因坡向不同产生的差异

由于水青树生长在不同坡向的生境中，其植株的光照条件不同。在花期，投入到水青树末端生殖枝营养构件的生物量表现为阴坡大于阳坡，方差分析表明两者没有显著性差异；投入到生殖构件的生物量也表现为阴坡大于阳坡，两种生境之间有显著性差异。在果期，投入到营养构件和生殖构件的生物量均表现为阴坡大于阳坡；方差分析表明，营养投入在两种生境中有显著差异，而生殖投入在两种生境中差异不显著。无论在花期还是果期，水青树的营养投入和生殖投入都呈现出同增同减的趋势（表 6-8）。

表 6-8　生殖期营养和生殖投入因坡向不同产生的影响（平均数±标准误）　　（单位：g）

生殖期	营养投入				生殖投入			
	A	B	F	P	A	B	F	P
花期	3.320±0.249	3.868±0.444	1.355	0.265	0.248±0.027	0.405±0.062	6.901	0.021
果期	2.676±0.748	2.732±0.650	0.003	0.957	0.350±0.116	0.500±0.130	0.748	0.420

注：A代表阳坡，B代表阴坡。下同。

2. 坡向不同对生殖分配产生的影响

不同坡向对水青树个体构件水平上的生殖分配有一定的影响。水青树花期和果期均表现为群落 B 大于群落 A，方差分析表明，无论在花期还是果期，生殖分配在不同坡向之间均存在极显著性差异(表 6-9)。

表 6-9   因坡向不同产生的生殖分配影响(平均数±标准误)   (单位：g)

花期				果期			
A	B	F	P	A	B	F	P
6.944±0.376	9.284±0.527	13.839	0.003	11.211±0.551	15.361±0.481	32.232	0.001

6.2.4   讨论

6.2.4.1   生殖投入随径级的变化规律

多年生植物一般需生长到一定大小才能开始生殖，即进行生殖的植株个体大小存在一个阈值(Hemborg et al., 1998；Weiner，1998；王赟等，2010)。研究发现，水青树在 J1 径级时，不具有生殖现象，直到 J2 径级才有生殖现象，这表明水青树进行生殖所需的个体大小阈值为 DBH=20cm 的个体；在 J2 径级之前主要进行营养生长，为后期的生殖生长积累营养物质和能量。

对多年生植物而言，生殖投入量通常随个体的增大而增加。本书研究发现，水青树生殖枝的生殖投入随径级的增大没有明显的变化趋势，营养投入的变化呈现上下波动的趋势，其结果与麻疯树(Jatropha curcas L.)的变化趋势一致(何亚平等，2009)。

个体营养生长与生殖生长之间的对立统一关系一直是生殖生态学研究中的一个经典问题。水青树生殖枝的生殖总投入量与营养投入、叶生物量之间呈显著正相关关系，与麻疯树((何亚平等，2009)、冰草[Agropyron cristatum (L.) Gaertn.](Tian et al.，2012)的研究结果相似；生殖总投入量也与叶生物量之间呈显著正相关性，这表明水青树生殖枝的营养投入对其生殖投入具有促进效应，这一促进作用主要体现在营养投入和生殖投入基本呈现同增同减的趋势。

6.2.4.2   生殖分配随径级的变化规律

植物的生殖分配受年龄等植物本身因素的影响(Gutterman，2002)。墨西哥星棕(Astrocaryum mexicanum Liebm. Ex Mart.)和四川大头茶(Gardonia acuminata)等多年生木本植物的生殖分配会随年龄的增长呈直线增加趋势(Pinero et al.，1982；孙凡等，1997)，而冷杉(Abies fabri)的生殖分配会随年龄增长呈直线下降趋势(Kohyama，1982)。濒危植物疏花水柏枝(Myricaria laxiflora)(Chen et al.，2007)、马尾松(Pinus massoniana)(陈劲松等，2001)和四合木(Tetraena mongolica)(徐庆等，2001)的生殖分配却随植株年龄的增大呈现出先上升后下降的趋势。本书研究发现，水青树生殖枝的 RA 值随径级的变化呈现先上升后下降的趋势，其结果与濒危植物疏花水柏枝、四合木相似，而不同于热带棕榈、四川大头茶和冷杉(*Abies fabri*)。

徐庆等(2001)研究发现，四合木种群的生殖期根据其生殖年龄和生殖分配大小可分为生殖起动期、生殖增长期、生殖高峰期和生殖衰退期。其生殖值和生殖分配均随年龄增加呈现先上升后下降的趋势，其最大值出现在生殖高峰期，而在生殖衰退期呈现逐渐下降的趋势。我们研究发现，水青树 RA 值的最小值出现在 J2 径级，J2→J3、J3→J4 之间均呈逐渐增加的趋势，在 J4→J5 达到最大值并保持相对稳定，J6 径级迅速减小。由此表明，水青树的生活史过程中也可以将其生殖期划分为类似的四个时期：J2(20≤DBH<30cm)为生殖起动期，J3(30≤DBH<40cm)为生殖增长期，J4、J5(40≤DBH<60cm)为生殖高峰期，J6 径级之后(60≤DBH)为生殖衰退期。

在植物的生殖配置研究中，营养生长和生殖分配之间是否存在权衡关系常常是研究的一个热点问题。有研究表明，对多年生植物而言，其幼龄和高龄阶段通常会选择较低的 RA 以保证其个体的生长和存活(Sampson et al.，1986；Shipley et al.，1992)；在较为合适的胸径或者是年龄阶段时，生殖投入量适度，RA 最大，能获得最大的生殖产量而耗用相对较少的资源量，具有较高的生殖效率，以保证其个体繁衍和种群的扩张(何亚平等，2009)。我们发现，水青树的生殖分配与其营养投入之间存在显著或极显著负相关关系，在其在生殖起动期和生殖衰退期均具有较低的 RA 值，在生殖高峰期具有较高的 RA 值，可能正是水青树为了更好地保证其个体的生长存活和其种群的扩张而形成的生殖适应性机制。

6.2.4.3　生殖构件内各组分之间的权衡关系

Reekie(1998)认为：生殖分配随个体大小增加而减少，或许是由于生殖代价随个体大小增大的一个直接结果，代价的增大可以部分地解释为对生殖附属结构的分配增加。研究发现，水青树生殖构件生物量配置的比例始终呈现果皮>果序轴>种子的趋势；随着径级的增大其果皮所占比例呈现与 RA 值一致的变化趋势，而果序轴和种子所占比例呈现相反的趋势，这表明水青树生殖构件各组件在生物量配置方面存在较为明显的权衡关系。果序轴和果皮作为水青树生殖构件的生殖附属结构，在生殖不同时期均利用了生殖投入的大量资源，尤其是高龄时期将大量的资源投入到附属结构，其投入到种子中真正用于生殖后代的资源将越来越少。有研究表明长期进化形成的小种子虽有利于传播和散布，但不利于种子和幼苗的存活(罗靖德等，2010)。所有径级的水青树投入到种子的生殖分配比例都是最小的，其生殖附属结构占据了生殖分配大量资源，将导致其种子和幼苗的适合度降低，这可能是限制水青树种群自然更新的一个主要因素。

种子资源投入有两种截然相反的策略，即产生少量的大种子以便在竞争中占优势，和产生大量小种子以占据更多的安全位(Willson，1983)。水青树生殖构件中，其种子千粒重和种子数量呈现显著负相关性，与玉簪(*Hosta plantaginea*)的研究结果相似(操国兴等，2007)；在生殖增长期(J3)，水青树种子千粒重相对最小，而种子数量在整个生殖期中处

于最大值，这表明水青树在此时期采取了产生大量小种子的 r-对策，这正好与桃金娘
(*Rhodomyrtus tomentosa*)的研究结果相似(孙儒泳，1992)，通过这种方式可以占据更多的
生态位，有助于水青树种群的扩散和增大；在生殖盛期(J4)，其千粒重相对最大，而种子
数相对最小，这表明此时水青树采用了产生少量大种子的策略，这也与阴生灌木九节
(*Psychotria rubra*)的研究结果相似(任海等，1997)，可以将大部分的能量用于提高种子的
质量，以保证后代在竞争中的优势，符合典型的以质取胜的 k-对策。水青树种子特征在生
殖的不同时期分别采取不同的生活史对策，以分别适应种群的扩散和种群的持续发展，这
也与 Acosta 等(1997)发现多年生灌木 *Cistus ladaniferde* 种子的特征相类似，可能是水青
树在长期的演化发展过程中所形成的生殖适应性机制。

6.2.4.4　河流远近对水青树生殖投入、生殖分配的影响

1. 河流远近对水青树生殖和营养投入的影响

土壤水分过小，不能满足植物的需要会造成干旱破坏，抑制植物生长。过去十多年来
干旱对植物生长发育的影响越来越受到人们的重视(利容千等，2002)。当土壤远离植物的
适宜含水量时，土壤含水量会影响植物的生理、形态和结构(夏尚光等，2008)。植物的有
些形态和植物水分状况紧密相关，不同植物表现出不同的敏感程度排列顺序(杨玲等，
1992)。研究发现，水青树的生殖和营养投入都会由于河流的远近而发生变化，无论是花
期还是果期基本都呈现出同增同减的趋势。无论花期或者果期，相同生殖年龄的水青树末
端生殖枝的营养投入和生殖投入在两种生境中没有明显差异。结果表明，河流远近的不同
生境对相同生殖年龄水青树的生殖枝构件水平上的生殖和营养投入并没有显著的影响，对
于水青树的生长和繁育影响较小。

2. 河流远近对水青树个体生殖配置的影响

植物在不同器官中的生物量分配不是固定的，常因光照、温度、水分、营养及生物等
环境条件的变化而存在差异(赵志刚等，2004)。焦娟玉等(2010)研究发现干物质积累与分
配、株高、基径受土壤水分含量影响显著，在土壤水分含量较低时，麻疯树通过个体变小、
部分气孔的关闭等策略降低蒸腾量，利用有限的水分维持生长活动。曹满航等(2011)对七
子花(*Heptacodium miconioides*)生殖配置的研究发现在光照和土壤较好的生长环境中，其
生殖枝的花数较多。

植物的生殖配置反映了其个体的生殖效率。在其适应环境的过程中，植物常常通过其
营养构件和生殖构件生物量投入的最佳平衡点来保证生殖的成功(夏尚光等，2008)。我们
研究发现，相同生殖年龄的水青树个体生殖枝的生殖分配均表现为距河流较近的个体大于
距河流较远的个体，其中花期两者之间有极显著的差异。水青树结果表明，距离河流远近
的不同生境对水青树构件水平上的生殖分配有显著的影响，距河流较近的生境更有利于水
青树生殖过程的实现。经调查发现，表层土壤含水量在距河流不同距离的生境中并没有显
著性差异，但由于水青树属于深根性植物，且距河流较近的个体通常处于山坡的下部或者
山谷，其土壤距河流较远的生境更为肥厚，更能保证水青树生殖过程中对水分的需求。张

萍等研究发现，水青树通常只生长在自然植被较完整、气候湿润、土壤肥沃、土层较厚的山谷或山坡下部(曹满航等，2011)，正好与本书的研究结果一致。

6.2.4.5　坡向对水青树生殖投入和生殖分配的影响

1. 生殖和营养投入随坡向不同的变化规律

适合度是生物个体产生能够延续后代的个体，并能对后代有支撑能力的指标(Takebayashi et al.，2000)。个体相对适合度往往受到环境的影响(戈峰，2002)。植物在不同环境中的繁殖策略反映了植物在生境中适应环境和繁殖潜力的能力(李金花，2002)。生殖投入与光照条件存在密切关系(苏梅等，2009)。植物构件的形态具有高度的可塑性，它能够反应植物对异质性环境的适合度，植物形态的这种可塑性表达的是它与环境持续相互作用的结果。对不同分布地区的七子花生殖构件的研究发现在光照和土壤条件较好的生境中，其生殖枝上的花序数和开花数也较多(边才苗等，2007)。

我们研究发现，无论花期或果期，相同生殖年龄的水青树末端生殖枝的营养投入和生殖投入在两种生境中没有明显差异。结果表明，坡向对水青树的生长和繁育影响较小。同时发现，水青树的生殖投入和营养投入都会由于坡向的不同发生变化，无论是花期还是果期基本都呈现同增同减的趋势，这表明水青树的营养投入对生殖投入有促进作用。

2. 生殖配置随坡向不同的变化规律

阳生植物在弱光环境下不利于叶绿素的合成和叶绿体的发育，使得林下七子花叶片叶绿素含量很低。但阴生植物长期光适应的结果下，其叶绿素含量的变化规律与阳生植物不同，在弱光下仍有较高的叶绿素含量(任海等，1997)。不同生境下生长的个体，其光补偿点、光饱和点等光合生理特性会有很大差异。

我们研究发现，无论花期还是果期，相同生殖年龄的水青树末端生殖枝的生殖配置均表现为阴坡大于阳坡。水青树的生殖配置特性由于坡向不同而不同，正好与阴生灌木九节的研究结果一致(任海等，1997)。两种植物具有相似的生态习性，都适合生长于阴湿的环境中，其阴湿的环境更有利于其生长和繁育，有助于其种群的扩张。水青树在阴坡具有较高的生殖配置，可能正是其对阴湿环境长期适应的结果。

经调查发现，光照条件在阴坡阳坡上有明显的强弱差异。苏文华等(2003)发现，尽管强光可以让滇重楼(*Paris polyphylla* var. *yunnanensis*)获得最高的光合速率，但强光往往引起生境温度升高及湿度下降，高温和低湿度空气条件下对滇重楼叶片的光合作用不利，而适当的避光有利于降低气温、保持高湿度，植株更容易获得较高的有机碳。因此，阴坡环境更能保证水青树既能满足水分和温度的需求，又能满足光照的适合度，从而有利于水青树的生长和繁育。一些生长在阳坡的水青树，光照很强的时候叶片会蔫，而生长在阴坡的相同生殖年龄的水青树出现此类情况较少，这就正好与前人的研究结果相吻合。

第 7 章　水青树种子的生物学特性

种子具有强大的生命力，通过散布、萌发和幼苗定居可使植物远距离扩散(张世挺等，2003)。种子萌发是种子植物生活史中实现种群更新和物种延续的关键，在自然选择压力下，萌发对于种群的更新尤为重要，它不仅决定于外部的环境因子，而且决定于种子产生时资源量的积累和分配模式(Lembicz et al., 2011)。种子大小是影响种子活力的因素之一，而种子大小受植物的生活型、植被类型、群落特征、群落环境等多方面的影响，作为一个重要的生态学特征影响着物种更新对策的许多方面，包括一定资源条件下的种子产量、种子扩散方式和幼苗建成(Leishman et al., 2000)等。

时空因素是影响植物种群更新限制的重要因素。植物结实量的时空分异，造成植物种群更新出现时空规律(李宁等，2011)。一般，随着海拔的升高，气温逐渐降低，降水有一个增加的过程，将对种子的萌发等各种生理过程造成一定的影响，从而影响种群的更新。另外，种群中不同年龄个体的分布状况及比例也会影响种群的更新，处于不同生长阶段的植物体各个部分的生物量及资源的分配有所不同，这取决于各资源可利用性的差异以及个体各阶段的不同需求，对种子的大小及萌发等相关特征会产生一定的影响(Kozłowski，1992)。

目前，有关水势、光照和不同处理方式对水青树种子萌发的影响已略有报道(徐亮等，2006；周佑勋，2007；甘小洪等，2008)，但尚无水青树种子生物学特性方面的系统研究，有关水青树种子生物学特性相关的濒危机制还不清楚。本章通过对水青树种子生物学特性进行研究，分析与种子生物学特性相关的濒危因素，为保护与利用水青树提供科学依据。

7.1　大小年及储藏时间对水青树种子特征的影响[①]

7.1.1　材料

实验用的水青树种子连续 3 年(2006～2008 年)采自四川省美姑县大风顶自然保护区龙窝保护站(103°08′238″～103°29′046″E，28°46′305″～28°47′091″N)，海拔 2100～2200m。该地气候寒冷、湿润、多雨、多雾，年平均降水量 1100mm 左右，年平均气温 9.6℃。该种群的结实情况表现出明显的大小年相间的现象，其中 2007 年为大年。水青树果穗于每年的 11 月采集，经自然风干后，分别于常温和低温(4℃)条件下储藏。2009 年 1 月开

① 本节依据罗靖德等的《濒危植物水青树种子的生物学特性》(云南植物研究，2010, 32(3): 204-210)修改而成。

始实验。

7.1.2　方法

7.1.2.1　种子的千粒重、含水量和饱满度测定

经净度分析后，分别随机取低温储藏的 3 年水青树种子各 1000 粒，按照甘小洪等 (2008)的方法测定种子的千粒重和含水量。然后对种子的饱满、干瘪和败育进行识别，对无法识别的种子纵剖后用显微镜观察胚的发育状况，计算饱满种子所占的百分比，取其平均值，即为饱满度。

7.1.2.2　种子的形态特征检测

利用电子数显卡尺，对种子的长、宽、厚进行检测，计算其平均值。

7.1.2.3　种子吸胀

参考贺慧等(2008)的种子吸胀方法并作如下改进：分别取低温储藏的 3 年饱满种子各 500 粒，各 3 个重复。用蒸馏水浸没，在 25℃恒温箱中保温。每隔 1h 取出种子，吸干浮水称重，直至恒重。计算吸水量。

7.1.2.4　种子活力的测定

参考 ISTA(The International Seed Testing Association，即"国际种子检验协会")种子检验规程，并根据水青树种子的实际情况，利用 TTC(0.1%)染色法测定水青树种子的活力，按 7.1.2.3 节的方法取种浸泡。8h 后，沿种子的纵轴切开，在 25℃条件下用 TTC(0.1%) 染色 24h。将染成红色的种子记为有活力的种子，未被染成红色的种子记为无活力的种子，计算有活力种子所占的百分比。

7.1.2.5　萌发实验

1. 低温储藏种子的萌发实验

分别取低温储藏的 3 年的饱满种子各 3 组，每组 4 个重复，每个重复 100 粒，分 3 次进行萌发。每次的时间间隔为 60d。萌发前先用 0.1% NaClO 溶液消毒 30 min，蒸馏水漂洗 5~6 次；然后在 25℃的蒸馏水中浸泡 8h；在 1000lx、8h·d^{-1} 的光照条件、25℃恒温下(周佑勋，2007)，以两层滤纸为基质进行萌发，实验中保持湿润和通气。当胚根长到种长一半时视为萌发(徐亮等，2006)，每 24h 记录一次，萌发结束后计算萌发起始时间、持续时间、萌发率和发芽势。待子叶长出后，每组每个重复随机选取 20 株，测量其根、茎的长度并计算活力指数。

2. 常温储藏种子的萌发实验

取常温储藏的 2008 年饱满种子 3 组，每组 4 个重复，每个重复 100 粒。萌发时间、方法及处理同上。

3. 不同基质对水青树种子萌发的影响

取低温储藏的 2007 年饱满种子 2 组，每组 4 个重复，每个重复 100 粒。按前述方法进行消毒和浸泡。分别播撒在装有灭菌的沙粒或沙土混合(沙粒：土为 1：1)的花盆中，并用保鲜膜封口，在常温下萌发(张文良等，2008)。按前述方法统计萌发率和发芽势。子叶长出后，每组选取长势相同的幼苗 30 株，每 3 天测 1 次茎长和子叶长直至连续一周恒定为止。

7.1.2.6 实验数据的计算与处理

种子含水量=(种子鲜重-种子烘干后的重量)/种子鲜重×100%；
吸水量=(种子吸水后重量-种子吸水前重量)/种子吸水后重量×100%；
萌发率=(N/100)×100%；
发芽势=正常萌发到达高峰时 N/100×100%；
活力指数=萌发率×(幼苗根长(cm)+幼苗茎长(cm)) (Anfinrud et al.，1984)
其中，N 为萌发种子总数。

水青树种子的千粒重、饱满度、含水量和形态特征，采用 SPSS 统计软件中的 Independent-Samples T-Test 进行差异显著性分析。实验中的萌发率和发芽势，则采用该软件中的 One-Way ANOVA 进行差异显著性分析。

7.1.3 结果与分析

7.1.3.1 种子的千粒重、饱满度与含水量

千粒重是衡量种子品质的重要指标(叶常丰，1994)。水青树种子的千粒重以 2008 年的最大；饱满度以 2007 年的最高；含水量以 2006 年的最高(表 7-1)。T 检验结果显示：水青树种子的千粒重、饱满度和含水量在不同年限间没有显著性差异。

表 7-1 不同年限水青树种子千粒重、饱满度和含水量 T 检验

年份	千粒重/g	饱满度/%	含水量/%	T 检验	
				2007 年	2008 年
2006	0.0622±0.001			0.325	0.358
		30.8±0.02		0.162	0.613
			32.7±0.14	0.491	0.282

续表

年份	千粒重/g	饱满度/%	含水量/%	T 检验 2007 年	T 检验 2008 年
2007	0.0787±0.003				0.843
		57.1±0.05			0.113
			14.6±0.07		0.119
2008	0.0902±0.003				
		38.6±1.76			
			27.0±0.17		

*表示差异性显著(α=0.05)；**表示差异性极显著(α=0.01)。下同。

7.1.3.2 种子的形态特征

2008 年种子长度最大，2007 年种子宽度和厚度最大(表 7-2)。T 检验结果显示：在宽度方面，2007 年与其他两年之间存在极显著性差异；在长度方面，2007 年与 2008 年之间有极显著性差异，与 2006 年之间差异不显著；在厚度方面，2007 年只与 2006 年之间有显著性差异。说明水青树种子的形态特征在不同年限间没有显著性差异。

表 7-2　不同年限水青树种子形态学 T 检验

年份	长/mm	宽/mm	厚/mm	T 检验 2007 年	T 检验 2008 年
2006	2.20±0.38			0.074	0.138
		0.48±0.12		0.003**	0.066
			0.30±0.08	0.021*	0.000**
2007	1.93±0.35				0.000**
		0.55±0.14			0.006**
			0.35±0.09		0.104
2008	2.64±0.44				
		0.52±0.13			
			0.33±0.10		

7.1.3.3 种子活力

TTC 染色结果显示低温储藏后不同储藏时间的 3 年水青树种子均无法染上色，显示其活力几乎为 0。而萌发结果显示 3 年种子的活力指数分别为 0、0.41 和 0.27。说明 TTC 法不适于水青树种子活力的估算。

7.1.3.4 种子吸胀

充分吸胀是种子萌发的先决条件(傅家瑞，1985a)。25℃温水中，2007 年的水青树种子吸水 7h 就已达饱和；其他两年的种子在 8h 时达到饱和，说明 2007 年种子的吸水能力较强。3 年种子最终吸水量占吸水后的总重的比率分别为 73.6%、62.8%、62.8%，说明种皮透水性良好，在水分充足时种子均能迅速吸水为萌发做准备。

7.1.3.5 萌发实验

1. 低温储藏的水青树种子的萌发实验

低温储藏的 2006～2008 年的种子萌发率分别为 1.25%、96.5%、70.8%，发芽势分别为 1%、59.8%、41.8%；三者之间有极显著差异（$P<0.01$）（图 7-1），说明水青树种子的生理特性在不同年限间有差别。2007 年的种子经低温储藏后的 3 次萌发率分别为 96.5%、92.3%、90.8%，相互间差异显著（$0.01< P <0.05$）；发芽势分别为 51.3%、46%、42%，相互间差异不显著（$P >0.05$）（图 7-2）；在实验中没有出现霉变种子。2008 年的种子经低温储藏后的 3 次萌发率分别为 70.8%、53.3%、26.5%（$P <0.01$），发芽势分别为 41.8%、28.5%、6.8%（$P <0.01$），相互间有极显著差异（图 7-3），且实验中霉变种子数随储藏时间的增加而增多。说明水青树种子的活力会随低温储藏时间的增加而降低，但不同年限种子活力的降低速度有差别。

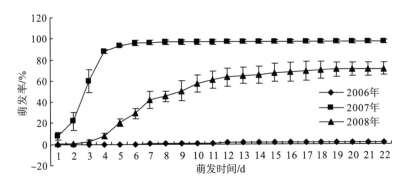

图 7-1 4℃储藏条件下不同年限水青树种子萌发过程

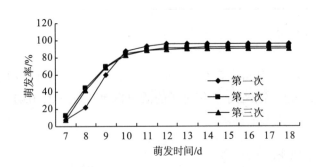

图 7-2 4℃储藏条件下不同储藏时间年种子萌发过程（2007 年）

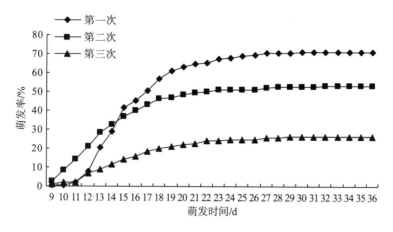

图 7-3　4℃储藏条件下不同储藏时间年种子萌发过程 (2008 年)

2. 常温储藏的种子的萌发实验

常温储藏的 2008 年水青树种子 3 次的萌发率分别为 66.5%、40.5%、0($P<0.01$)，发芽势分别为 45.3%、24.8%、0($P<0.01$)，相互间的差异性显著(图 7-4)。在实验过程中霉变的种子数随储藏时间的增加而增多。与低温储藏的 2008 年种子相比(图 7-3)，常温储藏的水青树种子活力降低得更快。

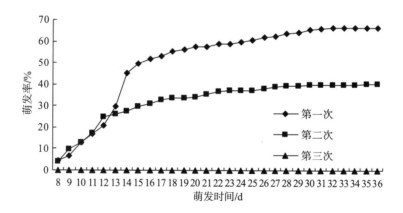

图 7-4　常温储藏条件下不同储藏时间年种子萌发过程 (2008 年)

3. 不同基质对水青树种子萌发的影响

常温下，2007 年种子在沙土混合与沙基质中的萌发率分别为 88%、86.3%，差异性不显著($P>0.05$)；发芽势分别为 44.7%、29.7%，差异性显著(0.01<P<0.05)(图 7-5)。同时，沙土混合基质中水青树幼苗的子叶和茎的长势好于沙基质(图 7-5，图 7-6)。这说明不同基质对种子的萌发和幼苗的生长有一定的影响，这可能与基质质地及所含养分有关。

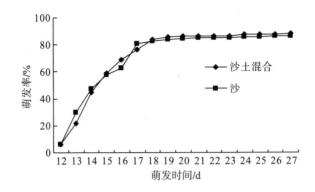

图 7-5　不同基质对 2007 年水青树种子萌发的影响

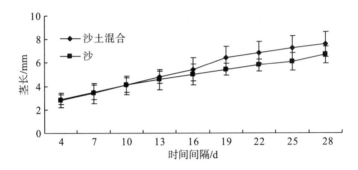

图 7-6　不同基质对 2007 年水青树幼苗茎生长的影响

7.1.4　结论与讨论

7.1.4.1　种子大小

一般情况下，种子的长度和宽度比较稳定，但厚度受生长环境的影响较大，且种子的长、宽、厚在清选上有特殊重要意义(叶常丰，1994)。实验结果显示，水青树种子除在宽上差异性极显著且呈现规律外，长和厚在大小年间并无规律可循，这表明水青树种子的形态学特征在清选上意义不大，与前人的研究结果不一致，其原因有待进一步研究。

种子大小是植物生活史中的关键特征(王桔红等，2007)。结果表明，3 年水青树种子的千粒重均很轻，其平均值低于许多木本植物(陈章和等，2002)，且单株母树单一果穗的产种量约为 1080 粒(甘小洪等，2009)。可见，水青树采用了产生大量小种子的生殖策略，这有利于逃避动物的取食(武高林等，2008)。在相同条件下，在远离母株被动扩散时要比大种子的物种有更多机会占据适宜的安全岛(杨允菲等，1994)。在木本植物中，较大种子的物种能优先达到较好的光环境，可在遮阴条件下存活较长时间(Fenner，1983)。这种典型的需光小种子(周佑勋，2007)能否得到较好的光环境，能否在遮阴条件下继续存活有待研究。一般地，重量大的种子比重量小的种子具有更多的储藏物(傅家瑞，1985a)，因此小的种子其内藏物可能不足，导致其适合度差(Grime et al.，1965)，能否保证种子库的持久性，是否进一步影响该物种的分布和丰富度还有待研究。

实验测得，刚长出子叶的水青树幼苗茎根总长约 4.75mm，它对光照和营养等资源的竞争力和对不良环境的抵抗力很弱(Coomes et al.，2003)，在野外甚至直接影响其存活。Thompson(1981)报道了较大种子的幼苗能在较厚的凋落物中存活和生长。水青树分布在植被较完整、土壤肥沃、土层较厚的山谷或山坡下部(张萍，1999)，其生境中往往具有较厚的凋落物。这种小幼苗能否在较厚的凋落物上定居以及如何定居有待研究。

7.1.4.2　种子生理特性

种子活力的高低是影响出苗整齐度、植株性能的关键因素(陶嘉龄，1991)。结果表明，大年种子活力指数最高。但随储藏时间的增加，无论常温、低温，种子活力均会逐渐降低并最终丧失，只不过大年种子活力的丧失速度慢于小年的。大年种子的饱满度和吸水能力都优于小年，可能是大年时水青树在种子繁殖投入量上比小年的多，且由于种子内藏物的性质、含量及分布不同影响了种子的吸水特性(叶常丰，1994)。此外，大年种子的含水量比小年的少很多，使其更易储藏(叶常丰，1994)。因此，在对水青树进行人工保育时，应尽量采集大年的种子。

甘小洪等(2008)报道：短时间低温储藏的水青树种子萌发率和发芽势都比常温的低。本实验在萌发前对种子进行了长时间的低温处理。结果表明，不论大年还是小年，低温干燥储藏要比常温的萌发效果好，这与陶嘉龄(1991)报道的低温干燥有利于种子的储藏相符，也说明水青树种子对低温环境有个适应的过程。据实验，水青树种子在吸水充分时 6~8 d 就能萌发(张世挺等，2003)，说明种子无休眠现象。据资料，水青树生长地湿度大、寒冷期较长(张萍，1999)，而其种子在低于 15℃时是不能萌发的(周佑勋，2007)。这种湿润和寒冷的环境就有可能推迟种子萌发，导致其活力减弱或无法萌发，从而影响水青树种群的自然更新。

综合以上分析，种子生物学特性导致水青树更新困难的原因可能有以下几点：①长期进化形成的小种子虽有利于传播和散布，但不利于种子和幼苗的存活，这是水青树更新不利的根本原因；②长期低温不适于种子的萌发，难以形成水青树应有的幼苗格局；③长期湿润不利于种子安全度过寒冷期。

7.2　不同海拔与母树大小对水青树种子特征的影响[①]

7.2.1　材料与方法

7.2.1.1　研究地自然概况

实验用水青树种子于 2012 年 10 月初采自四川省美姑县大风顶自然保护区龙窝保护站

[①] 本节主要依据李怀春等的《不同海拔与母树大小对水青树种子生物学特性的影响》(植物分类与资源学报，2015, 37 (2)：177-183)修改而成。

（103°08′238″～103°29′046″E，28°46′305″～28°47′091″N）。其自然概况见 2.1 节。

7.2.1.2　材料的采集

在水青树的分布区域,从相同的方向和树冠层次采集水青树果序,在自然条件下晾干,于 4℃冰箱中冷藏。根据水青树的海拔分布范围,以 100m 为一个梯度,将其分为 2000～2100m（X11）、2100～2200m（X12）、2200～2300m（X13）、2300m～2400m（X14）4 个梯度。在不同海拔梯度分别采集胸径相近（20cm 左右）的水青树植株的果序,用于分析海拔对水青树种子生物学特性的影响。

根据水青树的胸径分布范围,以 10cm 为一个梯度,将其分为 10～20cm（X21）、20～30cm（X22）、30～40cm（X23）、40～50cm（X24）、50～60cm（X25）5 个梯度。在同一个海拔梯度（2200~2300m）分别采集不同胸径的水青树果序,用于分析母树大小对水青树种子生物学特性的影响。

7.2.1.3　实验方法

1. 种子的千粒重、含水量和饱满度测定

经净度分析后,分别随机取不同海拔和不同胸径的水青树种子各 1000 粒,按照甘小洪等（2008）方法测定种子的千粒重、含水量。然后对种子的饱满、干瘪和败育进行识别,对无法识别的种子纵剖后用显微镜观察胚的发育状况,计算饱满种子所占的百分比,取其平均值,即为饱满度。

2. 种子长、宽、厚测定

随机取不同海拔和不同胸径植株的饱满种子各 500 粒,用精度为 0.01mm 的电子数显游标卡尺测量其长度、宽度、厚度。

3. 种子萌发实验

分别取不同海拔和不同胸径的饱满种子,每组 3 个重复,每个重复 100 粒。萌发前先用 0.1% NaClO 溶液消毒 30min,蒸馏水漂洗 5～6 次;然后在 25℃的蒸馏水中浸泡 8h;在 18.5μmol·m^{-2}·s^{-1}、8h·d^{-1} 的光照条件、25℃恒温下,以两层滤纸为基质进行萌发,实验中保持湿润和通气。当胚根长到种长一半时视为萌发（徐亮等,2006）,每 24h 记录一次,当连续 7 天无种子萌发即视为萌发结束。萌发结束后计算萌发起始时间、持续时间和萌发率。

4. 实验数据的计算与处理

水青树种子的干重、饱满度及形态数据在满足方差齐性的情况下,采用 IBM SPSS Statistics version 21.0 统计软件中的 Duncan 检验进行多重比较分析;若不满足方差齐性的要求,则采用该软件的 Dunnett′s T3 进行多重比较。实验中的萌发率、发芽势和活力指数

则采用 One-Way ANOVA 进行差异显著性分析，并对海拔和胸径与水青树种子的各生物学特性之间进行 Pearson 相关分析。

7.2.2　结果与分析

7.2.2.1　种子的干重与饱满度

1. 不同海拔水青树种子的干重与饱满度

随着海拔的升高，水青树种子的干重和饱满度整体上均呈现出先增加后降低的趋势。其中，水青树种子的干重和饱满度均以 X13 为最大，以 X11 为最小(图 7-7)。方差分析表明，在干重方面，X11 和 X13 之间具有显著性差异，均与 X12 和 X14 之间的差异不显著，X12 和 X14 之间的差异不显著。在饱满度方面，X11 分别与 X13 和 X14 具有显著性差异，与 X12 之间差异不显著；X12 与 X13 之间有显著性差异，而与 X14 之间差异不显著，X13 与 X14 之间差异不显著。

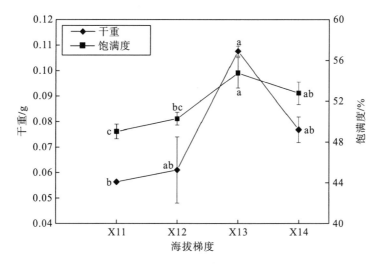

图 7-7　不同海拔水青树种子的干重、饱满度

注：同一曲线中字母不同表示差异显著($P<0.05$)。下同。

2. 不同胸径水青树种子的干重与饱满度

随着胸径的增大，水青树种子的干重和饱满度均呈现出先增加后减小的趋势。且均以 X23 为最大，以 X25 为最小(图 7-8)。方差分析表明，在干重方面，不同胸径之间的差异均达到显著性水平；在饱满度方面，不同胸径之间的差异均不显著。

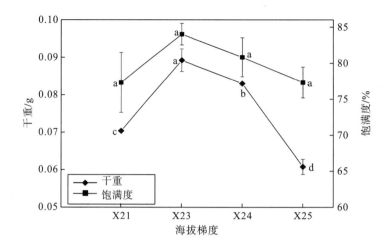

图 7-8　不同胸径水青树种子的干重、饱满度

7.2.2.2　种子的长、宽、厚

1. 不同海拔水青树种子的长、宽、厚

随着海拔的升高，水青树种子的长、宽、厚整体表现出减小的趋势。其中，长度以 X11 为最大，宽度以 X12 为最大，厚度以 X13 为最大，三者均以 X14 为最小(图 7-9)。方差分析表明，在长度和宽度方面，X12 与 X13 之间差异不显著，而均与 X11 和 X14 之间具有显著性差异，X11 与 X14 之间同样具有显著性差异；在厚度方面，4 个海拔之间的差异均达到显著性水平。

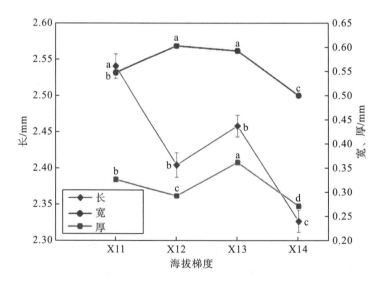

图 7-9　不同海拔水青树种子的长、宽、厚

2. 不同胸径水青树种子的长、宽、厚

随着胸径的增大，水青树种子的长、宽、厚表现出先增大后减小的趋势。其中，长、宽、厚均以 X24 为最大，长以 X25 为最小，宽与厚均以 X21 为最小(图 7-10)。方差分析表明，在长度方面，X23 和 X24 均与其他 3 个梯度之间的差异达到显著性水平，X21 和 X25 之间的差异不显著；在宽度方面，4 个梯度之间的差异均达到显著性水平；在厚度方面，X21 和 X24 均与其他 3 个梯度之间的差异达到显著性水平，X23 和 X25 之间的差异不显著。

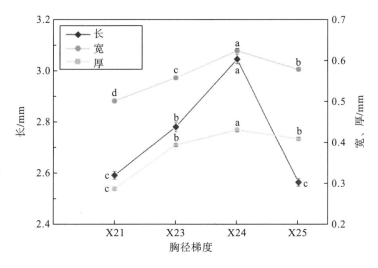

图 7-10　不同胸径水青树种子的长、宽、厚

7.2.2.3　种子的萌发

1. 不同海拔水青树种子的萌发率、发芽势、活力指数

由于 X14 的萌发率和发芽势相当低，无法选取足够的幼苗进行活力指数的测定，因此活力指数仅有前三个海拔梯度的值。随着海拔的升高，水青树种子的萌发率、发芽势和活力指数均表现出逐渐减小的趋势(X13 除外)。其中，萌发率、发芽势和活力指数均以 X11 为最高，以 X14 为最低(图 7-11)。方差分析表明，在萌发率方面，4 个海拔梯度之间的差异均达到显著水平；在发芽势方面，X11 与其他 3 个海拔之间均达到显著性水平，X12 仅与 X11 之间达到显著性水平，X13 与 X14 之间达到显著性水平；在活力指数方面，所测的 3 个海拔梯度之间均达到显著性水平。

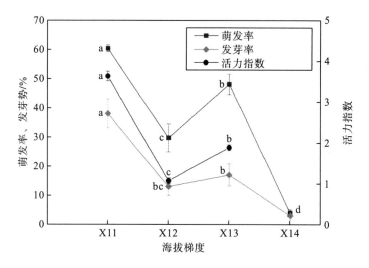

图 7-11　不同海拔水青树种子的萌发率、发芽势、活力指数

2. 不同胸径水青树种子的萌发率、发芽势、活力指数

由于 X25 的萌发率和发芽势相当低，无法选取足够的幼苗进行活力指数的测定，因此活力指数仅有前三个胸径梯度的值。随着胸径的逐渐增大，水青树种子的萌发率、发芽势和活力指数均表现出先增加后逐渐减小的趋势。萌发率、发芽势和活力指数均以 X23 为最大，以 X25 为最小(图 7-12)。方差分析表明，在萌发率方面，X21 与 X24 之间的差异不显著，而均与 X23 和 X25 之间的差异达到显著性水平，X23 和 X25 之间的差异是显著的。在发芽势方面，X21 与 X23 之间的差异是显著的，而与 X24 和 X25 之间的差异不显著，X23、X24 和 X25 之间的差异均达到显著性水平；在活力指数方面，X21 和 X24 之间的差异不显著，均与 X23 之间的差异达到显著性水平。

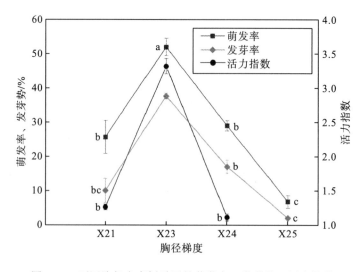

图 7-12　不同胸径水青树种子的萌发率、发芽势、活力指数

7.2.2.4　海拔和胸径与种子生物学特性之间的相关性分析

由表 7-3 可知，海拔与种子干重之间的相关性不显著，与种子饱满度呈极显著的正相关，而与种子萌发率、发芽势和活力指数及形态特征均呈极显著负相关。胸径与种子的干重、饱满度、萌发特征以及长度之间的相关性不显著，但与种子的宽和厚呈极显著的正相关。

表 7-3　水青树种子生物学特性与海拔和母树之间的相关性分析

影响因素	干重	饱满度	长	宽	厚	萌发率	发芽势	活力指数
海拔	0.570	0.633^{**}	-0.172^{**}	-0.141^{*}	-0.113^{**}	-0.748^{**}	-0.805^{**}	-0.614^{**}
胸径(DBH)	-0.262	0.003	0.032	0.311^{**}	0.505^{**}	-0.482	-0.302	0.233

$* P \leqslant 0.05$，$** P \leqslant 0.01$。

7.2.3　结论与讨论

7.2.3.1　海拔对水青树种子生物学特性的影响

种子重量反映的是种子的大小和饱满度，重量越大种子越饱满，内含较丰富的营养物质，更加有利于种子的萌发。有研究表明，富士山虎杖(*Reynoutria japonica*)种群和瑞士阿尔卑斯山脉的近缘种的种子重量均随海拔的升高而增大(Mariko et al.，1993；Pluess et al.，2005)。杜燕等(2014)研究发现，不同生活型的植物中，除灌木和匍匐草本的种子重量与海拔呈负相关关系，其余生活型植物种子重量与海拔之间没有相关性。而乌拉尔甘草(*Glycyrrhiza uralensis*)种子的干重与海拔的相关性均未达到显著水平(魏胜利等，2003)。本书研究发现，乔木树种水青树种子的干重随海拔升高呈现先逐渐升高后逐渐降低的趋势，其干重与海拔之间没有相关关系，这与前人的研究结果一致。

种子形态大小与种子量均是种子生物学特征的重要参数之一，与种子重量和饱满度密切相关，而种子的大小主要体现在种子的长、宽、厚，并受到遗传和生态因子的制约而形态各异。有研究表明，乌拉尔甘草种子的长、宽、厚与海拔的相关性均未达到显著水平(魏胜利等，2008)，而栓皮栎(*Quercus variabilis*)种子的长宽比与海拔有显著正相关关系，海拔越高种子长宽越大，即种子形状变得细长(方芳等，2013)。本书研究发现，水青树种子的形态特征与海拔呈现明显的负相关关系，即随海拔升高呈现出下降的趋势，这与前人的研究结果明显不一致。

海拔是一个复合环境因子，不同海拔的光照、温度、水分、土壤等生态因子均是影响种子形态分化的主要生态因子，各因子并不是孤立的，而是综合起作用(柴胜丰等，2008)；且植物种子的重量和海拔的相关性具有区域性和种间差异，并因其生活型而异(杜燕等，2014)；另外，位于不同海拔生境的种群所承受的生境选择压力也有一定的差异，最终可能导致种群间的遗传分化(金则新等，2007)。因此，水青树种子的干重和饱满度等生理特征随海拔发生变化的情况可能是遗传及各生态因子综合作用的结果。另外，植物的生殖投资随着海拔的升高而减小(Hautier et al., 2009)，而营养生长随着海拔的升高而增大(Young et al., 2002; Hautier et al., 2009)，这同样会影响到种子的形态特征和生理特性，从而导致水青树种子的形态特征(长、宽、厚)和生理特征呈现随海拔的升高而减小的趋势。

已有的研究表明，许多植物种子的萌发率、发芽势和萌发速率随海拔的升高而增大(Mariko et al., 1993; Pluess et al., 2005; 魏胜利等, 2008; 王桔红等, 2009)。而 *Leucochrysum albicans*(Gilfedder et al., 1994)和 *Chenopodium bonus-henricus*(Dorne, 1981)的种子萌发率却随海拔的升高而降低。对帚石楠(*Calluna vulgaris*)和苏格兰欧石楠(*Erica cinerea*)的研究发现采自最高海拔的种子具有最高的萌发率(Vera, 1997)，但是种子的大小并不影响它们的萌发。对青藏高原东部高山草甸植物的研究发现其萌发力与海拔之间存在显著的负相关关系(Bu et al., 2007)。本研究发现，水青树种子的萌发率、发芽势和活力指数均与海拔呈极显著负相关关系，即随海拔的升高而逐渐降低，这与 *Leucochrysum albicans*(Gilfedder et al., 1994)、*Chenopodium bonus-henricus*(Dorne, 1981)和青藏高原东部高山草甸植物(Bu et al., 2007)种子萌发的结果一致，而不同于其他植物的研究结果。这可能是因为高海拔水青树种子的种皮比较厚，胚根突破种皮需要较长的时间，种皮随着海拔的增加而加厚，多酚类物质增加，减小了种皮的渗透性，增加了胚根突出种皮的阻力(Dorne, 1981)，因而降低了萌发率和发芽势，减缓了萌发起始时间。实验过程中我们也观察到，采自海拔 2200～2300m 的种子萌发起始时间明显晚于另两个低海拔，而且 2300～2400m 区段的水青树种的种皮明显比其他海拔的种子颜色深，在种子萌发前期萌发的种子比较少，在萌发实验结束后的近一个月还能发现有种子间断地萌发的现象，这也印证了前面的观点。

综上可以看出，除种子干重外，水青树种子的其他生物学特性与海拔之间的相关性均达到极显著水平，这说明海拔对水青树种子的生物学特性具有较大的影响，是导致水青树种子生物学特性地理变异的主要生态因子之一。

7.2.3.2 母树大小对水青树种子生物学特性的影响

一般，随着年龄的增长树木的胸径会逐渐增大。因此，胸径的大小在某种程度上反映了树木年龄的大小。有研究表明，古侧柏(*Platycladus orientalis*)种子干重、发芽指数与树龄无显著相关关系，随着树龄增加其种子依旧保持较高的发芽能力(常二梅等, 2012)；而对黑松(*Pinus thunbergii*)(韩广轩等, 2009)和海岸松(*Pinus pinaster*)(Alvarez et al., 2005)的研究中发现，母树大小与萌发率之间的相关性不明显。对 *Carex secalina* 种子的萌发研究表明，其植株大小并不决定种子的大小，其萌发频率以不同的方式在不同的种群中随着年龄而发生改变(Lembicz et al., 2011)。本研究表明水青树种子的各生物学特性均随着胸径的增大呈现先升高后下降的趋势，最大径级的水青树植株的干重、饱满度、萌发特性和形态特征并不表现为最大，除种子的宽和厚与胸径之间呈极显著的正相关关系，其他生物学特性与胸径之间的相关性并不显著，这表明母树大小对水青树种子生物学特性的影响较小，与前人的研究结果相似。

徐庆等(2001)研究发现,四合木(*Tetraena mongolica*)种群的生殖期根据其生殖年龄和生殖分配大小可分为生殖起动期、生殖增长期、生殖高峰期和生殖衰退期;其生殖值(平均产种子数,当年生长枝、叶、花或果的年净生长量)和生殖分配随着年龄的增加表现出先增加后减小的趋势,其最大值均出现在生殖高峰期,而在生殖衰退期呈现逐渐下降的趋势。而植物当年生枝叶、花果的生长将明显影响到种子的生理特性,从而导致种子的生理特性呈现相似的变化规律。本书研究发现,水青树种子的干重、饱满度、萌发等生理特征指数的最大值均出现在胸径 30~40cm 阶段,在此之后均呈现逐渐减小的趋势。因此我们推测,水青树的生活史中可能同样具有与四合木相类似的四个生殖期,在胸径 30~40cm 阶段正处于生殖高峰期,此时其生殖值和生殖分配均有可能达到最大;之后则逐渐进入生殖衰退期,分配给生殖的能量也就相应的减小,从而影响到水青树种子的干重、饱满度和萌发等生理特性。在后续研究中,尚需对水青树植株的生殖值、生殖配置与年龄之间的相关性进行详细研究,以探讨水青树生殖期的特征及其与种子生物学特性之间的关系。本书中,水青树种子形态特征的最大值均出现在 40~50cm 径级,与干重、饱满度和萌发特征的最大值所出现的径级并不吻合,其原因尚不清楚,有待进一步研究。

7.3 不同基质对水青树种子萌发特征的影响[①]

7.3.1 材料与方法

7.3.1.1 材料采集

用于不同基质萌发实验的种子于 2009 年采自四川省美姑县,风干后 4℃冷藏保存,次年 3 月进行实验。

7.3.1.2 种子萌发与幼苗生长实验

将基质(沙土(沙、土按 1∶1 混合)、生境土、腐殖土(铺有腐殖质的生境土)和温度(常温、25℃恒温)进行正交试验设计,共 6 组实验,每组 3 个重复。每个重复选取 50 粒饱满种子,分别撒播于上述基质中,实验中保持湿润和通气。常温条件下的萌发实验在室内进行,晚上用保鲜膜封口以保水,白天揭开(张文良等,2008);恒温条件下的萌发实验在恒温培养箱中进行,设置 1000 lx、8h·d^{-1} 的光照条件和 25℃恒温(周佑勋,2007)。当胚根长到种子长度一半时视为萌发(徐亮等,2006),每 24h 记录一次,萌发结束后计算萌发起始时间、持续时间、萌发率和发芽势。待子叶长出后,每组挑选长势一致的植株 15 株,对其茎长和子叶长进行测量,每两天测量一次(黄桂华等,2009)。

---

① 本节主要依据曹玲玲等的《不同种源及基质对水青树种子萌发及幼苗初期生长的影响》(广西植物, 2012, 32(5): 656-662)修改而成。

7.3.1.3 数据的计算与分析

用 Excel 和 SPSS13.0 等软件对数据进行处理分析,实验中的萌发率和萌发势采用 One-Way ANOVA 进行差异显著性分析。

7.3.2 结果与分析

7.3.2.1 不同基质对水青树种子萌发和幼苗生长的影响

常温下,腐殖土、生境土、沙土中水青树种子的萌发率分别为 72.00%、45.33%、28.67%($P<0.01$),发芽势分别为 43.33%、24.67%、16.67%($P<0.01$),相互之间存在极显著差异。方差分析表明,常温下土壤基质对种子萌发的影响是极显著的($F=12.849$,$P<0.01$)。同时,在腐殖土中幼苗的茎和子叶长势均好于生境土,而沙土中幼苗的茎和子叶的长势最弱(图 7-13,图 7-14)。

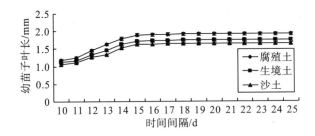

图 7-13 常温条件下水青树幼苗子叶的生长过程

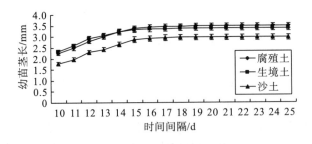

图 7-14 常温条件下水青树幼苗茎长的变化过程

恒温条件下,腐殖土、生境土、沙土中水青树种子的萌发率分别为 64.67%、45.33%、41.33%,发芽势分别为 39.33%、16%、27.33%,三者之间差异显著(0.01<$P<0.05$)。方差分析表明,恒温下土壤基质对种子萌发的影响是显著的($F=6.054$,$P<0.05$)。同时,生境土中幼苗茎的长势最好,腐殖土中幼苗子叶的长势最好,而沙土中幼苗茎和子叶的长势均为最弱(图 7-15,图 7-16)。

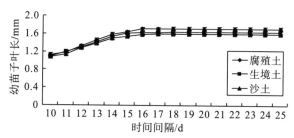

图 7-15　恒温条件不同基质幼苗子叶生长过程

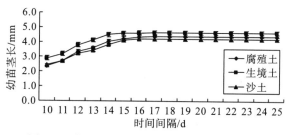

图 7-16　恒温条件不同基质幼苗茎长变化过程

7.3.2.2　不同温度条件对水青树种子萌发和幼苗生长的影响

不同温度条件下，腐殖土中种子萌发率及幼苗长势总体上均好于其他两种基质。由图 7-17 和图 7-18 可知，随温度条件的不同，腐殖土中水青树种子的萌发率及幼苗长势出现一定的差异。除茎的生长外，常温条件下水青树种子的萌发率及幼苗子叶的长势均好于恒温条件。

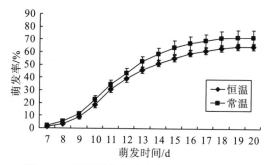

图 7-17　不同温度腐殖土中种子的萌发过程

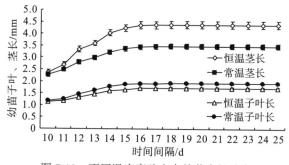

图 7-18　不同温度腐殖土中幼苗生长动态

7.3.3　讨论与结论

　　种子植物自然更新的过程大致包括 3 个阶段或时期(肖治术等，2003)：种子生产和散布；种子在适宜地点萌发及幼苗建成；幼树成长直至成树。在这些过程中，每个阶段都面临着外界环境的适应挑战，因而影响每个阶段的任何因子都会影响更新过程的完成。另外，人为活动和自然因素的干扰，对植物种群数量和分布格局及群落结构与功能等有不同程度的影响(李小双等，2007)。

　　自然条件下，任何一种环境因子都可能成为种群更新的限制因素。土壤作为各类植物种子萌发及植株生长的先决条件，其土壤营养、土壤紧实度、土壤微生物状况是幼苗更新的主要环境限制因子之一(Florentine et al.，2004)。不同土壤类型因其物理条件的异质性，从而对种子萌发、幼苗存活与生长产生显著的影响(陈芳清等，2008；Puerta et al.，2006)。罗靖德等(2010)对比研究了滤纸、沙及沙土混合基质对水青树种子萌发及幼苗生长的影响，发现沙土混合基质中水青树幼苗长势好于沙基质和滤纸。在此基础上，我们发现腐殖土中水青树种子的萌发及幼苗初期的生长均好于生境土与沙土，而沙土中种子的萌发与幼苗的生长最差，这说明腐殖土(即水青树的林下土)是水青树种子萌发及幼苗生长的最适基质，水青树种子对其生境地土壤具有良好的适应性。结果表明，生境地土壤不是水青树自然更新的限制因子。但在自然状态下，林下凋落物及其厚度可能对水青树种群的更新有一定的影响(王贺新等，2008；羊留冬，2010)，因此应进一步研究凋落物对种子萌发及幼苗形成的影响。

　　自然条件下环境因子也是复杂多变的，温度过高或过低可能引起种子休眠或抑制种子的萌发及幼苗的生长，影响成活率。许多研究表明，交替变化的温度有利于打破种子的休眠，提高种子的萌发率(段琦梅，2005；李小双等，2007；罗弦，2009)。文晖(2010)研究发现，在 20℃/10℃的变温条件下水青树种子的萌发率为89.3%，均高于 30℃/20℃、25℃/15℃变温及各种恒温处理，可见适宜的变温处理是有利于水青树种子萌发的。本实验于 2010 年 3 月在南充进行，此时南充的日平均气温最低 9.9℃、最高 16.8℃，其温度的变化刚好处于 20℃/10℃这个变温处理的范围内，因此可将常温实验看作一种变温处理。实验结果表明，常温条件下种子的萌发率高于恒温条件，与文辉的研究结果一致。另外，常温条件下水青树幼苗子叶的长势要优于恒温条件，而茎的长势弱于恒温条件。由于在水青树幼苗生长初期，幼叶尚未形成，此时子叶可进行光合作用为植株的生长供给营养，因此子叶的生长情况与水青树幼苗初期的生长及存活密切相关。变温条件下幼苗子叶的生长较快，可为水青树幼苗的生长提供充足的营养；同时，夜间持续低温又减弱了植株的呼吸作用，有利于植株糖类的积累(Frits，1944)，这对植株的生长和存活是有利的。因此，在对水青树进行人工培育时应对其种子和幼苗采取适当的变温处理。

第8章 水青树种子对吸胀期低温的适应性研究[①]

种子萌发过程是植物种群自然更新和物种延续的关键环节(尚海琳, 2009)，一般包括吸胀、萌动、发芽和成苗4个阶段(肖治术等, 2003)，其中吸胀是种子萌发的起始阶段。在吸胀过程中，种子含水量持续增加、其膜结构不断完善、代谢水平急剧提高，若此时种子遭遇低温冷冻，细胞内的水分可能会形成冰晶，致使细胞膜系统被破坏，种子活力降低，最终导致种子死亡(肖治术等, 2003; 李艳艳等, 2008)。野外水青树种子集中散布的时间一般是9月初到10月底，此时正值秋季，昼夜温差大，一部分种子会被落叶包裹，处于阴暗潮湿的环境中; 另一部分种子则会直接落入湿度较大的土壤中，种子易处于吸胀状态，这种吸胀期的低温冷冻可能会对水青树种子的活力产生影响，进而影响到水青树野生种群的自然更新。目前有关水青树种子对温度、光照、水分及不同基质的适应性方面已有研究，但尚无吸胀期低温处理对水青树种子萌发影响的相关报道。

本章通过模拟野外环境变化，设置不同土壤湿度及低温冷冻处理，研究不同土壤湿度吸胀条件下低温冷冻对水青树种子萌发的影响，以分析限制水青树种群更新的影响因素，探讨其濒危机制与保护对策，为水青树的有效保护及利用提供科学依据。

8.1 材料与方法

8.1.1 研究地自然概况

研究地位于云南省白马雪山自然保护区塔城救护站(27°24′~28°36′N, 98°57′~99°25′E)，海拔2400~2500m。该区地处云南省西北部迪庆藏族自治州德钦和维西县境内，属于青藏高原南延部分横断山脉中部。云南省西北部迪庆藏族自治州德钦和维西县境内，地势雄伟陡峭，以极高山、高山、峡谷为主。白马雪山夹于澜沧江与金沙江之间，处于低纬度高海拔地带，属高山(寒温性)季风气候，气温年较差一般为14~18℃，降水量为80~220mm(李艳艳等, 2008)。根据德钦县气象资料，研究地9月到翌年4月自然状况见表8-1。

[①] 本章依据憨宏艳等的《吸胀期低温处理对水青树种子萌发特性的影响》(植物分类与资源学报2015, 37(5): 586-594)修改而成。

表 8-1 研究地最高温、最低温、平均降雨量及平均土壤湿度

时间	最高温/℃	最低温/℃	平均降雨量/mm	平均土壤湿度/%
2013 年 9 月	20.3	7.3	223.1	33.78
2013 年 10 月	17.6	4.5	200.4	30.15
2013 年 11 月	15	-2.4	57	21.56
2013 年 12 月	14.5	-5.4	0	15.4
2014 年 1 月	11.3	-9.6	45	20.12
2014 年 2 月	14.7	-6.5	134	22.41
2014 年 3 月	15.2	-1.5	80.5	20.26
2014 年 4 月	16.1	1.7	75.3	23.45

8.1.2 材料采集与处理

于 2013 年 10 月在研究地选取 20m×20m 的代表样方 1 个，在样方中沿对角线选取 3 个 5m×5m 的小样方。每个小样方中选取胸径相近的水青树 1 棵，按东、南、西、北四个方向采集中、下冠层的果序，并将其充分混合。将混合后的果序分为 4 部分：其中一部分带回实验室用于室内萌发和控制实验，其余三部分埋于土壤中，分别于 12 月中旬(下雪前)、2 月中旬(被雪覆盖)、4 月中旬(种子开始萌发)取回用于野外种子活力变化的实验研究，其中土壤覆盖程度为 1cm。在样方的 4 个顶角按棋盘式采样法(Tang et al.，2007)，采集 1cm 深土样，充分混合，用于室内控制实验。

8.1.3 实验方法

8.1.3.1 种子的吸胀实验

参考罗靖德等(2010)的方法，对水青树种子在蒸馏水中的吸胀情况进行测定；参考王凤友(2006)的方法，取饱满种子 300 粒，等分为 3 份，分别称重，再放入 10%、20%、30% 土壤湿度条件下进行吸胀，于 25℃暗室恒温箱中保温，每隔 1h 取出种子称重，直至恒重；每实验重复 3 次。

8.1.3.2 种子含水量的测定

参考罗靖德等(2010)的方法，对不同收集时期水青树种子的含水量进行测定。

8.1.3.3　野外种子的活力变化实验

参考周佑勋等(2007)的方法，取饱满种子 400 粒，等分为 4 份，分别置于铺有三层滤纸的培养皿上进行萌发；萌发温度为 25℃，光照时间为 8h·d⁻¹。萌发过程中胚根突破种皮的 1/2 视为萌发开始，萌发开始后记录萌发起始时间、持续时间、萌发率、发芽势，直至培养皿中的水青树种子连续 7 天不再萌发，则视为萌发结束。萌发结束待子叶长出后，每组每个重复随机选取 20 株，用数显游标卡尺测量其胚根、胚轴的长度，用于计算活力指数。

8.1.3.4　吸胀期低温处理对土壤中种子活力的影响

将采集的土样经 60℃下烘干 24h。根据研究地土壤湿度情况(10%～30%)，将土壤设定为 3 个湿度梯度：10%、20%、30%。将种子埋于不同湿度的土壤中，在 25℃的暗室中吸胀 24h。

根据研究地秋冬季节低温情况(最低温度可达-15℃)，将低温设定为 3 个梯度：0℃、-7℃、-15℃。根据研究地秋冬季节低温持续时间的不同，分别在第 2d、4d、7d(短时低温)、14d、21d、28d(长时低温)取样。

按照不同土壤湿度及不同低温在不同冷冻时间条件下进行正交实验，最后将处理完的种子在冰水混合物中放置 24h 缓慢解冻(任坚毅，2008)。经解冻后的种子，裹于纱布中，按照周佑勋(2007)的方法进行萌发实验，并记录相关数据。

8.1.3.5　吸胀期低温处理对落叶中种子活力的影响

根据研究地落叶湿度情况(大于 30%)，将采回的落叶在 60℃下烘干 24h，经蒸馏水浸泡 48h。将种子置于落叶表面，在 25℃暗室中吸胀 24h。其低温处理及萌发实验按照 8.1.3.4 小节的方法进行。

8.1.4　数据的计算与处理

$$萌发率 = (N/100) \times 100\%;$$
$$发芽势 = (正常萌发到达高峰时 N/100) \times 100\%;$$
$$简易活力指数 = 萌发率 \times [幼苗根长(cm) + 幼苗茎长(cm)]$$

其中，N 为萌发种子总数。

种子的吸水量采用 Excel 和 SPSS20.0 进行分析。实验中的萌发率、发芽势及简易活力指数采用 SPSS20.0 中的 One-Way ANOVA 进行差异显著性分析，若数据满足方差齐性要求，则采用该 Duncan 检测进行比较分析；若数据不满足方差齐性的要求，则采用该软件的 Dunnett's T3 进行多重比较分析。实验中的图表采用 OriginPro9.2 制作。

8.2　结果与分析

8.2.1　种子的吸胀实验

由图 8-1 可知，无论在何种湿度情况下，水青树种子的吸水过程均可以分为四个阶段：第一阶段是 0～2h，此时种子迅速吸水；第二阶段是 2～3h，种子吸水后重量有所减轻，但不显著；第三阶段是 3～5h，种子再次急剧吸水；第四阶段是 5h 后，种子几乎不再吸水，可认为是吸水停滞。

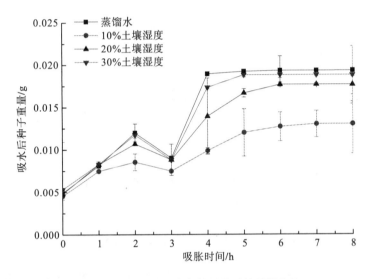

图 8-1　不同土壤湿度条件下种子的吸胀实验

水青树种子的吸水量随土壤湿度的增加而逐渐升高，并且在 30%土壤湿度条件下种子的吸水量与蒸馏水中种子的吸水量基本相同，说明水青树种子在 30%土壤湿度条件下已达到充分吸胀的程度。

8.2.2　野外种子含水量及活力变化

由图 8-2 可知，随着野外埋藏时间的延长，水青树种子的含水量、萌发率及发芽势均呈上升趋势；活力指数呈现先上升后逐渐降的趋势，其中冰雪覆盖后的 2014 年 2 月达到最大。

方差分析表明，冰雪覆盖后(2014 年 2 月、4 月)的含水量、萌发率及发芽势与覆盖前(2013 年 10 月、12 月)水青树种子间均存在显著差异。在种子的活力指数方面，冰雪覆盖后的 2014 年 2 月分别与其他 3 个时间段存在显著差异。由此表明：水青树种子自成熟到第二年萌发虽然经历了吸胀期的低温环境，但水青树种子的活力并没有因此受到抑制，反而有所促进。

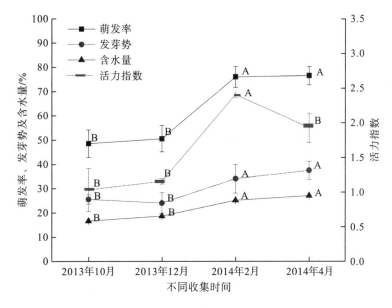

图 8-2 不同收集时期野外水青树种子含水量及活力变化

注：图中不同大写字母表示不同收集时期种子萌发率、发芽势、简易活力指数及含水量间的差异显著性

8.2.3 吸胀期低温处理对土壤中种子活力的影响

8.2.3.1 10%土壤湿度条件下低温处理对种子活力的影响

由图 8-3 可知，在 10%土壤湿度条件下，经不同低温处理的水青树种子，其活力均较低，萌发率最大的仅为(15.1967±0.5067)%。其中低温处理 2～7d 时，种子的萌发率及发芽势均随温度的降低而下降，活力指数在-7℃低温处理时达到最大；低温处理 14～28d 时，种子的萌发率及发芽势均随温度的降低而升高，发芽势在各处理间差异性极显著($P<0.05$)，而活力指数仅在低温处理 14d 或 28d 时，各处理间存在显著性差异。

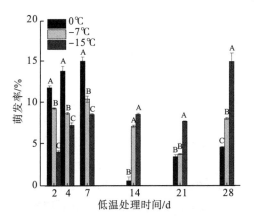

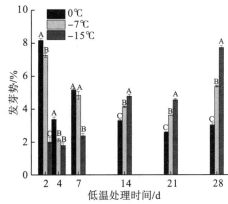

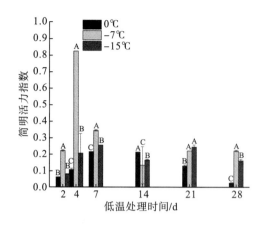

图 8-3 10%土壤湿度及低温处理对种子萌发特性的影响

随着低温处理时间的延长，经 0℃低温处理的种子，萌发率出现 2～7d、14～28d 两个上升阶段，其中第二阶段的萌发率显著低于第一阶段，而其活力指数在第二阶段均有不同程度的下降；经-7℃低温处理的种子，各测量指标间无明显变化趋势，仅活力指数在低温处理 4d 时达到最大；经-15℃低温处理的种子，其萌发率及发芽势在低温处理 28d 时，均有明显上升趋势。由此表明：在 10%土壤湿度条件下，长时间低温处理，并不能抑制水青树种子的萌发，对水青树种子的活力并无显著影响。

8.2.3.2 20%土壤湿度条件下低温处理对种子活力的影响

由图 8-4 可知，在 20%土壤湿度条件下，经不同低温处理的水青树种子，其活力显著降低。其中 0℃低温处理 4d 的种子的萌发率、发芽势及活力指数均为最大，分别是 (45.1333±0.7964)%、(18.1467±0.0867)%、1.3262±0.0031。这与 25℃最适温度时，野外种子的萌发特性基本一致。而-15℃低温处理 21d 的种子的萌发率、发芽势及活力指数均为最低，分别是 (3.6775±0.4458)%、(2.7963±0.0674)%、0.1775±0.0020。由此表明：在 20%土壤湿度条件下，经长时间低温处理，0℃最适于水青树种子的萌发，而温度的降低对其活力有不同程度的影响。

在不同低温处理过程中，低温处理 2～4d 时，种子的萌发率及发芽势均随温度的降低而上升，各处理间差异极显著($P < 0.05$)；低温处理 7～14d 时，种子的萌发率及活力指数均在-15℃低温处理时达到最大，-7℃低温处理的种子发芽势及活力指数均为最低，并与其他各处理间存在显著性差异；低温处理 21～28d 时，种子的萌发率、发芽势及活力指数均随温度的降低而下降，活力指数在各处理间差异极显著($P < 0.05$)。

随着低温处理时间的延长，经 0℃低温处理的水青树种子，萌发率、发芽势及活力指数在低温处理 21d 或 28d 时显著增强；经-7℃或-15℃低温处理的水青树种子，在低温处理 21d 时，种子的萌发率、发芽势及活力指数均为最低，但经过 28d 低温处理的水青树种子，其各项测量指标均有回升趋势。由此表明：在 20%土壤湿度条件下，经长时间低温处理，并不能抑制水青树种子的萌发，对水青树种子的活力并无显著影响。

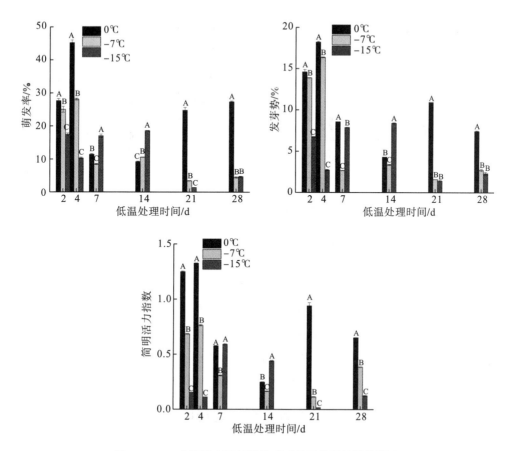

图 8-4　20%土壤湿度及低温处理对种子萌发特性的影响

8.2.3.3　30%土壤湿度条件下低温处理对种子活力的影响

由图 8-5 可知，在 30%土壤湿度条件下，经不同低温处理的水青树种子，其萌发特性介于 10%~20%土壤湿度条件下种子的萌发特性之间。其中低温处理 2~4d 时，水青树种子的萌发率、发芽势及活力指数均随温度的降低而下降(低温处理 4d 种子的活力指数除外)，各处理间差异极显著($P<0.05$)；低温处理 7~28d 时，水青树种子的萌发率、发芽势及活力指数均在-7℃低温处理时达到最大(低温处理 7d 种子的发芽势除外)。由此表明：在 30%土壤湿度条件下，经长时间低温处理，-7℃最适于水青树种子的萌发。

随着低温处理时间的延长，经 0℃低温处理的水青树种子，其萌发率、发芽势及活力指数均随处理时间的延长而下降(低温处理 4d 的种子除外)；经-7℃低温处理的水青树种子，在低温处理 7~28d 时，其萌发率及活力指数有明显下降的变化趋势；经-15℃低温处理的水青树种子，其萌发率随处理时间的延长而下降，而发芽势及活力指数随低温处理时间的延长无明显变化趋势。

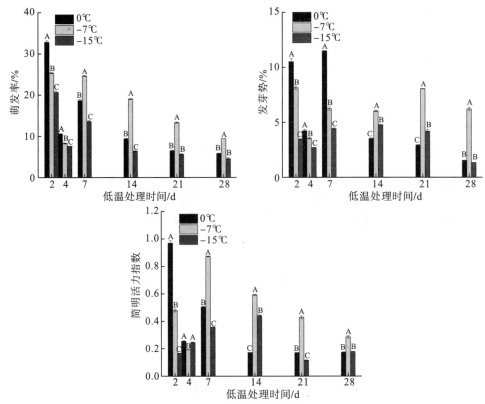

图 8-5　30%土壤湿度及低温处理对种子萌发特性的影响

8.2.4　吸胀期低温处理对落叶中种子活力的影响

由图 8-6 可知，落叶中经不同低温及冷冻时间处理的种子，萌发率均在低温处理 4d 时有显著下降趋势。其中经 0℃低温处理的种子随冷冻时间的增加，萌发率间无显著变化，发芽势有不明显下降的变化趋势；经−7℃或−15℃低温处理的种子，在冷冻 28d 后，种子萌发率均有明显上升的趋势，说明低温对落叶中种子的萌发也无抑制作用。在相同冷冻时间条件下，经 28d 冷冻时间处理的种子，0℃与−7℃低温处理的种子的萌发率存在显著性差异。

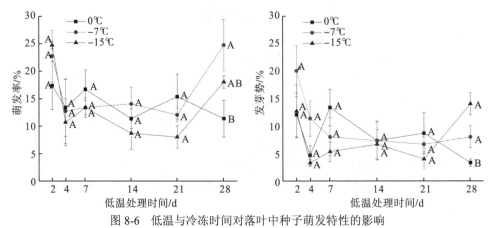

图 8-6　低温与冷冻时间对落叶中种子萌发特性的影响

8.3　结论与讨论

8.3.1　不同土壤湿度条件下种子的吸胀

水分是种子萌发所必需的启动条件，它起到了软化种皮、加强种子内外的气体交换、增强胚的呼吸作用、加快酶的活化、促使物质的转化和运输的作用（王友凤，2007）。实验结果表明：水青树种子对水分的吸胀过程可分为快速吸水期、缓慢吸水期、急剧吸水期和吸水停滞期 4 个明显阶段，其中缓慢吸水期的种子重量略微下降可能是由于细胞内物质通过细胞膜上磷脂双分子层间的管状通道泄露到细胞外所致，这与对大叶藻（*Zostera marina*）的研究结果相一致（牛淑娜，2012）。

研究发现，水青树种子的吸水量随土壤湿度的逐渐增加而不断上升，并在 30%土壤湿度吸胀条件下基本达到充分吸胀状态，这说明水青树种子具有快速吸水及受土壤湿度影响较大的特性。根据调查结果显示，野外水青树的生境土壤湿度多为 20%～30%，在这种湿度较大的土壤中水青树种子极易处于吸胀状态，吸胀的种子在随后的野外环境中，易遭受低温冷冻的影响。

8.3.2　吸胀期低温处理对土壤中种子活力的影响

在自然状况下，因降水改变而导致的土壤湿度及大气温度条件变化是比较复杂的，种子的萌发可能会同时受到吸胀及低温的影响（吴征镒等，2005；张勇等，2005；马炜梁，2009；郑秀芳等，2011）。相关研究表明，枳（*Poncirus trifoliata*）在吸胀期低温条件下，细胞膜电解质渗透率明显上升；超氧化物歧化酶（SOD）、过氧化氢酶（CAT）的活性明显下降，膜脂过氧化物（MDA）含量也会随温度的降低而上升（Lyons，1973；Parrish et al.，1977），从而导致其种子的萌发特性会随着处理温度的降低而下降。Simon（1972，1974）研究发现，成熟大豆（*Glycine max*）种子在适宜低温条件下，初期接触土壤中水分时，其细胞内部分糖类、氨基酸等，将会通过细胞膜上磷脂分子间的管状通道，经过被动运输泄漏到细胞外，而这会对种子萌发及幼苗的生长产生一定伤害（Bowler et al.，1922；Swift，1973；Santis et al.，1999；Basking et al.，2001）。随着时间的延长，种皮被破坏、胚细胞内水分含量增多、六边形磷脂转化为片层磷脂双分子层结构、完整的细胞膜重新构建，这将降低吸胀期低温冷冻产生的抑制效应（Prasad，1997；芃伟等，2010）。但是当温度过低、超过植物细胞所能承受的范围，细胞内的水分可能会形成冰晶，致使细胞膜系统被破坏、膜透性增大、胞液离子外渗、最终导致种子死亡（Prasad，1997；Wolfe，1978；Santis et al.，1999；李艳艳等，2008），因此吸胀期低温处理的时间长短对种子的萌发过程至关重要。

根据白马雪山的气候变化情况，每年 11 月初到翌 2 月底，土壤湿度维持在 20%～30%，气温维持在 0～-7℃，土壤中的种子易遭受吸胀冷冻的影响。本研究即模拟野外环境，在室内进行控制实验，研究发现：野外水青树种子的萌发率、发芽势及含水量均随埋藏时间的延长呈上升趋势，活力指数呈现先上升后逐渐下降的趋势。结果表明：经过一段时间冰雪的低温处理并不能抑制水青树种子的萌发。

为进一步探究低温对水青树种子萌发特性的影响，根据研究地秋冬季节低温情况，我们对不同低温条件下种子的萌发特性进行了细致研究。结果表明：在 25℃最适温度时，野外种子的萌发率在(48.500±0.063)%；但在不同低温处理条件下，种子的最大萌发率也能达到(45.133±0.796)%，并且种子的萌发特性大多在 20%或 30%土壤湿度吸胀时达到最高。由此表明：低温高湿的环境有利于水青树种子的萌发，这与前人的大部分研究结果不一致，但与Simon(1972)对大豆的研究、李文良等(2008)等对珍稀濒危植物连香树种子萌发特性的研究及郑秀芳等(2011)对驼蹄瓣种子萌发率的研究结果相一致。可能是因为水青树种子在低温高湿的土壤环境中，低温破坏种皮、高湿使胚内水分增多、细胞膜重组、主动运输建立，从而将这种吸胀期低温本应产生的抑制效应减轻。这种较低温度即启动萌发的生存策略，也是水青树对高海拔低温环境、各纬度范围气候长期适应的结果(李文良等，2008)。

考虑到低温处理时间的长短对种子的萌发特性也有一定影响，因此本实验对不同土壤湿度条件下种子萌发特性进行了研究。结果表明：在20%土壤湿度条件下，低温处理2~4d 或21~28d 时，0℃最适于水青树种子的萌发；在 30%土壤湿度条件下，低温处理 14~28d 时，-7℃最适于水青树种子的萌发。由此表明：在土壤湿度较大，低温处理时间过长的情况下，0~-7℃低温环境对水青树种子的萌发最有利，而-15℃温度过低，已超出吸胀的水青树种子所能承受的范围，致使种子的萌发产生了不可逆转的破坏，因此植物萌发率相对较低。并且，在 20%土壤湿度条件下，水青树种子萌发特性随 0℃低温处理时间的延长有上升趋势，说明长时低温并不能限制水青树种子的萌发，这与野外水青树种子的活力变化相似，可能与水青树种群对野外低温环境的长期适应有关。由于野外环境复杂，低温处于一个不规则的变动之中，因此本实验还有待于进一步探究变化低温对种子萌发特性的影响。

8.3.3　吸胀期低温处理对落叶中种子活力的影响

森林枯枝落叶层是森林生态系统的重要组成部分，在森林土壤生态系统中具有重要的作用(Brewer，2001)。枯落层阻碍了种子与土壤中水分的接触，它减少了种子萌发的可能性和幼苗定居的机会(徐化成等，1993；王贺新等，2008)，并对土壤种子库的建成和结构的影响非常大。水青树生活在低温高湿的环境中(黄金燕等，2010)，成熟种子落地后，极易被潮湿的枯枝落叶所覆盖。研究结果表明，在相同冷冻时间条件下，随着温度的降低，落叶中水青树种子的萌发率及发芽势并无显著变化；在相同低温条件下(0℃低温除外)，种子的萌发率及发芽势会在冷冻 28d 后有所提高，这与土壤中种子萌发特性相似，可能是因为湿叶间的空隙较土壤中大，保存在其中的种子无法在短时期内获得充足水分，但随着时间的延长，低温破坏种皮、胚内水分含量增加、代谢活动增强，从而促进了种子的萌发(傅家瑞，1985a)。

综上可知，一定范围内的吸胀期低温处理对水青树种子的萌发并无抑制作用，并不是限制水青树种群更新的主要因素。

第9章 水青树幼苗更新的限制机制研究①

种子植物天然更新是指成熟种子离开母树，散落在合适的栖息地，然后萌发、长成幼苗、到建成幼树的过程(Wiegand et al.，2009；李宁等，2011)。然而并非所有种子离开母树后的命运都相同，多数种子因常受到更新限制而导致死亡，只有很少一部分种子能完成幼苗更新和幼树建成(Schupp et al.，2002；Swamy et al.，2010)。更新限制是指种子由于各种因素的影响不能够萌发并生长成独立幼苗。它主要受3个方面的影响：①种源限制，即获得的种子数量少，导致有效传播率低；②传播限制，即种子不能掉落到合适的生境；③建成限制，即种子扩散到微生境后，受各种因素影响而不能生长成幼苗及幼树(Clark et al.，1998，1999)。

前面的研究表明，水青树小孢子发育过程中出现花粉母细胞和小孢子浓缩变形以及绒毡层延迟解体等现象，推测这可能会导致花粉的败育(Gan et al.，2012)。而水青树植株单花的花粉数目高达18 000±706，其花粉活力最高可达62.47±1.89(Gan et al.，2013)，其单株结实率也极高(甘小洪等，2009)。因此，水青树自然更新过程中应该不存在种源限制的影响，但是否存在建成限制或者传播限制的影响，至今尚无相关报道。

本章从建成限制和传播限制的角度探讨限制水青树幼苗更新的影响机制。

9.1 地面覆盖物及光照条件对水青树种子 萌发及幼苗初期生长的影响

种子萌发和幼苗定居是种群自然更新的关键环节之一(吴敏等，2011)。在自然环境条件下，种子向幼苗的转化通常是物种濒危的关键，种子散播后的微生境常影响到种子向幼苗的转化(吴玲等，2005)。散播后的种子常处于枯落物和灌草层中，一方面阻碍了种子的传播和直接与土壤接触，使种子萌发概率减小；另一方面由于遮蔽作用影响了微生境，特别是水分、光照等对于种子萌发和幼苗定居至关重要的因子(黄忠良等，2001)。同时，林下、林窗和林缘环境常因光照强度的不同，进而影响到种子的萌发和幼苗定居(Bewley et al.，1982)。因此，研究自然环境条件下植物种子萌发与幼苗定居状况，分析其中影响更新的因素，对于野生植物种群恢复具有重要的意义。

本节模拟野外自然环境条件，通过控制播种实验，对水青树种子萌发和幼苗初期生长过程进行研究，分析其中存在的限制更新的因素，探讨其保护对策，为水青树的有效保护

---

① 本章主要依据许宁等的《光照及地面覆盖物对水青树种子萌发和幼苗初期生长的影响》(植物资源与环境学报2015, 24(3)：85-93)和许宁的硕士学位论文《濒危植物水青树幼苗更新机制研究》修改而成。

与利用提供科学依据。

9.1.1　材料与方法

9.1.1.1　研究地自然概况

研究地位于四川省美姑大风顶自然保护区(103°11′E，28°46′N)龙窝保护站，该保护区地处中亚热带地区，季风气候明显，年均降雨量 1110mm，年均空气相对湿度 80%左右，年均气温 11.4℃，年最高温月为 7 月，平均气温 19.5℃，主要土壤类型为棕壤。

9.1.1.2　材料采集

通过对美姑大风顶国家级自然保护区龙窝保护站的水青树分布进行全面深入调查，于 2014 年 10 月在海拔 2200～2300m 地段选择胸径大小相近的水青树 3 株，从不同方向(东、南、西、北)和不同冠层(上、中、下)分别采集果序。果序采集后混合，经自然风干后在低温(4℃)条件下储藏，用于翌年的控制播种实验。

9.1.1.3　控制播种实验

2015 年 5 月初，在美姑大风顶国家级自然保护区龙窝保护站海拔 2040m 处进行控制播种实验。实验设计了光照与苗床的正交实验：参照文晖(2010)、梁晓东等(2001)的方法，光照条件分别设置为强、中、弱，通过不同厚度遮阳网覆盖模拟不同光照强度，相当于自然光照强度的 100%、50%和 10%，以模拟林缘、林窗和林下光照条件；根据水青树种子散播的自然环境分别设置了清除灌草丛和枯落物、仅清除枯落物、未清除三种苗床(文晖，2010)。

为使野外种子萌发和幼苗生长获得更好的基质条件，所有播种均采用 1m×2m 的苗床，高出地面 20cm，每个苗床之间设有排水沟排水。每个小样方(即苗床)撒播 300 粒种子，其中 100 粒种子用于水青树种子的萌发及幼苗的存活观测，另外 200 粒种子萌发后用于水青树幼苗生长动态观测，两者在样方内分隔开。每种处理 3 个重复，共 27 个小样方。为防止动物对种子的取食，苗床周围用栅栏围起(李庆梅等，2008)。2014 年预实验时种子存活情况较差，可能是由于实验地暴雨频繁。因此，2015 年正式实验设置了大棚和非大棚两种环境进行对比，进而分析幼苗存活率低的原因。

9.1.1.4　种子萌发及幼苗生长观测

散播后连续 7d 以上种子不萌发时统计每个样方内 100 粒种子的萌发率，此时的幼苗视为 0 月龄，以后每个月统计幼苗存活率。每个处理样方的 100 粒种子连续 7d 未发芽时，随机选取地上部分高度、茎干大小一致的 3 株幼苗，按照月龄调查幼苗的高度、主根长度、叶面积、侧根分化情况等。

幼苗高度和主根长度用游标数显卡尺(精度为 0.01mm)测量;幼苗叶面积用扫描仪对叶片进行扫描,并 AutoCAD2006 版软件计算;侧根分化情况用 Motic 体视显微镜观察;将幼苗的根、茎、叶分离并洗净,经 80℃烘箱烘干 24h,用 XB6201-S 型电子天平(上海精密科学仪器有限公司生产,精度 0.0001g)称量各部分干物质含量。

$$萌发率=(每苗床出苗量／每苗床播种量)×100\%$$

用 Excel2010 版软件进行统计和作图,用 SPSS17.0 软件中的单因素方差分析法对不同处理的萌发率、存活率和幼苗初期生长性状进行差异显著性分析。若数据满足方差齐性要求,则采用 Duncan 检测进行比较分析;若数据不满足方差齐性的要求,则采用 Dunnett's T3 检测进行多重比较分析。

9.1.1.5　生命表的编制

动态生命表包括 n_x(在 x 龄级内现有的个体数)、l_x(从出生到 x 时期开始时存活个体所占比率)、d_x(从 x 到 $x+1$ 龄级间隔期间标准化死亡数)、q_x(从 x 到 $x+1$ 龄级间隔期间死亡率)、L_x(从 x 到 $x+1$ 龄级间隔期间还存活的个体数)、T_x(从 x 龄级到超过 x 龄级的个体总数)、e_x(为进入 x 龄级个体的生命期望寿命),具体计算公式为

$$l_x = n_x/n_0 \tag{9.1}$$

$$q_x = d_x / n_x \times 100\% \tag{9.2}$$

$$L_x = (n_x + n_{x+1}) / 2 \tag{9.3}$$

$$T_x = \sum_{x}^{\infty} L_x \tag{9.4}$$

$$e_x = T_x / n_x \tag{9.5}$$

L_x、T_x 为计算过程,表格中只显示 n_x、l_x、q_x、e_x 这 4 个函数。

9.1.1.6　生存分析方法

为更好地分析水青树幼苗更新,阐明其生存规律,本研究引入生存分析中的 3 个函数:累积生存率 $S(t)$、累积死亡率 $F(t)$ 和危险率 $\lambda(t)$,公式为

$$S_{(i)} = S_1 \cdot S_2 \cdot S_3 \cdots S_i（S_i 为存活频率） \tag{9.6}$$

$$F_{(i)} = 1 - S_{(i)} \tag{9.7}$$

$$\lambda_{(ti)} = 2(1 - S_i)/[h_i(1 + S_i)]（h_i 为龄级宽度） \tag{9.8}$$

9.1.2　结果与分析

9.1.2.1　光照和地面覆盖物对水青树种子萌发率的影响

由表 9-1 知,大棚环境下无论何种光照强度,水青树种子萌发率在无覆盖物的苗床上均为最高,在地表覆盖灌草丛和枯落物的苗床上均为最低。在苗床相同的情况下,种子萌发率随光照强度的减弱呈现不同的变异规律:无覆盖物的苗床其随光照强度减弱呈先上升

后下降的趋势；在覆盖灌草丛的苗床中，50%和10%光照条件下水青树的萌发率相同，均大于100%的光照强度下的萌发率；在覆盖灌草丛和枯落物的苗床中种子萌发率则随光照强度的逐渐减弱呈现先下降后逐渐上升的趋势，10%光照强度下的萌发率最高。在苗床和光照交互影响的情况下，无覆盖物的苗床、50%光照强度下水青树种子的萌发率最高。无覆盖物的苗床中10%光照强度下水青树种子的萌发率与50%、100%光照强度下有显著性差异；100%光照强度下无覆盖物苗床的萌发率与覆盖灌草丛苗床、覆盖灌草丛和枯落物苗床的种子萌发率有显著性差异；50%光照强度下三种不同苗床相互间均有显著性差异；10%光照强度下无覆盖物苗床的萌发率与覆盖灌草丛苗床、覆盖灌草丛和枯落物苗床的种子萌发率有显著性差异；其余处理间均无显著性差异。

表 9-1   不同光照及苗床处理方式对水青树种子萌发率的影响

处理方式	地面覆盖类型	不同光照条件下的种子萌发率/%		
		100%	50%	10%
大棚	NC	16.7±0.9aA	19.0±1.5aA	13.7±0.9aB
	SG	12.0±1.2bA	12.7±1.2bA	12.7±0.7abA
	LSG	9.0±1.2bA	8.3±0.3cA	10.0±1.2bA
非大棚	NC	15.3±2.9aA	16.0±2.6aA	15.0±0.6aA
	SG	9.0±0.6aB	9.7±0.7bAB	11.0±1.5aA
	LSG	14.7±0.9aA	11.7±0.9abA	12.7±1.9aA

注：NC 表示地表无覆盖物；SG 表示地表覆盖灌草丛；LSG 表示地表覆盖灌草丛和枯落物。不同小写字母代表相同光照条件不同苗床差异显著，不同大写字母代表相同苗床不同光照强度下差异显著（$P<0.05$）。下同。

非大棚环境下，无论何种光照强度，水青树种子萌发率在无覆盖物的苗床上均为最高，在覆盖灌草丛的苗床上均为最低。在苗床相同的情况下，无覆盖物的苗床中种子萌发率随光照强度减弱呈先上升后下降的趋势；在覆盖灌草丛的苗床中其随光照强度减弱而上升；在覆盖灌草丛和枯落物的苗床中种子萌发率则随光照强度的逐渐减弱呈现先下降后逐渐上升的趋势，100%光照强度下的萌发率最高。在苗床和光照交互影响的情况下，无覆盖物的苗床、50%光照强度下水青树种子的萌发率最高。覆盖灌草丛的苗床中10%光照强度下水青树种子的萌发率与 50%、100%光照强度下有显著性差异；50%光照强度下，覆盖灌草丛的苗床种子萌发率与无覆盖物苗床、覆盖灌草丛和枯落物苗床的种子萌发率有显著性差异；其余处理间均无显著性差异。

比较大棚和非大棚环境下水青树种子萌发率可知，无覆盖物和覆盖灌草丛的苗床种子的萌发率在大棚环境下均高于非大棚环境，而覆盖灌草丛和枯落物的苗床种子萌发率在大棚环境下则低于非大棚环境。由此可见，暴雨对水青树种子的萌发率还是有很大影响的。

9.1.2.2　生命表分析

在不同光照条件、不同的地面覆盖物的苗床中，水青树幼苗存活率总体上均随苗龄的增加呈递减趋势，直至 6 月龄全部死亡(表 9-2)。无覆盖物的苗床中，10%光照条件下水青树幼苗的存活率随月龄增长呈递减趋势，100%光照、50%光照的存活率则先上升后下降；在覆盖灌草丛的苗床中，50%光照条件下水青树幼苗的存活率随月龄增长呈递减趋势，100%光照、10%光照的存活率呈先上升后下降的趋势；在覆盖灌草丛和枯落物的苗床中，100%光照条件下水青树幼苗的存活率随月龄增长呈递减趋势，50%光照、10%光照的存活率呈先上升后下降的趋势。在 100%光照强度条件下，覆盖灌草丛和枯落物苗床的存活率最低，无覆盖物苗床的存活率最高；在 50%光照条件下，覆盖灌草丛的苗床幼苗的存活率随月龄增长呈递减趋势，无覆盖物苗床、覆盖灌草丛和枯落物的苗床存活率呈先上升后下降的趋势；在 10%光照条件下，无覆盖物的苗床幼苗的存活率随月龄增长呈递减趋势，覆盖灌草丛的苗床、覆盖灌草丛和枯落物的苗床的存活率呈先上升后下降的趋势。无论何种光照及苗床条件下，幼苗存活率从 3 月开始下降且趋势明显。幼苗死亡率与存活率规律正好相反。生命期望表示该年龄期开始时平均能活的年限(孙儒泳等，1993)。除 10%光照覆盖枯落物和灌草丛的苗床的幼苗是 6 个月之外，其余处理的苗床幼苗的生命期望值都为 5个月。

表 9-2　大棚环境下水青树幼苗的动态生命表

光照	地面覆盖类型	月龄	龄级	n_x	l_x	q_x	e_x
		0	1	17.7	1.000	0.531	1.294
		1	2	8.3	0.558	0.639	0.156
	NC	2	3	3.0	0.589	0.433	0.483
		3	4	1.7	0.556	0.588	0.376
		4	5	0.7	0.500	1.000	1.000
		5	6	0.0	0.000	0.000	
		0	1	12.0	1.000	0.500	1.450
		1	2	6.0	0.504	0.500	1.400
100%	SG	2	3	3.0	0.522	0.433	1.300
		3	4	1.7	0.556	0.588	1.118
		4	5	0.7	0.333	1.000	1.000
		5	6	0.0	0.000	0.000	
		0	1	9.0	1.000	0.444	1.706
		1	2	5.0	0.476	0.260	1.670
	LSG	2	3	3.7	0.440	0.541	1.081
		3	4	1.7	0.444	0.824	0.765
		4	5	0.3	0.167	1.000	1.000
		5	6	0.0	0.000	0.000	

光照	地面覆盖类型	月龄	龄级	n_x	l_x	q_x	e_x
50%	NC	0	1	19.0	1.000	0.511	1.616
		1	2	9.3	0.500	0.495	1.780
		2	3	4.7	0.500	0.426	2.032
		3	4	2.7	0.567	0.630	2.167
		4	5	3.0	0.333	1.000	1.000
		5	6	0.0	0.000	0.000	
	SG	0	1	12.7	1.000	0.370	1.961
		1	2	8.0	0.621	0.375	1.819
		2	3	5.0	0.621	0.400	1.610
		3	4	3.0	0.589	0.400	1.350
		4	5	1.7	0.556	1.000	1.000
		5	6	0.0	0.000	0.000	
	LSG	0	1	8.3	1.000	0.325	1.759
		1	2	5.0	0.533	0.460	1.590
		2	3	2.7	0.533	0.370	1.519
		3	4	1.7	0.611	0.588	1.118
		4	5	0.7	0.333	1.000	1.000
		5	6	0.0	0.000	0.000	
10%	NC	0	1	13.7	1.000	0.416	1.620
		1	2	8.0	0.558	0.463	1.419
		2	3	4.3	0.556	0.575	1.209
		3	4	2.0	0.467	0.650	1.025
		4	5	0.7	0.333	1.000	1.000
		5	6	0.0	0.000	0.000	
	SG	0	1	12.7	1.000	0.201	2.165
		1	2	9.0	0.504	0.300	1.850
		2	3	6.3	0.709	0.413	1.429
		3	4	3.7	0.579	0.541	1.081
		4	5	1.7	0.444	0.824	0.765
		5	6	0.3	0.333	1.000	1.000
		6	7	0.0	0.000	0.000	
	LSG	0	1	10.0	1.000	0.330	1.905
		1	2	6.7	0.476	0.358	1.597
		2	3	4.3	0.646	0.535	1.209
		3	4	2.0	0.444	0.650	1.025
		4	5	0.7	0.333	1.000	1.000
		5	6	0.0	0.000		

非大棚环境下不同光照条件、不同苗床水青树幼苗的生命表见表 9-3。无覆盖物的苗

床中，50%、10%光照条件下水青树幼苗的存活率随月龄增长呈递减趋势，100%光照的存活率则先上升后下降；在覆盖灌草丛的苗床中，50%、10%光照条件下水青树幼苗的存活率随月龄增长呈递减趋势，100%光照的存活率呈先上升后下降的趋势；在覆盖灌草丛和枯落物的苗床中，10%光照条件下水青树幼苗的存活率随月龄增长呈递减趋势，50%光照、100%光照的存活率呈先上升后下降的趋势。由表 9-3 可知，在 100%光照强度条件下，三种处理苗床存活率均随月龄增长呈先上升后下降的趋势；在 50%光照条件下，无覆盖物的苗床、覆盖灌草丛的苗床幼苗的存活率随月龄增长呈递减趋势，覆盖灌草丛和枯落物的苗床的存活率呈先上升后下降的趋势；在 10%光照条件下，三种处理的苗床存活率均随月龄增长而下降。无论何种光照及苗床条件下，幼苗存活率从 2 月开始下降且趋势明显。幼苗死亡率与存活率变化趋势正好相反。生命期望值均为 4 个月。

表 9-3　非大棚水青树幼苗的动态生命表

光照	地面覆盖类型	月龄	龄级	n_x	l_x	q_x	e_x
		0	1	12.0	1.000	0.442	1.442
		1	2	6.7	0.375	0.507	1.187
	NC	2	3	3.3	0.500	0.606	0.894
		3	4	1.3	0.389	1.000	0.500
		4	5	0.0	0.000	0.000	
		0	1	9.0	1.000	0.633	1.122
		1	2	3.3	0.336	0.485	1.197
100%	SG	2	3	1.7	0.500	0.588	0.853
		3	4	0.7	0.333	1.000	0.357
		4	5	0.0	0.000	0.000	
		0	1	14.7	1.000	0.776	0.833
		1	2	3.3	0.227	0.606	0.985
	LSG	2	3	1.3	0.389	0.769	0.731
		3	4	0.3	0.167	1.000	0.500
		4	5	0.0	0.000	0.000	
		0	1	16.0	1.000	0.706	0.894
		1	2	4.7	0.295	0.723	0.840
	NC	2	3	1.3	0.278	0.769	0.731
		3	4	0.3	0.167	1.000	0.500
		4	5	0.0	0.000	0.000	
		0	1	9.7	1.000	0.485	1.325
		1	2	5.0	0.515	0.540	1.100
50%	SG	2	3	2.3	0.467	0.696	0.804
		3	4	0.7	0.278	1.000	0.500
		4	5	0.0	0.000	0.000	
		0	1	11.7	1.000	0.632	1.038
		1	2	4.3	0.373	0.605	0.965
	LSG	2	3	1.7	0.383	0.824	0.676
		3	4	0.3	0.167	1.000	0.500
		4	5	0.0	0.000	0.000	

光照	地面覆盖类型	月龄	龄级	n_x	l_x	q_x	e_x
		0	1	15.0	1.000	0.553	1.173
		1	2	6.7	0.447	0.597	1.007
	NC	2	3	2.7	0.397	0.741	0.759
		3	4	0.7	0.222	1.000	0.500
		4	5	0.0	0.000	0.000	
		0	1	11.0	1.000	0.482	1.409
		1	2	5.7	0.527	0.474	1.254
10%	SG	2	3	3.0	0.524	0.567	0.933
		3	4	1.3	0.444	1.000	0.500
		4	5	0.0	0.000	0.000	
		0	1	12.7	1.000	0.551	1.185
		1	2	5.7	0.447	0.596	1.026
	LSG	2	3	2.3	0.421	0.696	0.804
		3	4	0.7	0.278	1.000	0.500
		4	5	0.0	0.000		

对比大棚和非大棚环境可知,大棚环境下水青树幼苗存活率明显高于非大棚环境,且幼苗存活时间长于非大棚环境,死亡率低于非大棚环境。

9.1.2.3　存活曲线分析

存活曲线是反映种群个体在各年龄级存活状况的曲线(郭华等,2011)。通过存活曲线的研究,可以判断种群最易受伤害的年龄,如果我们能人为地对种群生长最易受伤害的阶段采取一定的干预措施,就可较为有效地控制种群数量。以幼苗龄级为横坐标,以标准存活量对数值为纵坐标,绘制水青树幼苗的存活曲线(图 9-1)。

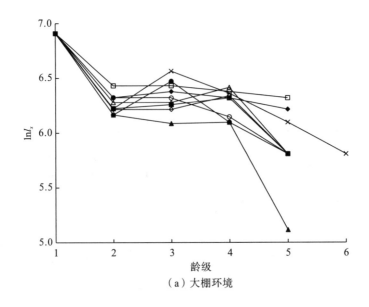

（a）大棚环境

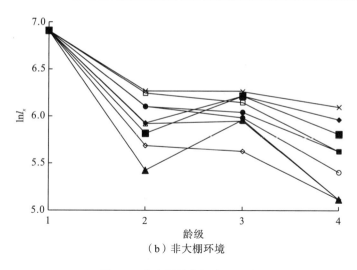

图 9-1　水青树幼苗的存活曲线

◆: 100%NC；■: 100%SG；▲: 100LSG；◇: 50%NG；□: 50%SG；△: 50%LSG；○: 10%NG；×: 10%SG；●: 10%LSG

由图 9-1 可知，无论大棚还是非大棚环境，幼苗的存活曲线整体呈下降趋势，均在第 2 月龄幼苗的死亡率较高，存活率下降较快；2 月龄后下降趋势较为平缓。大棚环境中，1～2 月龄幼苗的存活曲线在 50%光照条件，覆盖灌草丛的苗床中下降幅度最小，在 100%光照条件覆盖灌草丛和枯落物的苗下降幅度最大，且在 4～5 月龄后其下降幅度明显高于其他苗床；其余月龄各苗床幼苗的存活曲线下床中降趋势均趋于平缓[图 9-1(a)]。在非大棚环境中，1～2 月龄幼苗的存活曲线在 10%光照条件下覆盖灌草丛的苗床下降幅度最小，在 100%光照条件覆盖灌草丛和枯落物的苗床下降幅度最大[图 9-1(b)]。

整体分析发现，无论大棚还是非大棚环境，100%光照条件，覆盖灌草丛和枯落物的苗床其幼苗存活曲线下降趋势最为明显；大棚环境条件下，50%光照条件，覆盖灌草丛的苗床水青树幼苗存活曲线下降趋势最为平缓；非大棚环境下，10%光照，覆盖灌草丛的苗床幼苗的存活曲线下降最为平缓。

9.1.2.4　生存函数分析

1. 累积生存率

无论大棚还是非大棚环境，水青树幼苗的累积生存率均随月龄增加而下降，1～2 月龄、2～3 月龄这两个阶段幼苗的生存率下降趋势最明显，之后趋于缓慢(表 9-4)。大棚环境下，除 1 月龄 10%光照条件、覆盖灌草丛的苗床幼苗的生存率低于非大棚环境外，其余每种处理的苗床幼苗的生存率均高于非大棚环境。

表 9-4　不同光照及苗床处理方式对水青树幼苗累积生存率的影响

光照	地面覆盖类型	存活时间（月龄）					
		1	2	3	4	5	6
大棚环境　100%	NC	55.8	32.8	18.2	9.1	0	
	SG	50.4	26.3	14.6	4.9	0	
	LSG	47.6	20.9	9.3	1.6	0	
50%	NC	50.0	25.0	14.2	4.7	0.8	0
	SG	62.1	38.6	22.7	12.6	4.2	0
	LSG	53.3	28.4	17.4	5.8	0	
10%	NC	55.8	31.0	14.5	4.8	0	
	SG	50.4	35.7	20.7	9.2	3.1	0
	LSG	47.6	30.8	13.7	4.6	0	
非大棚环境　100%	NC	37.5	18.8	7.3	0		
	SG	33.6	16.8	5.6	0		
	LSG	22.7	8.8	1.5	0		
50%	NC	29.5	8.2	1.4	0		
	SG	51.5	24.0	6.7	0		
	LSG	37.3	14.3	2.4	0		
10%	NC	44.7	17.8	3.9	0		
	SG	52.7	27.6	12.3	0		
	LSG	44.7	18.8	5.2	0		

　　大棚环境：100%光照条件，无覆盖物的苗床幼苗的累积生存率在不同月龄均高于覆盖灌草丛的苗床，而覆盖灌草丛和枯落物的苗床幼苗的生存率均为最低；50%光照条件下，覆盖灌草丛的苗床的幼苗累积生存率在不同月龄均为最高，其后依次是覆盖灌草丛和枯落物、无覆盖物的苗床；10%光照条件下，覆盖灌草丛苗床的幼苗累积生存率从 2 月龄开始最高，其后依次是无覆盖物、覆盖灌草丛和枯落物。无覆盖物苗床中，100%光照条件下幼苗的累积生存率最高，其后依次是 10%、50%光照条件；覆盖灌草丛、覆盖灌草丛和枯落物 2 类苗床中幼苗的累积生存率均是 50%光照强度下最高、100%光照条件下最低。幼苗的累积生存率随月龄增加下降幅度最大的是 50%光照条件下覆盖灌草丛的苗床，下降幅度最小的是 10%和 100%无覆盖灌草丛和枯落物的苗床。

　　非大棚环境：100%光照与大棚环境 100%光照幼苗的生存率规律相同；50%光照条件下，覆盖灌草丛苗床的幼苗生存率最高，其后依次是覆盖灌草丛和枯落物、无覆盖物的苗床；10%光照条件下，从 2 月龄开始覆盖灌草丛的苗床幼苗的生存率高于无覆盖物，覆盖灌草丛和枯落物的苗床幼苗的生存率最低；无覆盖物的苗床与大棚环境下无覆盖物的苗床的幼苗生存率规律相同；覆盖灌草丛的苗床 10%光照条件下幼苗的生存率最高，其后依次是 50%、100%光照条件；覆盖灌草丛和枯落物的苗床 10%光照条件下幼苗的生存率最高，其后依次是 100%、50%光照条件。幼苗的累积生存率随月龄增加下降幅度最大的是 10%光照条件下覆盖灌草丛的苗床，下降幅度最小的是 100%无覆盖灌草丛和枯落物的苗床。

2. 累积死亡率

无论大棚环境还是非大棚环境,水青树幼苗累积死亡率均随月龄增加而增加;整体上,每种苗床非大棚环境幼苗的死亡率都高于大棚环境(表 9-5)。

表 9-5　不同光照及苗床处理方式对水青树幼苗累积死亡率的影响

光照	地面覆盖类型	存活时间(月龄)					
		1	2	3	4	5	6
大棚环境	100% NC	44.2	67.2	81.8	90.9	100.0	
	100% SG	49.6	73.7	85.4	95.1	100.0	
	100% LSG	52.4	79.1	90.7	98.5	100.0	
	50% NC	50.0	75.0	85.8	95.3	99.2	100.0
	50% SG	37.9	61.4	77.3	87.4	95.8	100.0
	50% LSG	46.7	71.6	82.6	94.2	100.0	
	10% NC	44.2	69.0	85.5	95.2	100.0	
	10% SG	49.6	64.3	79.3	90.8	96.9	100.0
	10% LSG	52.4	69.2	86.3	95.4	100.0	
非大棚环境	100% NC	62.5	81.3	92.7	100.0		
	100% SG	66.4	83.2	94.4	100.0		
	100% LSG	77.3	91.2	98.5	100.0		
	50% NC	70.5	91.8	98.6	100.0		
	50% SG	48.5	76.0	93.3	100.0		
	50% LSG	62.7	85.7	97.6	100.0		
	10% NC	55.3	82.3	96.1	100.0		
	10% SG	47.3	72.4	87.7	100.0		

大棚环境:100%光照条件,覆盖灌草丛和枯落物的苗床幼苗的死亡率在不同月龄均为最高,其后依次是覆盖灌草丛、无覆盖物的苗床;50%光照条件,无覆盖物的苗床幼苗的死亡率在不同月龄均为最高,其后依次是覆盖灌草丛和枯落物、覆盖灌草丛的苗床;从2 月龄开始,10%光照条件,覆盖灌草丛的苗床幼苗的死亡率最低,无覆盖物、覆盖灌草丛和枯落物的苗床幼苗的死亡率基本相同。无覆盖物的苗床幼苗的死亡率随光照强度的降低呈增加后减少的趋势;覆盖灌草丛幼苗的死亡率随光照强度的降低呈先降低后增加的趋势;覆盖灌草丛和枯落物的苗床幼苗的死亡率在 100%光照条件下最高,在 50%、10%光照条件下基本相同。幼苗的累积死亡率随月龄增加增幅最小的是 50%光照条件下覆盖灌草丛的苗床,增幅最大的是 100%和 10%光照条件下覆盖枯落物和灌草丛的苗床。

非大棚环境:100%、50%光照条件不同苗床幼苗的死亡率规律与大棚环境相同;10%光照条件,覆盖灌草丛的苗床幼苗的死亡率在不同月龄均为最低,其余 2 种苗床幼苗的死亡率基本相同。无覆盖物的苗床幼苗的死亡率随光照强度的降低呈先增加后减少的趋势;覆盖灌草丛、覆盖灌草丛和枯落物的苗床幼苗的死亡率随光照强度的降低而降低。幼苗的累积死亡率随月龄增加增幅最大的是 10%光照条件下覆盖灌草丛的苗床，增幅最小的是 100%光照条件下覆盖枯落物和灌草丛的苗床。

3. 幼苗危险率

无论大棚环境还是非大棚环境，水青树幼苗危险率均随月龄增加而增加，且随月龄增加幼苗危险率增幅越大，基本每种苗床非大棚环境幼苗的危险率都高于大棚环境（表 9-6）。

表 9-6 不同光照及苗床处理方式对大棚水青树幼苗危险率的影响

| 光照 | 地面覆盖类型 | 存活时间（月龄） | | | | |
		1	2	3	4	5
大棚环境						
100%	NC	0.8	2.0	4.5	10.0	
	SG	1.0	2.8	5.8	19.5	
	LSG	1.1	3.8	9.8	63.5	
50%	NC	1.0	3.0	6.1	20.2	125.6
	SG	0.6	1.6	3.4	6.9	22.8
	LSG	0.9	2.5	4.8	16.3	
10%	NC	0.8	2.2	5.9	19.7	
	SG	1.0	1.8	3.8	9.9	31.6
	LSG	1.1	2.2	6.3	20.9	
非大棚环境						
100%	NC	1.7	4.3	12.7		
	SG	2.0	4.9	16.9		
	LSG	3.4	10.3	67.0		
50%	NC	2.4	11.2	72.0		
	SG	0.9	3.2	14.0		
	LSG	1.7	6.0	41.0		
10%	NC	1.2	4.6	24.4		
	SG	0.9	2.6	7.2		
	LSG	1.2	4.3	18.2		

大棚环境：100%光照条件，覆盖灌草丛和枯落物的苗床幼苗的危险率最高，其后依次是覆盖灌草丛、无覆盖物的苗床；50%光照条件，无覆盖物的苗床幼苗的危险率最高，其后依次是覆盖灌草丛和枯落物、覆盖灌草丛的苗床；10%光照条件，覆盖灌草丛和枯落物的苗床幼苗的危险率最高，其后依次是无覆盖物、覆盖灌草的丛苗床。无覆盖物的苗床幼苗的危险率随光照强度的降低呈先增加后降低的趋势；覆盖灌草丛、覆盖灌草丛和枯落物的苗床幼苗的危险率均随光照强度的降低呈先降低后增加的趋势。

非大棚环境：100%、50%光照条件下 3 类苗床幼苗的危险率变化规律与大棚环境相同；10%光照条件，覆盖灌草丛的苗床幼苗的危险率最低，其余 2 类苗床幼苗的危险率差别不大；无覆盖物的苗床幼苗的危险率与大棚环境规律相同；覆盖灌草丛、覆盖灌草丛和枯落物的苗床幼苗的危险率均随光照强度的降低而降低。

9.1.2.5 光照和地面覆盖物对对水青树幼苗初期生长的影响

1. 苗高

由表 9-7 可知，无论在大棚环境还是非大棚环境下，同一月龄的水青树幼苗的苗高在相同覆盖物苗床中均随光照强度减弱而明显降低；在相同光照条件下，3 类苗床幼苗的苗高均是覆盖灌草丛最高，无覆盖物最低；相同光照条件下，不同覆盖物苗床的苗高均无显著性差异，相同覆盖物的苗床中 3 类光照条件相互间均有显著性差异。大棚环境下幼苗的苗高均高于相同处理苗床非大棚环境幼苗的苗高。不同月龄的水青树幼苗的苗高在所有苗床中均随月龄增长逐渐增加。

表 9-7 不同光照和苗床对水青树幼苗苗高影响

光照	地面覆盖类型	月龄			
		1	2	3	4
大棚环境 100%	NC	8.507±0.084aA	8.557±0.084aA	8.600±0.080aA	8.643±0.077aA
	SG	8.630±0.101aA	8.683±0.097aA	8.727±0.094aA	8.773±0.092aA
	LSG	8.517±0.045aA	8.567±0.044aA	8.607±0.044aA	8.653±0.043aA
大棚环境 50%	NC	7.817±0.198aB	7.880±0.204aB	7.920±0.199aB	7.973±0.200aB
	SG	7.977±0.128aB	8.030±0.119aB	8.077±0.123aB	8.127±0.128aB
	LSG	7.927±0.153aB	7.980±0.154aB	8.033±0.155B	8.080±0.154aB
大棚环境 10%	NC	7.270±0.103aC	7.313±0.099aC	7.357±0.100aC	7.407±0.100aC
	SG	7.360±0.066aC	7.407±0.069aC	7.453±0.068aC	7.500±0.071aC
	LSG	7.303±0.068aC	7.357±0.066aC	7.400±0.071aC	7.447±0.070aC
非大棚环境 100%	NC	8.107±0.038aA	8.150±0.038aA	8.207±0.032aA	
	SG	8.230±0.110aA	8.280±0.114aA	8.330±0.122aA	
	LSG	8.117±0.063aA	8.167±0.062aA	8.217±0.069aA	
非大棚环境 50%	NC	7.417±0.217aB	7.467±0.214aB	7.517±0.220aB	
	SG	7.577±0.185aB	7.640±0.183aB	7.673±0.188aB	
	LSG	7.527±0.199aB	7.577±0.203aB	7.617±0.188aB	
非大棚环境 10%	NC	6.870±0.150aC	6.920±0.145aC	6.970±0.156aC	
	SG	6.960±0.081aC	7.010±0.076aC	7.060±0.081aC	
	LSG	6.903±0.118aC	6.960±0.117aC	7.003±0.118aC	

2. 主根长度

由表 9-8 可知，大棚环境下从 1~4 月龄总体上看，在无覆盖物及覆盖灌草丛的苗床中，水青树幼苗的主根长度均随光照强度的降低而降低；在覆盖灌草丛和枯落物的苗床中，幼苗的主根长度均随光照强度的降低而增加；在覆盖灌草丛、无覆盖物的苗床中均是 100% 光照强度与 10% 光照强度幼苗的主根长度有显著差异，覆盖灌草丛和枯落物的苗床中的 3 类光照强度均无显著性差异。在 50% 和 10% 光照条件下，幼苗的主根长度均在覆盖灌草丛和枯落物的苗床中最大、在无覆盖物的苗床中最小；而 100%光照条件下，幼苗主根长度在覆盖灌草丛的苗床中最大，在覆盖灌草丛和枯落物的苗床中最小；100%、50%光照条件下 3 类苗床幼苗主根长度无显著差异，10%光照条件下覆盖灌草丛和枯落物的苗床与无覆盖物的苗床幼苗的主根长度有显著差异。非大棚环境下，在无覆盖物及覆盖灌草丛的苗床中，水青树幼苗的主根长度均随光照强度的降低而降低，且在覆盖灌草丛的苗床中，100%光照强度与 10%光照强度幼苗的主根长度有显著差异；在覆盖灌草丛和枯落物的苗床中，幼苗的主根长度均随光照强度的降低呈先增加后降低的趋势；在 50%和 10%光照条件下，幼苗的主根长度均在覆盖灌草丛和枯落物的苗床中最大、在无覆盖物的苗床中最小，且在 10%光照条件下，无覆盖物的苗床与覆盖灌草丛和枯落物的苗床幼苗的主根长度有显著性差异；而在 100%条件下，幼苗主根长度在覆盖灌草丛苗床中最大，在覆盖灌草丛和枯落物的苗床中最小，且这 2 类苗床之间有显著性差异。

综合比较发现：大棚环境下幼苗的主根长度普遍高于非大棚环境大相同处理的苗床；无论何种环境，强光条件下 3 类苗床中幼苗主根长度整体均较高，其中在强光环境下采用覆盖灌草丛的苗床的水青树幼苗主根长度最大。

表 9-8　不同光照和苗床对水青树幼苗主根长度的影响

	光照	地面覆盖类型	月龄			
			1	2	3	4
大棚环境	100%	NC	3.420±0.085aA	3.437±0.084aA	3.477±0.085aA	3.520±0.082aA
		SG	3.493±0.080aA	3.533±0.090aA	3.567±0.086aA	3.607±0.086aA
		LSG	3.327±0.049aA	3.363±0.041aA	3.403±0.041aA	3.447±0.043aA
	50%	NC	3.330±0.053aAB	3.370±0.057aAB	3.407±0.056aAB	3.457±0.056aAB
		SG	3.420±0.085aAB	3.453±0.082aAB	3.483±0.082aAB	3.520±0.080aAB
		LSG	3.350±0.071aA	3.440±0.067aA	3.473±0.064aA	3.520±0.066aA
	10%	NC	3.173±0.022bB	3.210±0.015bB	3.240±0.015bB	3.290±0.015bB
		SG	3.217±0.041abB	3.260±0.042abB	3.300±0.047abB	3.330±0.047abB
		LSG	3.350±0.061aA	3.393±0.063aA	3.430±0.062aA	3.467±0.062aA
非大棚环境	100%	NC	3.020±0.040abA	3.067±0.043abA	3.117±0.043abA	
		SG	3.093±0.027aA	3.143±0.027aA	3.187±0.028aA	
		LSG	2.927±0.055bA	2.977±0.055bA	3.027±0.055bA	
	50%	NC	2.930±0.101aA	2.980±0.101aA	3.033±0.098aA	
		SG	3.020±0.051aAB	3.073±0.049aAB	3.123±0.044aAB	
		LSG	3.050±0.127aA	3.100±0.127aA	3.150±0.121aA	
	10%	NC	2.773±0.064bA	2.823±0.064bA	2.877±0.069bA	
		SG	2.850±0.035abB	2.900±0.035abB	2.950±0.038abB	
		LSG	2.950±0.042aA	3.000±0.042aA	3.050±0.038aA	

3. 侧根数目

由表 9-9 可知，大棚环境下，在无覆盖物、覆盖灌草丛的苗床中，幼苗侧根数量在 50%

光照条件下最多、在 100%光照条件下最少；在覆盖灌草丛和枯落物的苗床中，幼苗侧根数量在 100%光照条件下最多、在 50%光照条件下最少；在 100%光照条件下，幼苗侧根数量在覆盖灌草丛和枯落物的苗床中最多、在无覆盖物的苗床中最少；在 50%光照条件下，幼苗侧根数量在覆盖灌草丛的苗床中最多、在覆盖灌草丛和枯落物的苗床中最少，前者为后者的 3.3 倍；在 10%光照条件下，幼苗侧根数量在无覆盖物的苗床中最多、在覆盖灌草丛和枯落物的苗床中最少。在 100%光照条件下，1、2 月龄覆盖灌草丛和枯落物的苗床与无覆盖物的苗床幼苗的侧根数目均有显著性差异；50%光照条件下，1～4 月龄覆盖灌草丛和枯落物的苗床幼苗的侧根数目与无覆盖物、覆盖灌草丛的苗床均与显著性差异；在无覆盖物的苗床中，1 月龄 100%光照强度与 50%、10%光照强度幼苗的侧根数目有显著性差异，2、4 月龄 100%光照与 50%光照强度幼苗的侧根数目有显著性差异，3 月龄 50%光照强度与 100%、10%光照强度幼苗的侧根数目有显著性差异；在覆盖灌草丛的苗床中，50%光照强度与 100%、10%光照强度幼苗的侧根数目有显著性差异；在覆盖灌草丛和枯落物的苗床中，1、4 月龄 100%与 50%、10%光照强度幼苗的侧根数目有显著性差异，2、3 月龄 100%与 50%光照强度幼苗的侧根数目有显著性差异。

表 9-9 不同光照和苗床对水青树幼苗侧根数目的影响

光照	地面覆盖类型	月龄			
		1	2	3	4
大棚环境 100%	NC	1.333±0.333bB	1.667±0.333bB	2.000±0.000aB	2.333±0.333aB
	SG	1.667±0.333abB	1.667±0.333abB	2.000±0.000aB	2.333±0.333aB
	LSG	2.667±0.333aA	2.667±0.333aA	2.667±0.333aA	3.000±0.000aA
大棚环境 50%	NC	3.333±0.333aA	3.333±0.333aA	3.333±0.333aA	3.667±0.333aA
	SG	3.667±0.333aA	3.667±0.333aA	3.667±0.333aA	4.000±0.000aA
	LSG	1.000±0.000bB	1.333±0.333bB	1.667±0.333bB	2.000±0.000bB
大棚环境 10%	NC	2.667±0.333aA	2.333±0.333aAB	2.333±0.333aB	2.667±0.333aAB
	SG	2.333±0.333aB	2.000±0.000aB	2.333±0.333aB	2.667±0.333aB
	LSG	1.667±0.333aB	1.667±0.333aAB	2.000±0.000aAB	2.333±0.333aB
非大棚环境 100%	NC	1.333±0.333bB	1.667±0.333bB	2.000±0.000abA	
	SG	1.333±0.333bB	1.667±0.333bB	1.667±0.333bA	
	LSG	2.667±0.333aA	2.667±0.333aA	2.667±0.333aA	
非大棚环境 50%	NC	2.667±0.333aA	3.333±0.333aA	3.333±0.333aB	
	SG	3.000±0.577aA	3.667±0.333aA	3.667±0.333aB	
	LSG	1.000±0.000bB	1.333±0.333bB	1.667±0.333bA	
非大棚环境 10%	NC	1.667±0.333aAB	2.667±0.333aAB	2.667±0.333aAB	
	SG	1.667±0.333aAB	2.000±0.000abB	2.333±0.333aA	
	LSG	1.667±0.333aB	1.667±0.333bAB	2.000±0.577aA	

非大棚环境与大棚环境不同处理幼苗的侧根数目变化规律基本一致，但显著性有所不同。100%光照条件下，1、2 月龄覆盖灌草丛和枯落物的苗床与无覆盖物、覆盖灌草丛的苗床幼苗的侧根数目有显著性差异，3 月龄覆盖灌草丛和枯落物的苗床仅与覆盖灌草丛的

苗床幼苗的侧根数目有显著性差异；50%光照条件下，1～3月龄覆盖灌草丛和枯落物苗床
与无覆盖物、覆盖灌草丛苗床幼苗的侧根数目均有显著性差异；10%光照条件下，2月龄
无覆盖物的苗床与覆盖灌草丛和枯落物的苗床幼苗的侧根数目有显著性差异；在无覆盖物
的苗床中，1～3月龄100%与50%光照强度幼苗的侧根数目有显著性差异；在覆盖灌草的
丛苗床中，1月龄100%与50%光照强度幼苗的侧根数目有显著性差异，2、3月龄50%与
100%、10%光照强度幼苗的侧根数目有显著性差异；在覆盖灌草丛和枯落物的苗床中，1
月龄100%与50%、10%光照强度幼苗的侧根数目有显著性差异，2月龄100%与50%光照
强度幼苗的侧根数目有显著性差异。

综合比较结果显示：采用覆盖灌草丛的苗床且在50%光照环境下水青树幼苗的侧根数
量最多，大棚环境下幼苗侧根数目多于非大棚环境。

4. 叶面积

由表9-10可知，大棚环境下，在无覆盖物的苗床中，幼苗叶面积随光照强度降低先增
加后减小，其中10%光照条件下叶面积最小，且1、4月龄3种光照条件下的叶面积相互
间均有显著差异，2、3月龄50%光照条件与100%、10%光照条件的叶面积有显著差异；
在覆盖灌草丛的苗床中，幼苗叶面积随光照强度降低呈现"小—大—小"的变化趋势，在
50%光照条件下最大，各月龄均与100%、10%光照条件下的叶面积有显著差异；在覆盖灌
草丛和枯落物的苗床中，随光照强度减弱叶面积先增大后减小，3种光照强度相互间均有
显著差异。100%光照条件下，在3类苗床中，幼苗叶面积在覆盖灌草丛和枯落物的苗床中
最小，且与另2类苗床有显著差异；在50%光照条件下，幼苗叶面积在覆盖灌草丛的苗床
中最大，但幼苗叶面积在3类苗床间无显著差异；10%光照条件下，在无覆盖物的苗床中
幼苗的叶面积最小，且与其他2类苗床无显著差异。非大棚环境与大棚环境各处理的苗床
规律基本相同，但显著性略有不同。在非大棚环境中，100%光照条件下3类苗床幼苗的叶
面积相互间均有显著差异；在无覆盖物、覆盖灌草丛的苗床中，均是50%光照条件与100%、
10%光照条件幼苗的叶面积差异显著；在覆盖灌草丛和枯落物的苗床中，3种光照强度相
互间均有显著差异。综合比较结果显示：无论何种环境，均是采用覆盖灌草丛的苗床且在
50%光照环境下水青树幼苗的叶面积最大，采用覆盖灌草丛和枯落物的苗床且在100%光照
条件下幼苗的叶面积最小；相同处理的苗床大棚环境幼苗的叶面积大于非大棚环境。

表9-10　不同光照和苗床对水青树幼苗叶面积的影响

光照	地面覆盖类型	月龄			
		1	2	3	4
大棚环境	100%	NC	0.533±0.012aB	0.553±0.012aB	0.580±0.012aB	0.620±0.015aB
		SG	0.477±0.024aB	0.497±0.030aB	0.513±0.027aB	0.543±0.027aB
		LSG	0.320±0.015bC	0.347±0.015bC	0.367±0.015bC	0.393±0.015bC
	50%	NC	0.680±0.017aA	0.703±0.018aA	0.727±0.020aA	0.750±0.017aA
		SG	0.707±0.009aA	0.727±0.009aA	0.750±0.012aA	0.787±0.009aA

续表

光照	地面覆盖类型	月龄			
		1	2	3	4
10%	LSG	0.687±0.015aA	0.717±0.018aA	0.733±0.015aA	0.753±0.015aA
	NC	0.477±0.018aC	0.503±0.018aB	0.523±0.018aB	0.550±0.017aC
	SG	0.513±0.020aB	0.543±0.020aB	0.567±0.018aB	0.597±0.023aB
	LSG	0.533±0.030aB	0.533±0.055aB	0.557±0.052aB	0.597±0.023aB
非大棚环境 100%	NC	0.497±0.009aB	0.527±0.012aB	0.560±0.006aB	
	SG	0.433±0.018bB	0.463±0.022bB	0.493±0.018bB	
	LSG	0.283±0.012cC	0.313±0.009cC	0.350±0.006cC	
非大棚环境 50%	NC	0.640±0.015aA	0.663±0.017aA	0.700±0.015aA	
	SG	0.640±0.012aA	0.670±0.015aA	0.700±0.012aA	
	LSG	0.640±0.015aA	0.670±0.012aA	0.700±0.012aA	
非大棚环境 10%	NC	0.447±0.022aB	0.477±0.027aB	0.507±0.022aB	
	SG	0.470±0.017aB	0.500±0.012aB	0.530±0.017aB	
	LSG	0.493±0.026aB	0.523±0.024aB	0.550±0.021aB	

5. 幼苗根的干物质含量

由表 9-11 可知，大棚环境下，在无覆盖物的苗床中，幼苗根干质量随光照强度降低呈现先增加后降低的趋势，其中在 100%光照条件下根干质量最小，且光照强度相互间均有显著差异；在覆盖灌草丛的苗床中，幼苗根干质量随光照强度降低呈现先增加后降低的趋势，50%光照条件与 100%、10%光照条件下幼苗根的干质量有显著差异；在覆盖灌草丛和枯落物的苗床中，幼苗根干质量随光照强度降低呈现先降低后增加的趋势，1、2月龄 3 种光照强度条件下幼苗根的干质量相互间均有显著差异，3、4 月龄 10%与 50%光照条件下度幼苗根的干质量有显著差异。在 100%光照条件下，幼苗根干质量在覆盖灌草丛的苗床中最高、在无覆盖物的苗床中最低，但各处理组间均无显著差异；在 50%光照条件下，幼苗根干质量在覆盖灌草丛和枯落物的苗床中最低，在另 2 类苗床中较高但差别不大，覆盖灌草丛和枯落物的苗床与另 2 类苗床幼苗根的干质量有显著差异；在 10%光照条件下，幼苗根干质量在无覆盖物的苗床中最高、在覆盖灌草丛的苗床中最低，各处理组间均无差异显著。

非大棚环境与大棚环境各处理的苗床规律基本相同，但显著性略有不同。50%光照条件下，覆盖灌草丛和枯落物的苗床与另 2 类苗床幼苗根的干质量有显著差异，其余处理的苗床均无显著差异；在无覆盖物、覆盖灌草丛和枯落物的苗床中，3 种光照条件下幼苗根的干质量相互间均有显著差异；在覆盖灌草丛的苗床中，50%光照条件下与 100%、10%

光照条件下幼苗根的干质量有显著差异。

综合比较结果显示：无论哪种环境，采用覆盖灌草丛的苗床在50%光照条件下水青树幼苗根的干质量最高；相同处理的苗床在大棚环境下幼苗根的干质量大于非大棚环境。

表9-11   不同光照和苗床对水青树幼苗根干物质含量的影响

光照	地面覆盖类型	月龄			
		1	2	3	4
大棚环境					
100%	NC	0.210±0.012aC	0.230±0.012aC	0.260±0.012aC	0.270±0.012aC
	SG	0.230±0.012aB	0.260±0.012aB	0.277±0.009aB	0.287±0.009aB
	LSG	0.220±0.012aB	0.240±0.012aB	0.263±0.012aAB	0.273±0.012aAB
50%	NC	0.343±0.009aA	0.363±0.009aA	0.373±0.009aA	0.390±0.012aA
	SG	0.353±0.009aA	0.373±0.009aA	0.393±0.009aA	0.407±0.009aA
	LSG	0.173±0.009bC	0.200±0.006bC	0.230±0.012bB	0.240±0.012bB
10%	NC	0.273±0.015aB	0.297±0.012aB	0.317±0.012aB	0.327±0.012aB
	SG	0.247±0.009aB	0.273±0.012aB	0.290±0.012aB	0.307±0.009aB
	LSG	0.260±0.006aA	0.277±0.007aA	0.293±0.009aA	0.303±0.009aA
非大棚环境					
100%	NC	0.220±0.012aC	0.230±0.012Ca	0.240±0.012aC	
	SG	0.240±0.012aB	0.250±0.012aB	0.260±0.012aB	
	LSG	0.230±0.012aB	0.240±0.012aB	0.250±0.012aB	
50%	NC	0.353±0.009aA	0.363±0.009aA	0.373±0.009aA	
	SG	0.363±0.009aA	0.373±0.009aA	0.383±0.009aA	
	LSG	0.183±0.009bAC	0.193±0.009bC	0.203±0.009bC	
10%	NC	0.283±0.0015aB	0.293±0.0015aB	0.303±0.0015aB	
	SG	0.257±0.009aB	0.267±0.009aB	0.277±0.009aB	
	LSG	0.270±0.006aA	0.280±0.006aA	0.290±0.006aA	

6. 幼苗茎的干物质含量

由表9-12可知，大棚环境下，在无覆盖物的苗床中，幼苗茎的干质量随光照强度的降低而增加，3种光照强度互相间均有显著差异；在覆盖灌草丛的苗床中，茎的干质量则随光照强度的减弱呈"低—高—中"的变化趋势；在覆盖灌草丛和枯落物的苗床中，茎的干质量随光照强度的降低而增加，10%光照与100%光照的茎的干质量有显著差异；在100%、50%光照条件下，幼苗茎的干质量均在覆盖灌草丛的苗床中最高，100%光照条件下2、3月龄无覆盖物的苗床与覆盖灌草丛的苗床的茎的干质量有显著差异，50%光照条件下2~4月龄覆盖灌草丛的苗床与覆盖灌草丛和枯落物的苗床的茎的干质量有显著差异；在10%光照条件下，无覆盖物的苗床茎的干质量最高，覆盖灌草丛的苗床茎的干质量最低，1、3、4月龄无覆盖物的苗床与覆盖灌草丛的苗床的茎的干质量有显著差异，2月龄无覆盖物的苗床与覆盖灌草丛、覆盖灌草丛和枯落物的苗床的茎的干质量有显著差异。

非大棚环境与大棚环境各处理苗床规律基本相同，但显著性略有不同。10%光照条件下无覆盖物的苗床与覆盖灌草丛的苗床的茎的干质量有显著差异；在无覆盖物的苗床中，

3 种光照强度互相间均有显著差异；在覆盖灌草丛和枯落物的苗床中，10%光照与 100% 光照的茎的干质量有显著差异。

综合分析发现：无论哪种环境，采用无覆盖物的苗床且在 10%光照条件下的水青树幼苗茎的干质量均最高；相同处理的苗床大棚环境幼苗茎的干质量大于非大棚环境。

表 9-12　不同光照和苗床对水青树幼苗茎干物质含量的影响

光照		地面覆盖类型	月龄			
			1	2	3	4
大棚环境	100%	NC	0.270±0.012aC	0.287±0.009bC	0.313±0.007bC	0.327±0.009aC
		SG	0.317±0.018aA	0.353±0.019aA	0.370±0.015aA	0.380±0.015aA
		LSG	0.297±0.020aB	0.317±0.020abB	0.337±0.020abB	0.347±0.020aB
	50%	NC	0.327±0.015aB	0.340±0.012abB	0.357±0.009abB	0.370±0.006abB
		SG	0.343±0.012aA	0.373±0.012aA	0.393±0.012aA	0.403±0.012aA
		LSG	0.310±0.012aAB	0.330±0.012bAB	0.350±0.012bAB	0.360±0.012bAB
	10%	NC	0.407±0.012aA	0.423±0.012aA	0.433±0.012aA	0.437±0.012aA
		SG	0.330±0.015bA	0.353±0.015bA	0.373±0.015bA	0.383±0.015bA
		LSG	0.360±0.015abA	0.377±0.013bA	0.393±0.012abA	0.403±0.012abA
非大棚环境	100%	NC	0.283±0.012aC	0.293±0.012aC	0.303±0.012aC	
		SG	0.327±0.018aA	0.337±0.018aA	0.347±0.018aA	
		LSG	0.307±0.020aB	0.317±0.020aB	0.327±0.020aB	
	50%	NC	0.330±0.015aB	0.340±0.015aB	0.350±0.015aB	
		SG	0.353±0.012aA	0.363±0.012aA	0.373±0.012aA	
		LSG	0.317±0.012aAB	0.323±0.009aAB	0.333±0.009aAB	
	10%	NC	0.417±0.012aA	0.427±0.012aA	0.437±0.012aA	
		SG	0.340±0.015bA	0.350±0.015bA	0.360±0.015bA	
		LSG	0.370±0.015abA	0.380±0.015abA	0.390±0.015abA	

7.　幼苗叶的干物质含量

由表 9-13 可知，大棚环境下，在无覆盖物、覆盖灌草丛和枯落物的苗床中，幼苗的叶干质量随光照强度的降低而增加，无覆盖物的苗床中 3 种光照强度互相间均有显著差异，覆盖灌草丛和枯落物的苗床中 10%光照强度与 100%、50%光照强度的叶干质量有显著差异；在覆盖灌草丛处理的苗床中，叶干质量则随光照强度的减弱呈"低—高—中"的变化趋势，10%光照强度与 100%、50%光照强度的叶干质量有显著差异；在 100%光照条件下，幼苗叶干质量在不同苗床中无显著差异；在 50%光照条件下，在覆盖灌草丛的苗床中幼苗叶干质量最高，且与另 2 类苗床有显著差异；在 10%光照条件下，在无覆盖物的苗床中幼苗叶干质量最大，但 3 类苗床叶干质量差别不大。非大棚环境与大棚环境各处理苗床规律及显著性相同。

综合比较结果显示：无论哪种环境，在 10%光照条件下不同苗床中水青树幼苗叶干质量整体较高，而采用覆盖灌草丛的苗床且在 50%光照环境下水青树幼苗叶干质量最高；相同处理的苗床大棚环境幼苗叶的干质量大于非大棚环境。

表 9-13　不同光照和苗床对水青树幼苗叶干物质含量的影响

| 光照 | 地面覆盖类型 | 月龄 | | | |
		1	2	3	4
大棚环境					
100%	NC	0.217±0.019aC	0.207±0.012aC	0.227±0.012aC	0.243±0.009aC
	SG	0.203±0.022aB	0.237±0.024aB	0.253±0.022aB	0.263±0.022aB
	LSG	0.200±0.015aB	0.223±0.017aB	0.247±0.019aB	0.257±0.019aB
50%	NC	0.267±0.009bB	0.287±0.003bB	0.300±0.006bB	0.313±0.003bB
	SG	0.370±0.012aA	0.390±0.012aA	0.410±0.012aA	0.420±0.012aA
	LSG	0.223±0.012cB	0.250±0.006cB	0.270±0.006cB	0.280±0.006cB
10%	NC	0.353±0.012aA	0.373±0.009aA	0.383±0.009aA	0.393±0.009aA
	SG	0.333±0.012aA	0.363±0.012aA	0.383±0.012aA	0.393±0.012aA
	LSG	0.343±0.012aA	0.363±0.007aA	0.383±0.012aA	0.393±0.012aA
非大棚环境					
100%	NC	0.227±0.019aC	0.233±0.017aC	0.243±0.017aC	
	SG	0.213±0.022aB	0.223±0.022aB	0.233±0.022aB	
	LSG	0.210±0.015aB	0.220±0.015aB	0.230±0.015aB	
50%	NC	0.277±0.009bB	0.287±0.009bB	0.297±0.009bB	
	SG	0.380±0.012aA	0.390±0.012aA	0.400±0.012aA	
	LSG	0.233±0.012cB	0.243±0.012cB	0.253±0.012cB	
10%	NC	0.363±0.012aA	0.373±0.012aA	0.383±0.012aA	
	SG	0.343±0.012aB	0.353±0.012aB	0.363±0.012aA	
	LSG	0.353±0.012aA	0.363±0.012aA	0.373±0.012aA	

8. 幼苗总干物质质量

大棚环境下，在无覆盖物的苗床中，水青树幼苗总干质量随光照强度的减弱逐渐增大，但差异不显著；在覆盖灌草丛的苗床中，在 50%光照条件下幼苗总干质量最高，在 100%光照条件下幼苗总干质量最低，差异不显著；在覆盖灌草丛和枯落物的苗床中，幼苗总干质量在 10%光照条件下最高，其余 2 种光照强度幼苗的总干质量基本持平，但各处理组间无显著差异。在 100%～50%光照条件下，幼苗总干质量均在覆盖灌草丛的苗床中最高，100%光照条件下覆盖灌草丛的苗床与无覆盖物的苗床的幼苗总干质量差异达显著水平；在 10%光照条件下，幼苗总干质量则在覆盖灌草丛的苗床中最低，但在 3 类苗床间幼苗总干质量无显著差异（表 9-14）。非大棚环境与大棚环境各处理苗床规律基本相同，但各处理组间均无显著差异。

综合比较结果显示：无论哪种环境，采用覆盖灌草丛的苗床在 50%光照环境下水青树幼苗总干质量最大；相同处理的苗床大棚环境幼苗的总干质量大于非大棚环境。

表 9-14　不同光照和苗床对水青树幼苗总干物质质量的影响

光照	地面覆盖类型	月龄			
		1	2	3	4
大棚环境					
100%	NC	0.697±0.014bA	0.723±0.011bA	0.800±0.010cA	0.840±0.010bA
	SG	0.750±0.017aA	0.850±0.018aA	0.900±0.015aA	0.930±0.015aA
	LSG	0.717±0.016abA	0.780±0.016abA	0.847±0.017bA	0.877±0.017abA
50%	NC	0.937±0.011aA	0.990±0.008aA	1.030±0.008aA	1.073±0.007aA
	SG	1.067±0.011aA	1.137±0.011aA	1.197±0.011aA	1.230±0.011aA
	LSG	0.707±0.011aA	0.780±0.008aA	0.850±0.010aA	0.880±0.010aA
10%	NC	1.033±0.013aA	1.093±0.011aA	1.133±0.011aA	1.157±0.011aA
	SG	0.910±0.012aA	0.990±0.013aA	1.047±0.013aA	1.083±0.012aA
	LSG	0.963±0.011aA	1.017±0.009aA	1.070±0.011aA	1.100±0.011aA
非大棚环境					
100%	NC	0.730±0.014aA	0.757±0.013aA	0.787±0.013aA	
	SG	0.780±0.017aA	0.810±0.017aA	0.840±0.017aA	
	LSG	0.747±0.016aA	0.777±0.016aA	0.807±0.016aA	
50%	NC	0.960±0.011aA	0.990±0.011abA	1.020±0.011aA	
	SG	1.097±0.011aA	1.127±0.011aA	1.157±0.011aA	
	LSG	0.733±0.011aA	0.760±0.010bA	0.790±0.010aA	
10%	NC	1.063±0.013aA	1.093±0.013aA	1.123±0.013aA	
	SG	0.940±0.012aA	0.970±0.012aA	1.000±0.012aA	
	LSG	0.993±0.011aA	1.023±0.011aA	1.053±0.011aA	

9.1.3　讨论

9.1.3.1　光照强度和地面覆盖物对水青树种子萌发的影响

种子的萌发对光照的需求因物种不同而存在一定的差异。张蕾等(2011)对青藏高原东缘 9 种紫草科植物研究发现，小叶滇紫草(*Onosma sinicum*)等 6 种植物对光照强度的变化无反应，倒提壶(*Cynoglossum amabile*)与卵盘鹤虱(*Lappula redowskii*)种子的萌发率随光照强度的增加而减少，而糙草(*Asperugo procumbens*)种子萌发率则随光照强度的增加而增加。Wang 等(2008)认为强光对秦岭箭竹(*Fargesia qinlingensis*)种子的萌发具有抑制作用。闫兴富等(2011)研究也发现强光不利于辽东栎(*Quercus wutaishanica*)种子的萌发，而55.4%光照强度最有利于种子萌发。我们研究发现，在全部清除处理和仅清除枯落物处理的苗床中，水青树种子的萌发率均在 50%光照条件下达到最高，而未清除处理中 3 种光照强度下其种子萌发率没有明显区别，这表明虽然水青树种子具有需光萌发的特性(徐亮等，2006；周佑勋，2007)，但光照太强或太弱均不利于水青树种子的萌发，这与秦岭箭竹和辽东栎等物种的研究结果一致，也从另一个方面说明水青树在野外具有在林窗或林缘更新的特点(陈娟娟等，2008)。

一般，枯落物会阻碍植物种子与土壤的接触，不利于种子吸胀萌发；灌草丛则遮蔽了大部分阳光，对种子萌发产生一定的抑制作用(刘桂霞等，2010；邹翠翠，2013；石小东等，2014)。本研究中，无论何种光照强度下，水青树种子的萌发率在全部清除处理苗床中均高于仅清除枯落物和未清除处理的苗床，这表明枯落物及灌草层对水青树种子的萌发具有一定阻碍作用。

9.1.3.2 光照强度和地面覆盖物对水青树幼苗生存的影响

分析植物种群的生命表具有极高的实际应用价值，能更客观地反映外界环境对植物种群个体数量动态变化的影响及种群的消长规律(冯士雍，1982；方炎明等，1999；郝日明等，2004)。幼苗存活是植物群落更新的重要环节，对外界环境反应极为敏感(邹翠翠，2013)，其中光照、土壤水分与养分、枯落物、植被盖度、立地条件等因素都会影响幼苗存活(童跃伟等，2013)。曾德慧等(2002)认为 50%~70%的灌草层覆盖度有利于樟子松(Pinus sylvestris)的天然更新；陈芳清等(2008)对三峡地区柏木(Cupressus funebris)研究发现，适度荫蔽有利于幼苗的存活，过于荫蔽和光照太强都不利于幼苗存活；杨秀清(2010)认为枯落物的存在有利于华北落叶松(Larix principis-rupprechtii)幼苗存活。本研究发现无论大棚环境还是非大棚环境，水青树幼苗的存活率在 3 种苗床中整体上都表现为随光照强度的增强逐渐变差，死亡率随光照强度增强而逐渐升高；在不同光照条件下，覆盖灌草丛和枯落物的苗床中幼苗的死亡趋势均最为缓慢。结果表明水青树幼苗定居阶段需要适度的遮阴，同时枯落物和灌草层的存在有利于幼苗的存活。文晖(2010)研究发现 1 月龄的水青树幼苗在强光下存活率较低，与本书的研究结果相吻合。

存活曲线可以判定种群最易受伤害的阶段。无论大棚环境还是非大棚环境，水青树幼苗的存活曲线整体呈下降趋势，但前期(1 月龄至 2 月龄阶段)变化幅度大，在第 2 月龄死亡率最高。结果表明，水青树幼苗最易受伤害的阶段是在出苗后的第二个月，这是水青树就地保护时应重点关注的时期。

生存分析能够反映生存期的长短，以及在某阶段幼苗受伤害的程度(冯士雍，1981)。我们研究发现，无论大棚环境还是非大棚环境，50%光照条件下覆盖灌草丛苗床的累积生存率最高，累积死亡率及危险率最低，这表明林窗环境有利于水青树幼苗的存活，与陈娟娟等(2008)的研究结果一致；水青树幼苗的累积生存率在 1 月龄最高，之后急剧递减，累积死亡率从 2 月龄开始全部超过 50%，危险率也从 2 月龄开始增幅变大，其原因可能是枯落物为幼苗前期的生长提供营养，使幼苗安全度过前 2 个月龄；当其养分耗尽后进入到夏季，强烈的光照使水青树幼苗大量死亡。因此，水青树幼苗能否存活关键在播种后第二个月。

研究中还发现，随月龄的增加幼苗存活率均呈递减趋势，并在 6 月龄全部死亡。而控制播种实验期间暴雨频繁，大棚环境下各指标均优于非大棚环境，所以暴雨可能是导致幼苗快速死亡的最直接原因。在覆盖灌草丛的苗床及覆盖灌草丛和枯落物的苗床中存活数下降趋势比较缓慢，可能是由于这两种处理中均有灌草层覆盖，可以阻挡一部分暴雨对幼苗的冲刷，对幼苗的死亡起到了一定的延缓作用。

9.1.3.3　光照强度和地面覆盖物对水青树幼苗初期生长的影响

幼苗生长需要光合作用，光照影响植物的光合作用及形态建成，进而影响植物的生存和生长(郭柯，2003)。许中旗等(2009)对比林外和林内对蒙古栎(*Quercus mongolica*)幼苗生长的影响，结果表明林外的光照条件对蒙古栎幼苗的生物量及其分配具有明显促进作用；安慧等(2009)发现白三叶(*Trifolium repens*)幼苗的根、茎、叶和整株生物量随光照强度的降低而降低。殷东生等(2014)研究认为，强光有利于沙棘(*Hippophae rhamnoides*)幼苗生物量的累积，但并未显著改变生物量在地上和地下部分的分配比例。本研究发现，无论大棚环境还是非大棚环境，水青树幼苗在同一月龄任意苗床中其苗高和主根长度均随光照强度的减弱逐渐降低，在 10%、50%光照强度下其侧根数目和生物量的积累值较高，这说明强光可以促进水青树幼苗根系和茎的生长，但对其侧根数目和生物量的积累有一定的抑制作用。水青树茎的生长需要光照，随光照的增强其光合作用逐渐增强，也就需要主根快速生长以吸收更多土壤中的水分和养分来满足茎的生长(王祥宁等，2007)；而当光照强度逐渐增强时，耐阴植物的生物量会因受光抑制及其他影响而有所减少(郭柯，2003)。水青树幼苗在不同月龄任意苗床中其各项指标均随月龄增加而增加，但 50%光照条件下 3 种处理的苗床幼苗的各项指标增加幅度大于其余 2 种光照。这表明，水青树在幼苗生长初期具有适度耐阴的特性。

枯落物对幼苗生存和生长具有正反两方面作用(Kostel et al.，1998；Blagoveshchenskii et al.，2006；李根柱等，2008；羊留冬等，2010；唐翠平等，2014)。一方面，能够影响微环境，防止土壤水分散失，增加土壤肥力，促进幼苗生长；另一方面，枯落物的存在也会对幼苗生长形成化感作用、机械阻挡、微生物致病和动物侵害等。本研究发现无论大棚环境还是非大棚环境，同一月龄覆盖灌草丛的苗床幼苗的总生物量在 50%光照强度下明显高于覆盖灌草丛和枯落物的苗床，其他两种光照强度下没有明显区别，这表明枯落物的存在阻碍了水青树幼苗的初期生长。有研究表明，适宜的灌草层覆盖可以避免幼苗受阳光灼害，保持土壤水分，保护幼苗抵御暴雨、风等自然灾害，而当其盖度达到 80%以上时，则会阻碍幼苗生长(曾德慧等，2002)。对水青树而言，同一月龄覆盖灌草丛的苗床的总生物量在 100%、50%光照强度下高于无覆盖物的苗床，在 10%光照强度下低于无覆盖物的苗床，不同月龄覆盖灌草丛苗床幼苗的总生物量的增加幅度在 3 种光照条件下均高于无覆盖物的苗床。结果表明，当光照充足时适度覆盖灌草丛有利于幼苗生长；当光照不足时，灌草层的存在进一步遮挡幼苗生长所需阳光，进而阻碍其生长；但覆盖灌草丛和枯落物苗床的总生物量在 100%、10%光照强度下高于无覆盖物的苗床，在 50%光照强度下低于覆盖灌草丛的苗床，说明适度覆盖枯落物及灌草层才能促进水青树幼苗的生长。

水青树幼苗初期生长的各项指标(苗高、主根长度、侧根数目等)均随月龄的增长而增长，但从整体来看，大棚环境下各指标均优于非大棚环境。这可能是由于非大棚环境下水青树幼苗长期受暴雨冲刷，外部生长环境恶劣，其幼苗生长速度减缓；而大棚环境能长期保持稳定的温度、湿度等环境，也避免了暴雨冲刷，保证了幼苗的正常生长。

9.1.3.4　限制种群更新的因素及保护对策

研究表明，水青树种子更新具有林窗或林缘更新的特点，并且枯落物和灌草丛会阻碍种子的萌发。据观察发现，水青树种子散播时大部分散落在距母树较近的林下及附近，林窗和林缘散落的种子很少；但林下光照太弱，枯落物和灌草层覆盖度太大，这些都不利于水青树种子向幼苗的转化以及幼苗的初期生长，这可能是水青树种群更新限制的一个因素。在后续研究中，尚需对不同散播距离的水青树种子适合度及幼苗更新情况进行调查分析，以验证这一观点。

针对水青树种子萌发和幼苗初期生长对光照和环境因子的需求，在就地保护中应在其生活史的不同阶段采取不同的保护措施：在水青树种子的萌发阶段，对其植被进行适度的干扰，以增加林窗等机会，并去除覆盖在种子上面的枯落物及灌草层，以促进种子的萌发；在幼苗的定居和初期生长阶段，宜为幼苗创造适度遮阴的环境，以便幼苗的存活和生长。此外，还需减少人为干扰，加强自然保护区管理，加大宣传教育力度，并深入探索水青树的濒危机制(翟洪波等，2006；李革等，2010)。

9.2　种子散播机制及其对幼苗更新的影响

本节通过散播实验，对水青树种子的散播机制进行研究，分析其中存在的限制更新的因素，探讨其保护对策，为水青树的有效保护与利用提供科学依据。

9.2.1　研究方法

9.2.1.1　样方设置及种子雨收集

本研究于 2014 年 9 月初在海拔 2000~2100m 的范围内，分别设置孤立母树、林窗、林缘各 3 个固定样地(表 9-15)。

在空旷地，分别选择年龄、长势、立地和结实量基本一致的成年孤立母树 1 株，于果实成熟期种子散播前，在母树树冠下东南西北 4 个方向距其树干基部 2m、4m、6m、8m 处安置种子收集框，框口直径为 30cm，里面套上塑料袋用以收集果序，塑料袋底部需扎孔防止下雨积水。

在林窗样地内分别布设 5 个接种点，其中林窗中心设 1 个接种点(以下简称"中")，2 个沿林窗的短轴(方向南、北)在林窗中心距离边缘的一半处设置，2 个在距离水青树较近的长轴(方向东、西)一半处设置。

在林缘样地，分别在距离母树 2m、4m、6m、8m 处安置种子收集框。

分别记录每个收集框所处的微生境特征(表 9-16，表 9-17)。9 月初放置种子雨收集器(此时果实基本成熟，果皮尚未开裂)，11 月底回收。

表 9-15　各生境样地基本情况

生境	样树	经纬度	海拔/m	胸径/cm	冠幅/m
	1	N28°46′11″，E103°8′23″	2014m	35cm	6×7
孤立母树	2	N28°46′15″，E103°8′34″	2020m	29cm	5×7
	3	N28°46′27″，E103°8′37″	2100m	33cm	6×6
	1	N28°46′22″，E103°8′34″	2060m	42cm	7×8
林缘	2	N28°46′31″，E103°8′39″	2110m	38cm	6×7
	3	N28°46′30″，E103°8′35″	2100m	36cm	8×6
	1	N28°46′37″，E103°8′26″	2038m	41cm	7×7
林窗	2	N28°46′28″，E103°8′31″	2082m	30cm	7×6
	3	N28°46′29″，E103°8′40″	2105m	37cm	6×5

表 9-16　孤立母树微生境调查

	样树	位置	微生境
		距母树 2m	各方向均有枯落物、灌草丛
	1	距母树 4m	方向东有枯落物、灌草丛；其余方向仅有灌草丛
		距母树 6m	方向东有枯落物、灌草丛；其余方向仅有灌草丛
		距母树 8m	各方向仅有灌草丛
		距母树 2m	各方向均有枯落物、灌草丛
孤立母树	2	距母树 4m	方向东有枯落物、灌草丛；其余方向仅有灌草丛
		距母树 6m	各方向仅有灌草丛
		距母树 8m	各方向仅有灌草丛
		距母树 2m	各方向均有枯落物、灌草丛
	3	距母树 4m	方向东有枯落物、灌草丛；其余方向仅有灌草丛
		距母树 6m	方向东有枯落物、灌草丛；其余方向仅有灌草丛
		距母树 8m	各方向仅有灌草丛

表 9-17　林窗和林缘微生境调查

	样树	位置	微生境
		距母树 2m	枯落物、灌草丛
	1	距母树 4m	枯落物、灌草丛
		距母树 6m	仅有灌草丛
林缘		距母树 8m	仅有灌草丛
	2	距母树 2m	枯落物、灌草丛
		距母树 4m	枯落物、灌草丛

样树		位置	微生境
		距母树 6m	灌草丛
		距母树 8m	灌草丛
	3	距母树 2m	枯落物、灌草丛
		距母树 4m	枯落物、灌草丛
		距母树 6m	仅有灌草丛
		距母树 8m	仅有灌草丛
林窗	1	中	枯落物、灌草丛
		东	枯落物、灌草丛
		西	枯落物、灌草丛
		南	枯落物、灌草丛
		北	枯落物、灌草丛
	2	中	仅有灌草丛
		东	枯落物、灌草丛
		西	枯落物、灌草丛
		南	枯落物、灌草丛
		北	枯落物、灌草丛
	3	中	仅有灌草丛
		东	枯落物、灌草丛
		西	枯落物、灌草丛
		南	枯落物、灌草丛
		北	枯落物、灌草丛

9.2.1.2　形态学特征检测

(1)果序重：每袋随机选取 1 个果序用精度为 0.0001g 的电子天平(型号：XB6201-S；生产厂商：上海精密科学仪器有限公司)称量其鲜重，重复 4 次。

(2)种子千粒重：将 1000 粒种子用 80℃烘箱烘干，每隔 1h 取出称重，直至其重量不再减少即为此 1000 粒种子千粒重的干重。每袋随机选取 1000 粒种子进行称量，重复 3 次。

(3)种子饱满度：每袋随机选取 100 粒种子，用 Motic 体视显微镜(型号：PS12；生产厂商：上海上光新光学科技有限公司)观察记录种子饱满度，重复 3 次。

(4)种子长宽厚：每袋随机选取 10 粒种子用精度为 0.01mm 的游标卡尺测量长宽厚，实验重复 3 次。

9.2.1.3　种子萌发实验

参考周佑勋(2007)的方法，每种处理的种子挑选 300 粒饱满种子，设 3 个重复，每个重复 100 粒。种子萌发前先放入 0.1%NaClO 溶液消毒 30min，蒸馏水漂洗 5～6 次，然后在 25℃的蒸馏水中浸泡 8h。在 1000lx、8h·d⁻¹ 的光照条件、25℃恒温下，以 2 层滤纸为基质进行萌发实验，实验过程中要保持通气和滤纸湿润。

9.2.1.4　数据统计与处理

饱满度 ＝ 饱满种子/100×100%；

萌发率 ＝(萌发种子数/试验种子总数)×100%；

发芽势 ＝ 正常萌发到达高峰时的萌发种子数 / 100×100%；

活力指数 ＝ 发芽率×(幼苗根长+幼苗茎长)

种子散播数据用 Excel 2010 版软件进行统计和作图，用 SPSS17.0 软件中的单因素方差分析法对果序重、千粒重、饱满度、长宽厚、种子萌发率、发芽势、活力指数进行差异显著性分析，若数据满足方差齐性要求，则采用 Duncan 检测进行比较分析；若数据不满足方差齐性的要求，则采用 Dunnett's T3 检测进行多重比较分析。

9.2.2　结果与分析

9.2.2.1　水青树果序及种子特征随方向、距离的变异

1. 果序重

孤立母树和林缘水青树的果序重均随与母树之间距离的增加而逐渐降低(表 9-18，表 9-19)。孤立母树水青树的果序重在东、北两个方向，距母树 2m、8m 处分别与其他距离之间有显著性差异，4m 和 6m 之间差异不显著；果序重在西、南两个方向各距离之间均有显著性差异；在方向北距母树 2m、4m 处分别与 6m、8m 处有显著性差异。比较相同距离的不同方向发现，方向东果序最轻，方向西果序最重。林缘环境下，水青树的果序重在距母树 2m、4m 处分别与 6m、8m 处有显著性差异，两者之间差异不显著，6m 和 8m 处之间的果序重差异显著。

林窗环境下，中间位置果序重最低，并与其余 4 个位置处有显著性差异。林窗不同方向间果序重差异不明显(表 9-20)。

表 9-18　孤立水青树母树的果序重随方向和距离的变化

距离/m	东	南	西	北
2	0.5541±0.0354aA	0.5651±0.0526aA	0.5908±0.0487aA	0.5552±0.0543aA
4	0.4859±0.0385bA	0.5035±0.0125bA	0.5126±0.0449bA	0.5086±0.0250bA
6	0.4615±0.0342bB	0.4685±0.0414cB	0.4231±0.0361cC	0.5095±0.0349bA
8	0.2822±0.0406cB	0.4011±0.0274dA	0.4084±0.0670dA	0.4324±0.0224cA

注：同一列不同小写字母代表相同方向不同距离的差异显著，同一行不同大写字母代表相同距离不同方向的差异显著(P<0.05)。下同。

表 9-19　林缘水青树的果序重随距离的变化

距离/m	2	4	6	8
果序重/g	0.4481±0.0354a	0.4408±0.0385a	0.3137±0.0342b	0.2844±0.0406c

注：不同小写字母代表相同方向不同距离的差异显著（$P<0.05$）。下同。

表 9-20　林窗水青树的果序重随位置的变化

方向	中	东	南	西	北
果序重/g	0.4739±0.0176b	0.5121±0.0334a	0.5709±0.0319a	0.5534±0.0330a	0.5634±0.0308a

注：不同小写字母代表不同位置差异显著（$P<0.05$）。下同。

2. 种子饱满度

孤立母树和林缘水青树种子的饱满度均随与母树距离的增加而逐渐降低。孤立母树环境下，东和北两个方向距母树 2m、4m 处的种子饱满度差异不显著，分别与其余距离之间有显著差异，其余距离之间差异显著；方向西距母树 2m 与 6m 种子的饱满度有显著性差异；方向南距母树 2m、8m 处两者之间的种子饱满度有显著差异，分别与其余距离之间差异显著，其余距离之间差异不显著；方向西距母树 2m、4m 处有显著差异，分别与 6m、8m 处差异显著，6m、8m 处种子的饱满度差异不显著。相同距离不同方向比较发现，距离母树 2m、6m 和 8m 处各个方向种子饱满度均没有显著差异，4m 处东、北两个方向种子的饱满度略高于方向西，并与方向南种子的饱满度有显著性差异（表 9-21）。林缘环境下，各距离相互间均存在显著性差异（表 9-22）。

林窗中间位置种子的饱满度最低，方向东饱满度最高，且中、东、北 3 个位置种子的饱满度相互间均有显著性差异，西、南方向与中间位置种子的饱满度也有显著性差异（表 9-23）。

表 9-21　水青树孤立母树种子的饱满度（%）随方向和距离的变化

距离/m	东	南	西	北
2	81.33±1.453aA	81.89±1.448aA	80.44±1.908aA	81.44±0.338aA
4	80.00±1.546aA	76.00±1.225bB	77.22±1.103bAB	80.44±0.988aA
6	76.11±2.276bA	76.56±0.973bA	74.00±1.054cA	75.33±1.472bA
8	72.44±2.334cA	74.44±1.215bcA	73.33±1.581cA	71.44±1.215cA

表 9-22　林缘水青树种子的饱满度随距离的变化

距离/m	2	4	6	8
饱满度/%	73.44±0.852a	70.56±1.425b	69.00±1.280c	66.00±1.027d

表 9-23　林窗水青树种子的饱满度随位置的变化

方向	中	东	南	西	北
饱满度/%	74.67c	77.00a	75.50b	75.43b	75.83b

3. 种子千粒重

孤立母树和林缘水青树种子的千粒重总体上均随与母树之间的距离增加而逐渐降低。孤立母树环境下，方向东距母树 2m、8m 处种子千粒重有显著差异，分别与 4m、6m 处有显著差异，4m、6m 处两者之间差异不显著；南、北两个方向不同距离处种子千粒重均存在显著性差异；方向西距离母树 2m 处的种子千粒重与其余距离处均有显著性差异，4m、8m 处两者之间有显著差异，分别与 6m 处差异不显著。相同距离条件不同方向水青树种子的千粒重均不存在显著性差异（表 9-24）。林缘环境下，距离母树 2m、4m 处两者之间存在显著差异，并分别与其余距离之间差异显著，其余距离两者之间没有显著性差异（表 9-25）。

林窗环境下，中间位置种子的千粒重最低，并与其余各位置间存在显著性差异，其余 4 个位置之间差异不显著（表 9-26）。

表 9-24　水青树孤立母树种子的千粒重(mg)随方向和距离的变化

距离/m	东	南	西	北
2	75.50±2.6793aA	68.89±1.9527aA	73.61±2.8326aA	73.46±3.8224aA
4	69.98±2.8476bA	64.44±3.0307bA	66.56±2.2226bA	65.32±1.9511bA
6	67.43±2.7027bA	59.80±3.0738dA	63.11±1.8970bcA	61.60±1.9063cA
8	66.18±3.0944cA	61.26±3.3616cA	59.46±2.3565cA	59.93±1.4005dA

表 9-25　林缘水青树种子的千粒重随距离的变化

距离/m	2	4	6	8
千粒重/mg	62.08±1.0906a	60.01±1.3347b	58.40±1.6957c	58.71±1.6374c

表 9-26　林窗水青树种子的千粒重随位置的变化

方向	中	东	南	西	北
饱满度/%	62.06±3.6699b	69.63±2.9804a	64.92±3.0031a	65.18±3.5526a	66.16±4.7931a

4. 种子的形态特征

孤立母树：在方向东，距离母树 8m 处水青树种子的长度最低，并与其余距离之间有显著性差异，其余距离之间差异不显著；种子宽度在距离母树 8m 处最大，分别与其余距离之间有显著性差异，其余距离之间差异显著；种子厚度最大值出现在距离母树 6m 处，并与其余距离之间存在显著性差异，2m、4m 处种子宽度相对较低，与其余两者之间差异显著。在方向西，种子长度最大值出现在距离母树 4m 处，分别与 2m、6m 之间有显著差异，与 8m 之间差异不显著；种子的宽度和厚度最大值均出现在距离母树 4m 处，分别与其余距离之间存在显著性差异，其余距离之间差异不显著。在方向南，种子长度最大值出现在距离母树 8m 处，与其余距离之间有显著性差异，其余距离之间差异不显著；种子宽度和厚度最大值均出现在距离母树 2m 处，并与其余距离之间存在显著性差异，其余距离之间差异不显著。在方向北，种子长度最大值出现在距离母树 4m 处，与 6m、8m 之间差异显著；种子宽度和厚度最大值均出现在距离母树 8m 处，并与其余处理之间存在显著性差异，其余距离之间差异不显著。相同距离不同方向比较发现，距母树 2m、6m 处种子长度均表现为方向东、西、南与方向北有显著性差异，种子宽、厚无显著性差异；距母树 4m 处种子长度在东、西两个方向之间有显著性差异，种子宽、厚在不同方向差异不显著；距母树 8m 处种子长度表现为方向东、西分别与方向南、北之间有显著性差异，种子宽、厚在不同方向差异不显著(表 9-27)。

林缘：种子长度在不同距离之间不存在显著性差异；种子宽度和厚度表现为随距离增加逐渐降低的趋势，其中 2m 处种子的长度分别与其余距离之间存在显著性差异，其余距离之间差异不显著；2m、4m 处种子厚度没有显著性差异，分别与 6m、8m 之间存在显著性差异(表 9-28)。

林窗：种子的长度和厚度的最低值均出现在中间位置，并分别与其余位置之间存在显著性差异；种子长度在东、北方向相对较高，与其余位置之间存在显著性差异；种子厚度在东、西方向相对较高，并与其余位置之间存在显著性差异。种子的宽度最大值出现在方向东，分别与其余位置之间存在显著性差异，其余位置之间差异不显著(表 9-29)。

表 9-27　孤立母树种子的形态特征随距离和方向的变化

距离	东			西		
	长/cm	宽/cm	厚/cm	长/cm	宽/cm	厚/cm
2m	2.445±0.0177aA	0.405±0.0052bA	0.1301±0.0035cA	2.2545±0.0218cA	0.4345±0.0052bA	0.1273±0.0027bA
4m	2.432±0.0201aA	0.401±0.0044bA	0.1275±0.0029cA	2.3458±0.0206aB	0.5254±0.1321aA	0.2475±0.0863aA
6m	2.454±0.0160aA	0.419±0.0045bA	0.2056±0.0530aA	2.2678±0.0235bA	0.4371±0.0073bA	0.1730±0.0365bA
8m	2.346±0.0225bA	0.561±0.1453aA	0.1801±0.0363bA	2.3044±0.0186abA	0.4007±0.0047bA	0.1533±0.0040bA

距离	南			北		
	长/cm	宽/cm	厚/cm	长/cm	宽/cm	厚/cm
2m	2.3385±0.0165bA	0.5968±0.1820aAA	0.6694±0.2463aA	2.2516±0.0217abB	0.3994±0.0045bA	0.1712±0.0045bA
4m	2.3083±0.0211bAB	0.4226±0.0046bA	0.1323±0.0050bA	2.2608±0.0212aAB	0.3907±0.0045bA	0.1751±0.0056bA
6m	2.3348±0.0225bA	0.4843±3.0887bA	0.1572±0.0050bA	2.3343±0.0195bB	0.4082±0.0050bA	0.1673±0.0053bA
8m	2.4402±0.0222aB	0.4243±0.0044bAA	0.1715±0.0081bA	2.3580±0.0198bB	0.5511±0.1454aA	0.1939±0.0364aA

表 9-28　林缘种子的形态特征随距离的变化

距离	长	宽	厚
2m	2.3653±0.0205a	0.5515±0.1487a	0.3593±0.1205a
4m	2.3956±0.0706a	0.4169±0.0041b	0.3150±0.1007a
6m	2.3699±0.0208a	0.3817±0.0038b	0.2827±0.0913b
8m	2.2777±0.0226a	0.3955±0.0046b	0.1477±0.0033c

表 9-29　林窗种子的形态特征随位置的变化

位置	长	宽	厚
中	2.0025±0.0426c	0.3537±0.0080b	0.1696±0.0090d
东	2.3548±0.0367a	0.4094±0.0075a	0.4772±0.0026a
西	2.1281±0.0430b	0.3814±0.0090b	0.4381±0.0016a
南	2.2159±0.0400b	0.3547±0.0073b	0.2606±0.0028c
北	2.4813±0.0346a	0.3597±0.0054b	0.3979±0.0022b

9.2.2.2　不同方向和散播距离水青树种子的萌发特征

孤立母树：在东、西两个方向，种子的萌发率和发芽势最大值均出现在距离母树 4m 处，分别与 6m、8m 之间存在显著性差异，距离母树 6m、8m 处的两个指标均相对较低；活力指数在方向东随距离增加没有显著性差异，在方向西则表现为与萌发率、发芽势相似的变化规律。在方向南，距离母树 4m、8m 处的种子各项指标均相对较高，并与其余距离之间存在显著性差异；距离母树 6m 处各项指标均明显低于其余距离。在方向北，种子萌发的各项指标均表现为随距离的增加呈现递减的趋势，不同距离之间存在显著性差异。比较相同距离不同方向上种子萌发情况发现，距离母树 2m、4m 和 6m 处种子萌发的各项指标在不同方向之间不存在显著性差异，距离母树 8m 处方向南种子萌发的各项指标均表现为最大，方向北各项指标均表现为最低，且分别与其余方向之间存在显著性差异（表 9-30）。

林缘：种子萌发的各项指标最大值均出现在距母树 4m 处，其与 2m、6m 之间均存在显著性差异；最小值均出现在距离母树 6m 处，其与 4m 之间存在显著性差异（表 9-31）。

林窗：种子萌发的各项指标最低值出现在中间位置，且大多与其余位置之间存在显著性差异；最大值出现在与方向东，除萌发率外与其余方向之间差异不显著（表 9-32）。

表 9-30　孤立母树种子萌发率、发芽势、活力指数

距离	东			西		
	萌发率/100%	发芽势/100%	活力指数	萌发率/100%	发芽势/100%	活力指数
2m	54.4±5.621bA	32.5±4.610abA	1.24±0.139aA	52.2±7.646aA	26.7±4.190bA	1.17±0.180bA
4m	64.3±6.584aA	33.9±6.198aA	1.43±0.154aA	57.9±6.013aA	31.9±5.040aA	1.49±0.147aA
6m	58.5±5.323bA	31.6±5.022bA	1.47±0.313aA	39.4±7.276cA	20.6±4.493cA	0.85±0.172cA
8m	56.5±6.107bBC	30.8±5.323cB	1.31±0.172aB	44.7±4.425bAB	28.0±3.416bB	1.13±0.113bB

续表

距离	南			北		
	萌发率/100%	发芽势/100%	活力指数	萌发率/100%	发芽势/100%	活力指数
2m	58.6±3.186bA	27.6±2.209bA	1.30±0.141aA	60.6±4.652aA	30.7±2.882aA	1.29±0.073aA
4m	62.0±4.762aA	29.1±4.754aA	1.38±0.218aA	58.4±2.275bA	26.6±2.834bA	1.16±0.132bA
6m	49.8±5.279cA	20.8±2.790cA	0.93±0.182bA	50.1±7.049cA	23.1±3.777cA	0.93±0.164cA
8m	64.7±3.536aC	30.2±2.318aB	1.31±0.157aB	37.3±3.782dA	12.1±1.513dA	0.65±0.139dA

表 9-31　林缘种子萌发率、发芽势、活力指数

距离	萌发率/100%	发芽势/100%	活力指数
2m	36.7±6.125b	16.3±4.271b	1.11±0.214b
4m	49.8±7.176a	25.0±7.005a	1.55±0.219a
6m	31.7±8.385c	13.3±2.629b	1.02±0.323b
8m	45.0±10.440a	14.8±3.146b	1.47±0.363a

表 9-32　林窗种子萌发率、发芽势、活力指数

位置	萌发率/100%	发芽势/100%	活力指数
中	39.0±6.126c	17.2±5.528c	1.23±0.217b
东	67.3±8.834a	33.8±2.810a	1.98±0.339a
西	60.5±5.261a	30.3±3.582a	1.75±0.212a
南	53.2±8.643b	28.5±2.778b	1.55±0.323ab
北	50.0±7.163b	22.3±3.703ab	1.45±0.411ab

9.2.3　讨论

9.2.3.1　水青树种子的散播方式

种子的传播方式主要有动物传播、水传播、风传播等。具果翅和绵毛等附属扩散结构的种子通常会黏附于动物体表，而被动物吞食后经粪便排出或通过贮食行为来传播的种子通常是具有营养丰富果肉的肉质果(Sheldon et al.，1973；McKey，1975；李新华等，2004)。靠水传播的水生植物的种子通常质量较轻，漂浮于水面，随水流散布于各处，或沉入水底生根发芽。能够被风传播的种子基本都具有以下形态特征：种子较小且质量较轻，带有果翅、气囊等附属物(李儒海等，2007)，如兰科植物、反枝苋(*Amaranthus retroflexus*)、马唐(*Digitaria sanguinalis*)、稗(*Echinochloa crusgalli*)的种子小而轻，可随风吹送到数公里以外的范围内分布。根据我们的调查发现，水青树种子的千粒重非常小，范围在 0.05～0.08g，且距母树越近，果序和种子掉落地面的数量越多，且孤立母树、林缘环境下水青树种子的饱满度、千粒重、果序重随距离的变化规律一致，均随着与母树之间距离的增加

而逐渐降低；林窗中间位置水青树果序和种子的各项指标均低于其他位置。由此可见，风传播是水青树种子主要的扩散方式。

对于风播的种子而言，风向对种子的传播也会有一定的影响(Augspurge, 1986)。我们研究发现，孤立母树环境下相同距离的不同方向其果序重之间有一定的差异，其中各距离处方向东的果序重均明显低于其他方向，方向西果序重均明显较重。实验中，方向东恰好是顺风方向，因此，水青树果序和种子的扩散受风向的影响较大。

9.2.3.2　散播机制中的濒危因素分析

孤立母树和林缘环境下，水青树种子的饱满度、千粒重在距离母树 2m 处均为最大，其种子萌发率、发芽势和活力指数等指标均较高；野外调查发现，距离母树 2m 处一般位于水青树的林下，光照很微弱，并覆盖有灌草丛和枯落物，这些微生境特征均不利于水青树种子的萌发和幼苗的存活。种子的饱满度、千粒重在距离母树 4m 处均比 2m 处稍差，但其种子萌发率、发芽势和活力指数等指标均为最高；距离母树 4m 处一般位于水青树的林缘，光照比较充足，但往往覆盖厚枯落物或者灌草丛，这将不利于水青树种子的萌发。水青树种子的饱满度、千粒重在距离母树 6m、8m 处均比较差，种子萌发率、发芽势和活力指数等指标均较差；距离母树 6m、8m 处，一般位于空旷区域，没有大树遮挡，光照很强，基本无枯落物覆盖，根据前节研究结果可知，这样的环境条件对种子的萌发和幼苗的存活是不利的。

林窗环境下，水青树种子的饱满度、千粒重均比较高，除中间位置外，其种子活力的各项指标均比较好；林窗环境下光照强度明显高于林下，属于中度光照，但均覆盖有枯落物与灌草丛，不利于水青树种子的萌发；而中间位置光照比较合适，没有枯落物等的覆盖，但种子质量和种子活力较差，种子萌发形成幼苗的机会也很少(黄宏文等，2012)。

综上所述，水青树在传播过程中，质量好的种子往往散播在光照不充分、有枯落物或者灌草丛覆盖的环境中，这不利于其种子萌发形成幼苗；而适合种子萌发的环境条件下往往又没有质量好的种子散播，也导致种子萌发形成幼苗的机会减少。这充分说明，水青树种子在散播过程中存在传播限制，这可能是限制其幼苗更新的主要因素之一。

第10章　水青树的保护遗传学研究

10.1　水青树天然种群种实性状的遗传变异[①]

遗传多样性是生物多样性的重要组成部分。表型多样性是遗传多样性的直观体现，是基因表达与环境因子在长期进化过程中共同作用的结果(桂梓，2008)。在表型变异中，种实特性常常被认为是相对稳定的，因为植物种实通常处于强大的选择压力之下，受遗传控制较强；但若长期处于不同环境的自然选择压力下，种实特征也会表现出适应性分化(王晓慧，2012)。研究种实表型多样性不仅可以评价其遗传多样性水平，而且有助于了解生物适应和进化的方式，进而为群体的保护提供理论支持(熊敏等，2014)。但迄今，尚无水青树种实性状遗传变异的相关报道，水青树种实遗传变异对环境的适应能力如何还不清楚。

本节通过对 11 个种源水青树的种实表型性状进行观测，分析水青树的遗传变异规律，探讨水青树的遗传变异模式，为水青树的种质资源保护、优良种源选育及合理利用提供科学依据。

10.1.1　材料与方法

10.1.1.1　材料

根据水青树在中国的分布情况，实验所用果序于 2014 年 9～10 月采集于 6 个省(直辖市)的 11 个种源。为避免样株之间的亲缘关系，每个采种地按照间距 1km、海拔 50m 以上选择 10 株母树，在东、南、西、北 4 个方向采集中、下冠层果序 100 个以上，并将其充分混合，作为该种源果序(刘志龙等，2011)。凭证标本保存于西华师范大学植物学标本室。各种源地名称、地理位置和气候状况见表 10-1。

表 10-1　各种源地地理位置及气候因子

种源地	代码	经度	纬度	海拔/m	年均温/℃	1 月均温/℃	7 月均温/℃	有效积温/℃	年均相对湿度/%	年降雨量/mm	年日照时数/h
康普	KP	099°08′	27°33′	2456	5.4	1.4	15.0	3100	86	606.6	2203.1
白马雪山	BMXS	099°21′	27°38′	2732	4.7	-0.8	16.2	3457	75	1350.0	1986.0

[①] 本节主要依据惠宏艳等的《Phenotypic diversity in natural populations of an endangered plant *Tetracentron sinense* Oliv.》(Botanical Sciences，2017, 95 (2): 283-294)和惠宏艳的硕士论文《水青树种实性状的遗传变异及其对吸胀期低温的适应性研究》修改而成。

种源地	代码	经度	纬度	海拔/m	年均温/℃	1 月均温/℃	7 月均温/℃	有效积温/℃	年均相对湿度/%	年降雨量/mm	年日照时数/h
哀牢山	ALS	101°06′	24°26′	2499	11.0	2.5	15.3	3721	83	1931.9	1931.9
大风顶	DFD	103°08′	28°46′	2241	10.2	−3.0	14.5	4000	80	1100.0	918.1
白河	BH	105°7.8′	33°24.4′	1850	8.5	−0.5	20.0	3115	82	750.0	1637.5
黄柏原	HBY	104°7.8′	33°14.4′	1814	8.7	−25	20.6	3374	78	922.8	1833.8
道真大沙河	DZDSH	107°45.6′	29°90′	1627	11.5	3.8	22.3	4250	84	1280.0	1338.0
神农架	SNJ	110°18.6′	31°24.6′	1497	14.5	2.95	27.0	3794.9	75	1334.9	1858.3
五峰后河	WFHH	110°32.4′	30°42′	1192	11.7	1.7	24.1	3500	76	1814.0	1554.5
八大公山	BDGS	110°36′	29°45.6′	1356	11.5	0.1	22.8	3612	90	2105.4	1136.2
舜皇山	SHS	111°06′	26°22.2′	1598	16.8	5.7	27.7	4425	79	1490.0	1300.0

注：各种源地名称按经度顺序排列。下同。

10.1.1.2　种实性状观测方法

随机选取各种源每株样树果序 100 个，等分为 4 份，用电子天平称取每个果序重量(IW)，用直尺测量长度(IL)。每个果序中随机选取 4 个果实，用电子天平称取每个果实重量(FW)，用电子数显游标卡尺(SF2000)测量其长(FL)、宽(FW1)；将每个果实中种子剥出，计算每果种数(SN)(宋杰等，2013)。

随机选取各种源各样树种子 4000 粒，等分为 4 份，用电子天平(FA1004N)称取千粒重(WS)；将种子在 60℃烘箱(DHG-9140A)中烘干，计算含水量(WC)；并随机选取各母树种子 400 粒，等分为 4 份，用电子数显游标卡尺测量每个种子的长(SL)、宽(SW)、厚(ST)(黄勇等，2014)。

10.1.1.3　数据的计算与处理

实验中各项测量指标采用 Excel2003 进行统计，并采用 IBM SPSS20.0 中的 One-Way ANOVA 进行差异显著性分析，若数据满足方差齐性要求，则采用该软件的 Duncan 检测进行比较分析；若数据不满足方差齐性的要求，则采用该软件的 Dunnett's T3 进行多重比较分析。

实验中变异度 $CV=S/X$；其中，S 为标准差，X 为平均值。实验中表型分化系数 $V_{st}=(\sigma 2t/s)/(\sigma 2t/s+\sigma 2s)$；其中，$\sigma 2t/s$、$\sigma 2s$ 分别为各表型在居群间和居群内的方差分量。

表型分化系数采用 SAS 9.1.3 中的巢式方差分析法(nested analysis of variance)；11 个表型性状间的重要性采用 IBM SPSS20.0 中的主成分分析法(PCA)；利用主成分进行聚类，

聚类分析采用 IBM SPSS20.0 中的组间平均连锁法(between groups linkage),测度方法采用欧式距离平方(squared educlicean distance)(王颖, 2011)。

10.1.2 结果与分析

10.1.2.1 水青树种实性状的遗传变异

对收集到的 11 个种源水青树种实特征进行统计分析,结果发现:水青树种实性状的平均值分别为:果序重 0.3474g、果序长 11.355cm,果实重 0.00358g、果实长 3.4314mm、果实宽 2.3398mm,每果种子数为 10.19 个,种子长 2.5397mm、种子宽 0.6428mm、种子厚 0.3083mm,种子千粒重 0.0811g,种子含水量 8.0234%(表 10-2)。

经方差分析表明,反映果序特征的表型性状在居群间或居群内均达到显著差异水平(F 值: 2.42 ~ 11.91; $P < 0.01$)。其中, 果序最重的为 0.4741g(ALS)、果序最长的为 13.893cm(BDGS),果实最重的为 0.0046g(ALS)、果实最长的为 3.6773mm(SHS)、果实最宽的为 2.6378mm(ALS),每果种子数最多的为 16.42 个(BMXS),表现果序大小的最大值总体以 ALS 种群居多;以上各指标的最小值分别是果序重 0.1933g(BH)、果序长 9.997cm(BH),果实重 0.0023g(BH)、果实长 2.8470mm(WFHH)、果实宽 2.1508mm(BH),每果种数 7.33 个(WFHH),分别为最大值的 40.77%、71.96%、51.09%、77.42%、81.54%、44.64%。

经方差分析表明,反映种子特征的表型性状在不同居群间或居群内也达到了显著差异水平(F 值: 1.06~27.45; $P < 0.01$)。其中,种子最长的为 2.8343mm(BDGS)、种子最宽的为 0.7479mm(BDGS)、种子最厚的为 0.3744mm(BDGS),千粒重最大的为 0.1523g(BDGS),含水量最大的为 10.4647%(BMXS),表明种子大小的最大值均出现在 BDGS 居群;以上各指标的最小值分别是:种子长 2.3010mm(ALS)、种子宽 0.5345mm(KP)、种子厚 0.2593mm(SNJ),种子千粒重 0.0359g(KP),种子含水量 6.3501%(KP),分别为其最大值的 81.1841%、71.4668%、71.6346%、35.7846%、60.6811%。

表 10-2　不同种源种实表型性状的多重比较分析

居群	IW/g	IL/cm	FW/g	FL/mm	FW1/mm	SN	SL/mm	SW/mm	ST/mm	WS/g	WC/%
KP	0.3715±0.0218CD	10.853±0.2122CDE	0.00315±0.00013D	3.1743±0.0795C	2.2537±0.0457DE	11.25±0.76B	2.4263±0.0338DE	0.5345±0.0106G	0.2722±0.0079EF	0.0359±0.0004G	6.3501±0.5836D
BMXS	0.4443±0.0274A	12.113±0.2134B	0.00440±0.00014A	3.5668±0.0510AB	2.3718±0.0359C	16.42±0.81A	2.6145±0.0427B	0.5601±0.0124FG	0.2682±0.0068EF	0.0545±0.0022F	10.4647±1.0829A
ALS	0.4741±0.0251A	11.070±0.3589CD	0.00464±0.00018A	3.5375±0.0533AB	2.6378±0.0409A	15.62±1.12A	2.3010±0.0375F	0.5961±0.0114DE	0.2874±0.0074DE	0.0610±0.0005F	8.2054±0.5270BC
DFD	0.3392±0.1903CDE	13.175±0.4330A	0.00361±0.00016C	3.4043±0.0598B	2.1620±0.0449E	8.98±0.57CD	2.3848±0.0321EF	0.6274±0.0122CD	0.3177±0.0074BC	0.0793±0.0021D	8.0650±0.2048BCD
BH	0.1933±0.0151G	9.997±0.2042E	0.00235±0.00012F	3.5317±0.0496AB	2.1508±0.0337E	7.33±0.37E	2.5078±0.0341BCD	0.6807±0.0133B	0.3341±0.0089B	0.0550±0.0007F	7.5653±0.5611CD
HBY	0.2365±0.0163FG	11.030±0.3257CD	0.00265±0.00010EF	3.4267±0.0420B	2.2022±0.0311DE	8.60±0.56DE	2.5412±0.0368BC	0.6545±0.0097BC	0.3043±0.0084CD	0.0702±0.0018E	7.1829±0.4536CD
DZDSH	0.3374±0.0101CDE	10.383±0.2722CDE	0.00463±0.00012A	3.5758±0.0376AB	2.5367±0.0382AB	8.83±0.47CDE	2.6717±0.0300CDE	0.6873±0.0114B	0.3317±0.0065B	0.1042±0.0076C	7.5898±0.1825CD
SNJ	0.2901±0.1140EF	11.177±0.1740C	0.00316±0.00015D	3.4867±0.0471B	2.3862±0.0351C	9.58±0.61BC	2.5616±0.0385BC	0.5844±0.0089EF	0.2593±0.0078F	0.0601±0.0021F	9.4390±0.12636AB
WFHH	0.3215±0.0218DE	11.023±0.3451CD	0.00285±0.00012DE	2.8470±0.0461D	2.2240±0.0356DE	6.93±0.42E	2.5305±0.0378BCD	0.6775±0.0135B	0.3122±0.0083BC	0.0991±0.0031C	8.3842±0.2559BC
BDGS	0.4291±0.0226AB	13.893±0.4560A	0.00402±0.00012B	3.5173±0.0682AB	2.5102±0.0412B	7.68±0.43CDE	2.8343±0.0378A	0.7479±0.0109A	0.3744±0.0083A	0.1523±0.0043A	7.7746±0.3721BCD
SHS	0.3847±0.0173BC	10.187±0.1495DE	0.00390±0.00011BC	3.6773±0.0507A	2.3023±0.0324CD	10.88±0.46B	2.7644±0.0379A	0.7205±0.0101A	0.3298±0.0076B	0.1209±0.0022B	7.2366±0.1635CD
均值	0.3474±0.0074	11.355±0.1107	0.00358±0.00005	3.4314±0.0184	2.3398±0.0129	10.19±0.224	2.5397±0.0118	0.6428±0.0039	0.3083±0.0025	0.0811±0.0051	8.0234±0.2317
居群内 F 值	6.27**	5.83**	11.91**	6.04**	8.64**	5.18**	12.23**	27.45**	14.3**	12.06**	3.59**
居群间 F 值	3.64**	2.42**	3.79**	3.08**	2.49**	2.65**	1.52**	1.33**	1.42**	4.65**	1.06**

**$P \leqslant 0.01$。

10.1.2.2 水青树种实表型性状的变异特征

11 个居群不同种实的表型性状间的变异幅度为 0.0961～0.4440，均值为 0.2384（表 10-3）。其中，每果种数（CV=0.4440）及千粒重（CV=0.4159）的变异度较高，与变异度最小的果实重（CV=0.0961）相差 4 倍以上，这说明每果的种子数及千粒重在各种源间的离散程度较大，其遗传稳定性较低。

水青树种实表型性状在不同居群间的变异幅度为 0.1580～0.2633，均值为 0.2156，其中 WFHH 居群的变异度最大（CV=0.2633），ALS 居群的变异度最小（CV=0.1580），这说明五峰后河居群水青树种实表型性状的遗传变异最为丰富，哀牢山居群的种实性状的遗传变异最不丰富。

表 10-3 各种源地水青树种实表型性状的变异系数

居群	IW /g	IL /cm	FW /g	FL /mm	FW1 /mm	SN	SL /mm	SW /mm	ST /mm	WS /g	WC /%	均值
KP	0.3711	0.1715	0.3393	0.1254	0.1240	0.4646	0.1494	0.13797	0.2658	0.0363	0.0529	0.2036
BMXS	0.3381	0.0965	0.2455	0.1107	0.1173	0.3808	0.1631	0.2218	0.2513	0.0814	0.1792	0.1987
ALS	0.2464	0.0804	0.2141	0.1067	0.1092	0.3273	0.1215	0.1991	0.2316	0.0627	0.0391	0.1580
DFD	0.3072	0.1800	0.3781	0.1361	0.1607	0.4949	0.1348	0.1939	0.2314	0.0537	0.1514	0.2202
BH	0.4271	0.1119	0.4043	0.1087	0.1215	0.3896	0.1334	0.1948	0.2674	0.0265	0.1285	0.2103
HBY	0.3784	0.1617	0.2951	0.0949	0.1094	0.5031	0.1447	0.1485	0.2757	0.0524	0.1094	0.2067
DZDSH	0.1639	0.1436	0.1590	0.0814	0.1168	0.4161	0.1370	0.1654	0.1963	0.1463	0.0416	0.1607
SNJ	0.2151	0.0853	0.2526	0.1046	0.1140	0.4969	0.1498	0.1514	0.3014	0.07	0.0232	0.1786
WFHH	0.3211	0.6273	0.3206	0.1939	0.1569	0.5236	0.1395	0.1980	0.2882	0.0223	0.1592	0.2633
BDGS	0.2878	0.1798	0.3154	0.1501	0.0127	0.4378	0.1361	0.1458	0.2221	0.0564	0.0829	0.1843
SHS	0.2898	0.1776	0.2953	0.1167	0.1200	0.5556	0.1630	0.1909	0.2568	0.0157	0.1112	0.2084
均值	0.3042	0.1591	0.2871	0.1197	0.0961	0.4440	0.1544	0.2030	0.2730	0.4159	0.1659	0.2384

10.1.2.3 水青树种实表型性状的变异来源

各方差分量百分比表明：水青树种实性状在居群间方差分量占总变异的 10.04%，居群内占 25.36%，这表明水青树种实表型性状在居群间和居群内均存在一定程度的变异，但居群内的变异是其表型变异的主要来源（表 10-4）。

水青树种实表型性状的分化系数变异幅度为 4.41%～15.21%，均值为 10.13%，其中，果实表型分化系数（V_{st}=13.39%）明显大于种子表型分化系数（V_{st}=6.22%），这说明果实分化程度大于种子分化程度，具有更强的遗传多样性。

表 10-4　表型间方差分量与分化系数

性状	方差分量			方差百分比/%			表型分化系数/%
	居群内	居群间	随机误差	居群内	居群间	随机误差	
IW	0.0062	0.0026	0.0098	33.60	13.85	52.55	14.85
IL	1.2278	0.4474	2.5185	29.28	10.67	60.04	11.67
FW	0.00059	0.00024	0.00085	35.03	14.19	50.79	15.19
FL	0.0473	0.0381	0.1828	17.65	14.21	68.14	15.21
FW1	0.0240	0.0113	0.0759	21.61	10.14	68.26	11.14
SN	7.0940	3.9845	24.1839	20.12	11.30	68.58	12.30
SL	0.0214	0.0065	0.1260	13.93	4.22	81.85	5.22
SW	0.0048	0.0004	0.0125	25.46	3.41	72.13	4.41
ST	0.0011	0.0002	0.0058	15.30	3.43	81.21	4.43
WS	4.8021	8.9976	16.7154	29.50	15.75	54.78	6.75
WC	0.0226	0.0912	0.1297	37.44	9.29	53.28	10.29
均值	—	—	—	25.36	10.04	64.69	10.13

10.1.2.4　水青树种实表型性状与地理气候因子的相关性

种实表型性状与地理气象因子间的相关性分析发现：每果种数与经度呈显著负相关性（$R=-0.687$），与海拔呈极显著正相关性（$R=0.855$）；种宽、千粒重与经度呈显著正相关性（$R=0.758$，0.749），与海拔呈显著负相关性（$R=-0.749$，-0.688）；果序重、果实重、每果种数与纬度呈显著或极显著负相关性（$R=-0.894$，-0.734，-0.759）；果实重、千粒重与年降水量呈显著正相关性（$R=0.64$，0.665）；除含水量外，种子长、宽、厚及千粒重均与年日照时数呈极显著负相关性（$R=-0.788$，-0.952，-0.889，-0.936）（表 10-5）。

表 10-5　表型性状与地理气候因子间的相关性

性状	经度	纬度	海拔	年均温	1 月均温	7 月均温	有效积温	年均相对湿度	年降雨量	年日照时数
IW	-0.256	-0.894**	0.410	-0.022	0.294	-0.314	0.296	0.261	0.618	0.005
IL	0.056	-0.1	-0.047	-0.015	-0.369	-0.085	-0.150	0.324	0.562	-0.199
FW	-0.151	-0.734*	0.323	0.106	0.417	-0.182	0.592	0.238	0.540	-0.188
FL	-0.2	-0.172	0.225	0.205	0.158	0.069	0.459	0.138	0.011	-0.235
FW1	-0.028	-0.571	0.149	0.224	0.361	-0.133	0.492	0.373	0.64*	-0.193
SN	-0.687*	-0.759*	0.855**	-0.321	0.067	-0.579	0.061	-0.8	0.104	0.543
SL	0.629*	0.156	-0.536	0.386	0.16	0.621	0.49	0.149	0.287	-0.788**
SW	0.758*	0.280	-0.749*	0.565	0.151	0.610	0.421	0.298	0.404	-0.952**
ST	0.679*	0.215	-0.579	0.323	0.025	0.347	0.238	0.577	0.337	-0.889**
WS	0.749*	-0.022	-0.688*	-0.595	0.295	0.6	0.573	0.343	0.665*	-0.936**
WC	-0.053	-0.065	0.173	-0.066	-0.108	0.029	0.049	-0.608	0.349	0.163

10.1.2.5 水青树表型性状的主成分及聚类分析

对水青树种实表型性状进行主成分分析后发现：代表水青树种实特征的主要成分有 3 个，分别是 PC1、PC2 和 PC3（表 10-6）。其中，SN 与第一主成分呈负相关性，其余各指标均与第一主成分成正相关性；IW、IL、FW、FL、FW1、SN 与第二主成分呈正相关性，种子的各项测量指标与第二主成分呈负相关性；FW、FL、FW 与第三主成分呈负相关性，其余各指标与第三主成分呈正相关性。其方差比例分别为 47.62%、21.75%、13.53%，其累计贡献率已达到 82.89%。

基于水青树表型特征的主成分分析结果，经聚类分析发现：以欧式平均距离 10 为阈值，11 个水青树种群可以被分为 A、B 两大类群（图 10-1），其中 A 类群包括 DZDSH、SNJ、WFHH、BDGS、HBY、SHS 和 DFD 等居群，B 类群包括 KP、BH、ALS 和 BMXS 等居群。以欧式平均距离 5 为阈值，11 个水青树种群可以被分为 A、B、C、D 共 4 大类群，其中 A 类群包括 DZDSH、SNJ、WFHH 和 BDGS4 个居群，B 类群包括 HBY、SHS 和 DFD 等 3 个居群，C 类群包括 KP、BH 和 ALS 等 3 个居群，BMXS 为 D 类群。

表 10-6 种实特性的主成分分析

性状	第一主成分		第二主成分		第三主成分	
	相关系数	得分	相关系数	得分	相关系数	得分
IL	0.036	0.005	0.131	0.040	0.879	0.442
FW	0.365	0.051	0.911	0.279	-0.023	-0.011
FL	0.362	0.051	0.418	0.128	-0.138	-0.068
FW1	0.387	0.054	0.814	0.249	-0.033	-0.016
SN	-0.358	-0.050	0.809	0.248	0.045	0.022
SL	0.841	0.118	-0.056	-0.017	0.102	0.050
SW	0.865	0.121	-0.393	-0.120	0.143	0.071
ST	0.754	0.106	-0.0368	-0.113	0.297	0.146
WS	0.902	0.126	-0.076	-0.023	0.388	0.191
WC	0.775	0.108	-0.205	-0.063	0.236	0.117
特征值	7.143		3.262		2.029	
方差比例/%	47.62		21.75		13.53	
累计贡献率/%	47.62		69.37		82.89	

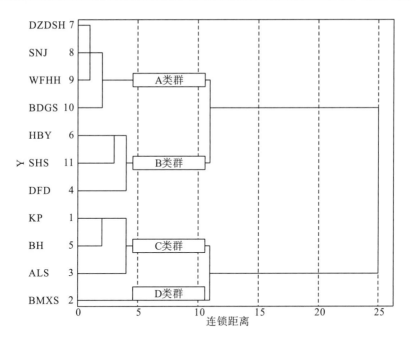

图 10-1　基于主成分分析的聚类分析

10.1.3　结论与讨论

10.1.3.1　水青树种实表型性状的遗传变异

对植物形态学水平上变异规律的研究是早期植物遗传变异研究的重要内容。大量研究表明：植物种实表型性状的变异往往具有适应和进化上的意义，它是基因表达与环境因子在长期进化过程中共同作用的结果，反映了群体遗传×环境条件的复杂性及适应环境压力的广泛程度(Yang et al.，2014)。本研究发现，反映水青树种实的表型性状在居群内或居群间均有显著差异(F 值为 $1.06\sim27.45$；$P<0.01$)，但居群内的方差分量(25.36%)明显大于居群间的方差分量(10.04%)，表明水青树种实表型分化的变异以居群内变异为主。这与青海云杉(*Picea crassifolia*)、白皮松(*Pinus bungeana*)、小果油茶(*Camellia meiocarpa*)、夏蜡梅(*Calycanthus chinensis*)等的研究结果相一致(Garcia-Gil et al.，2003；Cai et al.，2008；Wang et al.，2008；黄勇等，2011)，但与 Sun 等(2014)基于 CpDNA 的谱系地理学研究结果相异(居群内为 4.4%，居群间为 13.2%)。其原因在于叶绿体基因组是细胞里相对独立的一个遗传系统，属于母系遗传，因而具有保守性强、遗传变异低、进化速率慢、多态性位点不够丰富的特点(Isoda et al.，2000)。但在长期进化中，植物种实表型性状随环境的变化而表现出较强的可塑性，而表型可塑性可使其具有更广生态幅及更强适应性，以致能够渗透到广大的区域和占据异质化生境(黄勇等，2014)。在采样过程中我们发现，由于早期地址变迁及近代人为破坏，水青树原始生境已呈现出生境片段化现象，各植株间分布距离较远，微生境差异较大，且居群间基因交流受阻。因而，我们推测水青树的表型变异以居群内

为主的特点主要与植株分布距离远、空间异质性较大、植株易受生态环境的影响有关(Sun et al.，2005)。

种实表型变异特征的变异幅度为 0.0961～0.4440，均值为 0.2384，其中每果种数(CV=0.4440)及千粒重(CV=0.4159)的变异度较高，可达果实宽变异度(CV=0.10)的 4 倍左右，这可能与水青树种子的传播特性有关。一般以风力和动物携带为传播途径的植物种子千粒重在 7.5～13.5g(Cuevas et al.，2002；Mkonda et al.，2003)，而水青树种子的平均千粒重仅为 0.0811g，为了最大限度地传播扩散和繁殖后代，水青树在长期与环境适应和自然选择过程中，形成了变异幅度较大的种子数目及千粒重(白成科等，2013)，这些变异使后代尽量远离母株，从而降低了种间或种内竞争，最终扩大了物种的分布范围和生存优势(Silvertown，1981；左丝雨等，2015)。

11 个水青树居群表型变异中，五峰后河居群的表型变异系数均值明显比其他居群大(CV=0.2633)，表明该居群表型多样性相对较丰富，这与 Sun 等的研究结果相同。其原因可能是五峰后河区域位于武陵山脉东段余脉，具有地貌复杂、海拔落差较大、微生境复杂多变的特点。同时该区是我国三大特有物种中心之一和古近-新近纪古植物的孑遗中心，拥有多种生态系统和多种植被类型，因而为生物多样性提供了多样化的生境(李作洲等，2005)。而哀牢山居群(CV=0.1580)则呈现出较低的多样性水平，这可能与哀牢山大面积分布的是原始的中山湿性常绿阔叶林，多以原生的常绿阔叶林和次生的毛蕨菜-玉山竹群丛为主有关，单一的植被类型容易造成小生境异质性较差，使物种遗传变异降低(刘俊来等，2011)。

10.1.3.2 影响水青树种实表型变异的地理气候因子

物种分布范围的大小及其生态复杂性是影响植物地理变异的主要因子(Hunter，2003)。研究发现，影响水青树表型变异的因子有经纬度、海拔、年降雨量及年日照时数，其中经度、海拔及年日照时数是影响其变异的主导环境因子，而果序及果实表型性状较种子表型性状更容易受到地理气象因子的影响。一般来说，植物的部分性状会随着环境的变化而发生逐渐和连续的变异，这种变异与环境条件变化的梯度相平衡。水青树种长、种宽、种厚及千粒重均随经度的增加而增加，随海拔的升高而减小，这与大部分研究结果不同，但与细圆齿火棘(*Pyracantha crenulata*)及四川黄栌(*Continus szechuanensis*)的研究结果相似(Pinyopusarerk et al.，2005；Naia et al.，2013)。究其原因，可能是随着经度的增加，水青树种源地的相对湿度增大，蒸发量逐渐减小，而在高海拔低气压、低 CO_2 浓度、多阴雨天的环境压力下，较多的雨水及较低的温度促进了水青树种子的新陈代谢及细胞分裂(Daniel et al.，2000；Connolly et al.，2003)，提高了种子繁殖效率的结果。除含水量外，种子长、宽、厚及千粒重均与年日照时数呈极显著负相关性，表明年日照时数对水青树种实表型性状有显著影响。

植物遗传变异的形成与自然选择，基因流动和遗传飘动等多种因素相关，在诸多因素综合作用下，广布种会形成连续变异、区域板块变异以及随机变异等多种变异模式(柴胜丰等，2008；Kevin et al.，2011)。基于主成分分析结果的聚类分析发现，水青树部分地理位置相近的种源聚在一起，例如 KP、ALS 两个种源，SNJ、WFHH 两个种源；但也有部分种源相差很远却聚在了一起，例如 SHS 和 DFD。这说明水青树表型特征与大多数植物相似，部分地区呈现典型的区域板块化特征，部分地区呈现随机变异模式（Young et al.，2010）。这主要与分布区的经纬度、海拔、光照、温度及降雨量等环境因素有关，尤其是当植物种群所处生境异质性较大时（Hunter，2003；McKay，2005），这与刘桂丰等（1999）对白桦（*Betula platyphylla*）种子形态特征的研究结果以及范国强等（1996）对泡桐（*Paulownia fortunei*）发芽特性的研究结果类似。

10.1.3.3　濒危机制及保护对策

1. 濒危机制

一般认为，丰富的遗传多样性是物种赖以生存的基础，遗传多样性较高的群体在自然选择压力过程中处于优势地位。遗传多样性水平较低的种群，在长期适应环境的过程中，由于基因流遗传漂变等作用，容易面临较大的灭绝风险（吴则焰，2011；王德新，2013）。本书的研究结果表明水青树种实居群内的表型分化明显大于居群间的，但其居群间分化水平明显低于中甸刺玫（*Rosa praelucens*）（V_{st}=69.56%）（李树发等，2013）、云南黄连（*Coptis teeta*）（V_{st}=74.41%）（杨维泽等，2013）、脱皮榆（*Ulmus lamellosa*）（V_{st}=28.10%）（郑昕等，2013）、夏蜡梅（顾婧婧等，2010）、白皮松（V_{st}=22.86%）（李斌等，2002）等，表明其居群间的基因流处于低等水平，水青树种实具有较低的遗传多样性。

在漫长的进化过程中，如果一个物种没有一定的遗传多样性，在环境变迁、气候变化、种群竞争、种群扩散等过程中通常处于劣势地位（周惠娟，2013）。因此，水青树种实居群间遗传多样性较低的特征，说明水青树居群间基因交流可能存在瓶颈效应，种群间基因交流无法正常进行，从而导致现存水青树物种遗传多样性水平低下。同时由于人类干扰造成其生境片段化，水青树个体多成零星分布，种群规模日益减小，加剧了小种群近交作用和遗传漂变（王德新，2013），从而导致水青树对外界环境的适应能力减弱，这可能是导致其濒危的主要原因之一。

2. 保护对策

鉴于本研究结果和目前的保育现状，特提出以下保护策略：①基于五峰后河水青树表型性状的遗传变异最丰富，选取五峰后河作为就地保护的重点保护区域，不仅有利于保护和恢复水青树数量，而且有利于保护其遗传结构和原始生境。②基于哀牢山居群表型性状的遗传变异最小，应尽可能从聚为同一类的邻近地方引种，以增加其遗传多样性，增强其基因交流，促进种群的人工恢复。③种子大小是影响人工繁育的重要因素，这与种子内部的营养物质有关。基于八大公山种子的各项测量指标均高于其他种群，因而八大公山可作为遗传育种的种质来源，目的是保护物种遗传多样性和保持物种进化潜力。

10.2 水青树天然种群的叶表型变异研究[①]

叶是植物进行光合、呼吸及蒸腾作用的主要器官，其形态特征直接影响植物的基本行为和功能(张林等，2004)。植物各器官中，叶对生境变化反应较敏感，可塑性大(Heather et al.，2009；王英姿，2014)，在不同选择压力下形成适应性特征。植物叶的形态变异也最能反映遗传基础上植物与其生境的相互作用，可从中获得植物生存、适应和进化的信息(王勋陵等，1989)。

本节对 14 个水青树天然种群的 17 个叶表型性状进行分析，试图探讨以下问题：①在生境片段化下，叶性状在水青树天然种群间是否存在表型分化？其分化程度如何？各种群内叶表型变异情况如何？②水青树的叶表型变异主要与哪些因素有关？其变异规律如何？通过解决以上问题，从遗传和环境适应角度分析其濒危原因及保育对策，为水青树的保护管理提供科学依据。

10.2.1 材料与方法

10.2.1.1 群体及样株的选择

结合水青树在我国的分布范围及野外实际考察情况，最终在四川、重庆、陕西、贵州、云南、甘肃、湖南、湖北 8 个省市选择了 26 个种群，于 2015 年 7、8 月进行野外调查采样(表 9-1)。原则上每个居群的样本数量应达 10 株以上，由于部分居群由于森林砍伐或采样困难等原因，其具体样本数量存在一定的差异。在各居群选择生长正常、无明显病虫害的水青树植株作为样株。为了避免各样株之间的亲缘关系，要求各样株至少间隔 50m 以上。

10.2.1.2 材料的采集

每天中午 12 点至 14 点在样株中下层树冠的阳面采集带叶的多年生枝条 3～4 份作为标本，带回实验室待测。凭证标本保存于西华师范大学植物学标本室。同时，记录居群及个体的地理位置(经、纬度和海拔)以及气候因子等(表 10-7)。

[①] 本节主要依据李珊等的《濒危植物水青树叶的表型性状变异》(林业科学研究，2016，29(5)：687-697)和李珊的硕士论文《濒危植物水青树的遗传多样性研究》修改而成。

表 10-7　26 个水青树种群的地理位置及气象因子

种群名称	地理位置名称	种群编号	取样数	经度(E)	纬度(N)	海拔/m	年均温/℃	1月均温/℃	7月均温/℃	年均降雨量/mm	年均日照时数/h
金佛山	重庆市南川区	1.JFS	5	107.18	29.02	2077~2125	10.0	3.0	27.0	1395.5	1079.4
皇冠	陕西省宁陕县	2.HG	11	108.48	33.58	1667~1710	12.3	0.6	23.4	899.1	1668.4
佛坪	陕西省佛坪县	3.FP	5	107.78	33.65	1602~1658	11.4	-2.0	27	1100.0	1726.5
八大公山	湖南省桑植县	4.BDGS	10	110.06	29.76	1209~1502	11.5	0.1	22.8	2105.4	1136.2
木林子	湖南省鹤峰县	5.MLZ	6	110.20	30.04	1435~1608	15.5	9.7	28.6	1750.0	1800.0
唐家河	四川省青川县	6.TJH	10	104.82	32.64	1943~2041	13.7	-1.2	19.7	1150.0	1303.0
龙溪-虹口	四川省都江堰市	7.HK	7	104.37	32.90	1720~1782	10.0	1.5	20.0	1600.0	900.0
康普	云南省维西县	8.KP	4	99.13	27.55	2561~2583	5.4	1.4	15.0	606.6	2203.1
白马雪山	云南省维西县	9.BMXS	8	99.35	27.63	2562~2902	4.7	-0.8	16.2	1350.0	1986.0
七姊妹山	湖北省宣恩县	10.QZMS	5	109.74	30.04	1444~1552	8.9	-2.1	19.3	1876.6	1519.9
雷公山	贵州省雷山县	11.LGS	6	108.20	26.38	1644~1976	11.0	3.6	23.5	1250.0	863.5
米仓山	四川省旺苍县	12.MCS	5	106.55	32.65	1873~1934	13.5	-1.5	19.5	1200.0	1355.3
梵净山	贵州省铜仁市	13.FJS	4	108.69	27.91	2079~2103	15.0	4.2	16.9	2594.0	987.0
卧龙	四川省汶川县	14.WL	9	103.11	30.96	2305~2502	8.4	-1.7	17.0	861.1	926.7
白河	四川省九寨沟县	15.BH	7	104.14	33.25	1867~1945	7.3	-3.7	16.8	800.0	1637.5
大风顶	四川省美姑县	16.DFD	6	103.14	28.77	2163~2318	10.2	-3.0	14.5	1100.0	918.1
壶瓶山	湖南省石门县	17.SHS	7	110.01	26.37	1492~1704	16.8	5.7	27.7	1490.0	1300.0
神农架	湖北省神农架林区	18.SNJ	5	110.36	31.41	1256~1737	14.5	2.9	27.0	1334.9	1858.3
黄柏塬	陕西省太白县	19.HBY	8	104.12	33.24	2037~2060	8.7	-25.0	20.6	922.8	1833.8
宽阔水	贵州省绥阳县	20.KKS	5	107.17	28.23	1614~1626	15.0	4.0	25.3	1350.0	1150.0
人沙河	贵州道真县	21.DSH	3	107.76	29.15	1627~1637	11.5	3.8	22.3	1280.0	1338.0
白水江	甘肃省文县	22.BSJ	10	104.33	32.90	2182~2302	15.6	4.4	25.1	1000.0	1711.0
峨眉	四川省峨眉山市	23.EM	4	103.36	29.56	1616~1847	17.3	7.2	25.6	1922.0	952.0
五峰后河	湖北省五峰县	24.WFHH	9	110.54	30.07	935~1449	11.7	1.7	24.1	1814.0	1554.5
高黎贡山	云南省腾冲市	25.GLGS	5	98.71	25.97	2472~2499	15.0	8.0	19.5	1500.0	2153.0
汶车山	云南省双柏县	26.ALS	10	101.11	24.44	2452~2530	11.0	2.5	15.3	1931.9	1931.9

10.2.1.3　叶形态性状的测定

借鉴韦艳梅等(2010)的方法,将水青树叶的性状先进行分解(图 10-2),再结合水青树的实际,最终选取了 10 个叶形态性状。每样株选取 15 片成熟的完整叶进行测量:先用直尺测其叶长、叶最长、叶宽、叶柄长等指标,精确到 0.01cm;再参照田青等(2008)提出的叶面积测量方法并稍做改进,用 EPSON PERFECTION V350 PHOTO 扫描仪将叶片扫描成 1∶1 的图片,并使用 AUTO CAD 2006 软件计算叶片的面积和周长;计算叶全长、叶形指数(韦艳梅等,2010)、叶基尖削指数、叶先端尖削指数(戚继忠,1996)。

相关指标的测量标准和计算方法如下:

叶长$=ah$

叶最长$=kl$

叶全长$=ah+hi$

叶柄长$=hi$

叶宽$=de$

叶形指数$=ah/de$

叶基尖削指数$=(fj+gj)/(2\times hj)$

叶先端尖削指数$=(bj+cj)/(2\times aj)$

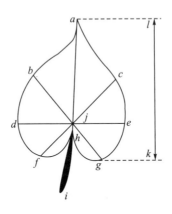

图 10-2　水青树叶形态特征

10.2.1.4　叶表皮微形态性状的测量

1. 叶表皮临时装片的制作

每样株选取 3 片成熟的完整叶片,在中部中脉两侧剪取 2 个 1cm×1cm 的小方块,参照刘小芬等(2009)的 KOH 解离法对剪取的小方块进行解离,直至可以分离上下表皮为止,用镊子撕离上下表皮,并用毛笔将表皮上的叶肉细胞扫干净,制作叶表皮临时装片并用番红染液染色。

2. 拍照及测量

借鉴陆畅等(2012)、招礼军等(2014)的方法，确定将气孔器长、气孔器宽、上表皮细胞周长、上表皮细胞面积、上表皮细胞弯曲度指数、上表皮细胞密度、气孔器密度 7 个叶表皮微形态性状作为研究对象。用 Moticam Pro 285A 数码显微成像系统对表皮装片进行观察、拍照，每张装片取 3 个不同的视野拍照，并计数下表皮气孔器数目和上表皮细胞数目，再分别将其换算成上表皮细胞密度和气孔器密度。每个视野选取 3 个气孔器(表皮细胞)，运用 Motic Images Plus2.0 软件测量上表皮细胞周长、面积及气孔器长、宽，并计算上表皮细胞弯曲度指数。

10.2.1.5 数据的计算与处理

1. 巢式方差分析及多重比较

对 17 个叶表型性状(10 个形态性状和 7 个表皮微形态性状)的方差分析采用非平衡巢式设计(李斌等，2002；李文英等，2005；李伟等，2013)，该设计试验是采取单向分组，组内又分亚组，每个亚组内又有若干观测值的方法；对差异显著的性状再进行种群间的多重比较。

2. 表型分化系数的计算

为了与同工酶位点的基因分化系数 G_{st} 相对应，葛颂等(1988)定义 V_{st} 为表型分化系数，表示群体间变异占总遗传变异的百分比，用以估算群体间的表型分化值。

3. 变异系数

用变异系数 CV 表示表型性状的变异特征，CV 越大，表型性状的离散程度越大(谷衍川等，2013)。

4. 相关性分析

采用双变量相关分析法对水青树叶表型性状及其与地理气候因子的相关性进行分析，相关系数采用 Pearson 系数。

5. 聚类分析

为了消除量纲和数量级，先对原始数据进行标准化，将其转化为均值为 0、方差为 1 的无量纲数据，利用标准化后的数据进行聚类，测度方法采用欧式距离平方。

方差分析及表型分化系数的计算在 SAS 9.3 上进行，聚类分析、相关性分析在 SPSS 20 上进行，其他常规统计分析在 Excel 2003 上完成。

10.2.2 结果与分析

10.2.2.1 水青树叶表型变异特征

对 24 个水青树天然群体的 17 个叶表型性状进行巢式设计方差分析(表 10-8),结果表明, 17 个叶表型性状无论是在种群间还是在种群内均存在极显著性差异(F 值为 2.86~120.54;$P<0.01$),说明水青树叶形态及叶表皮微形态性状在种群间和种群内均存在一定程度的变异。

对 24 个种群的 10 个叶形态性状和 7 个叶表皮微形态性状进一步进行多重比较,结果见表 10-9 和表 10-10。各种群的叶形态指标比较结果表明:叶片长和叶片最长最大的是 HK 种群,而叶全长、叶柄、叶宽、叶面积及叶周长最大的都是 BMXS 种群,以上这些表示叶大小的性状均以 FJS 种群最小,表明 HK 和 BMXS 种群的叶相对较大,而 FJS 种群的叶相对来说是最小的。叶形指数以 LGS 种群最大,TJH 种群最小,表明 LGS 种群的叶片最狭窄,而 TJH 种群的叶片最宽阔。叶基尖削指数和叶先端尖削指数的最大值均出现在 BMXS 种群,最小分别为 LGS 和 FJS 种群。由表 10-9 可知:气孔器长和宽均以 GLGS 种群最小,TJH 种群最大,而气孔器密度以 TJH 种群最小,GLGS 最大;上表皮细胞面积和周长则均以 ALS 种群最小,QZMS 最大,而上表皮细胞密度以 QZMS 最小,ALS 种群最大;此外,上表皮细胞弯曲度指数以 BH 种群最大,ALS 最小。

表 10-8 水青树种群间及种群内各叶表型性状的方差分析结果

性状	英文缩写	均方			F 值	
		种群间	种群内	随机误差	种群间	种群内
叶长	LL	59.7219	13.6126	1.0345	4.39**	13.16**
叶最长	LLEST	138.2644	13.8935	1.1954	9.95**	11.62**
叶全长	LLT	98.8748	19.5047	1.4120	5.07**	13.81**
叶柄长	LPL	15.9018	1.4179	0.1187	11.22**	11.95**
叶宽	LW	73.3206	7.1679	0.6726	10.23**	10.66**
叶面积	LA	10482.5908	1272.8002	127.9056	8.24**	9.95**
叶周长	LP	809.3011	98.0682	10.3479	8.25**	9.48**
叶形指数	LSI	2.8550	0.2392	0.0191	11.93**	12.55**
叶基尖削指数	LBPI	1.6956	0.3381	0.0285	5.01**	11.88**
叶先端尖削指数	LTPI	0.1650	0.0577	0.0126	2.86**	4.58**
气孔器长	SL	11619.6759	302.1537	15.7287	38.46**	19.21**
气孔器宽	SW	10310.2472	251.0132	67.9366	41.07**	3.69**
上表皮细胞面积	UECA	10252099.30	7810309.00	69885.00	13.13**	111.76**
上表皮细胞周长	UECP	536296.47	34710.90	467.0201	15.45**	74.32**
上表皮细胞弯曲指数	UECUI	1.8613	0.2121	0.0132	8.77**	16.12**
上表皮细胞密度	UECD	9224108.70	1508157.10	12511.00	6.21**·	120.54**
气孔器密度	SD	88829.0690	13568.3580	246.5259	6.55**	55.04**

表 10-9　10 个叶形态性状的平均值、标准差及多重比较

种群编号	叶形态性状									
	LL/cm	LLEST/cm	LLT/cm	LPL/cm	LW/cm	LA/cm²	LP/cm	LSI	LBPI	LTPI
JFS	11.19±0.86^{AB}	13.65±1.26^{AB}	13.80±1.07^{ABC}	2.46±0.29^{EFGH}	7.33±0.62^{CDEF}	59.94±8.81^{ABCDE}	31.37±2.45^{ABC}	1.45±0.18^{B}	1.18±0.09^{EF}	0.60±0.03^{ABC}
HG	9.79±0.96^{CDEF}	10.62±0.97^{EFGH}	12.56±1.22^{ABCDEF}	2.78±0.43^{BCDE}	7.25±0.85^{CDEF}	52.23±10.27^{DEFGH}	28.83±2.64^{CDEFG}	1.36±0.14^{DEFG}	1.31±0.16^{BCDEF}	0.65±0.05^{AB}
FP	9.56±0.93^{EFG}	12.20±1.19^{BCD}	12.20±1.23^{DEFG}	2.63±0.48^{BCDEFG}	7.18±0.48^{CDEF}	51.32±6.42^{DEFGH}	29.10±1.86^{CDEFG}	1.34±0.11^{EFG}	1.46±0.19^{ABCD}	0.63±0.04^{AB}
BDGS	9.67±0.90^{EFG}	10.26±0.80^{EFGH}	11.87±1.09^{DEFG}	2.20±0.23^{GHI}	6.43±0.60^{FGH}	44.91±7.34^{FGH}	27.42±2.07^{EFG}	1.52±0.16^{BC}	1.22±0.14^{EF}	0.60±0.04^{ABC}
MLZ	11.14±0.90^{ABC}	13.29±0.88^{AB}	13.27±0.82^{ABCD}	2.13±0.21^{HI}	7.44±0.64^{BCDEF}	57.73±9.05^{BCDEF}	31.14±2.10^{ABCD}	1.51±0.12^{BCDEF}	1.26±0.10^{DEF}	0.58±0.04^{BCD}
TJH	9.84±0.75^{CDEFG}	12.50±1.06^{ABC}	12.67±0.82^{ABCDEF}	2.82±0.24^{BCDE}	8.03±0.66^{ABC}	59.27±9.11^{ABCDE}	31.35±2.41^{ABC}	1.23±0.04^{G}	1.58±0.12^{AB}	0.64±0.03^{A}
HK	11.34±0.87^{A}	13.94±4.86^{A}	14.03±1.04^{AB}	2.94±0.32^{BC}	8.33±0.70^{AB}	67.61±10.41^{AB}	33.57±2.14^{A}	1.35±0.06^{DEFG}	1.43±0.10^{ABCD}	0.61±0.03^{ABC}
KP	10.41±1.43^{ABCDEF}	11.26±0.99^{CDEF}	13.23±1.93^{ABCDE}	2.81±0.69^{BCDE}	7.88±1.56^{AB}	62.08±20.60^{ABCD}	31.14±5.40^{ABC}	1.34±0.14^{EFG}	1.30±0.17^{BCDEF}	0.65±0.05^{AB}
BMXS	10.66±1.54^{ABCDEF}	11.99±0.83^{BCD}	14.08±1.81^{A}	3.41±0.51^{A}	8.51±1.27^{A}	70.14±18.51^{A}	34.05±4.54^{A}	1.26±0.16^{FG}	1.64±1.11^{A}	0.71±0.47^{A}
QZMS	10.66±1.07^{ABCDE}	11.47±0.95^{CDE}	12.96±1.17^{ABCDE}	2.29±0.17^{FGHI}	7.11±0.59^{CDEF}	53.44±9.24^{CDEFG}	29.97±2.62^{BCDE}	1.51±0.08^{BCDE}	1.26±0.12^{CDEF}	0.60±0.01^{ABC}
LGS	9.99±1.31^{CDEFG}	10.42±1.28^{EFGH}	12.00±1.48^{DEFG}	2.01±0.23^{IJ}	5.50±0.81^{HI}	37.66±8.27^{I}	26.40±3.09^{FG}	1.85±0.21^{A}	1.12±0.10^{F}	0.53±0.04^{CD}
FJS	8.18±1.60^{H}	8.54±1.81^{I}	9.89±1.94^{H}	1.71±0.36^{J}	4.70±1.05^{I}	26.76±11.41^{J}	21.93±4.76^{H}	1.77±0.06^{A}	1.15±0.06^{EF}	0.51±0.02^{D}

续表

种群编号	叶形态性状									
	LL/cm	LLEST/cm	LLT/cm	LPL/cm	LW/cm	LA/cm²	LP/cm	LSI	LBPI	LTPI
BH	8.78± 0.54^{ABCDE}	11.34± 0.60^{CDEF}	11.28± 0.61^{FGH}	2.49± 0.25^{DEFGH}	6.49± 0.43^{FGH}	41.64± 5.76^{GHI}	26.54± 1.60^{EFG}	1.36± 0.07^{DEFG}	1.47± 0.12^{ABCD}	0.60± 0.03^{AB}
DFD	9.58± 1.32^{EFG}	10.17± 0.95^{FGH}	12.04± 1.70^{DEFG}	2.46± 0.57^{EFGH}	6.87± 1.43^{DEFG}	47.60± 16.31^{EFGHI}	27.55± 4.58^{DEFG}	1.42± 0.19^{BCDEF}	1.21± 0.16^{EF}	0.63± 0.05^{AB}
SHS	10.43± 0.35^{ABCDEF}	10.96± 0.52^{DEFG}	13.06± 0.33^{ABCDE}	2.62± 0.12^{BCDEF}	6.86± 0.71^{EFG}	51.68± 8.67^{DEFGH}	29.39± 2.972^{BCDEF}	1.54± 0.11^{B}	1.20± 0.07^{EF}	0.61± 0.02^{ABC}
SNJ	8.67± 1.07^{HG}	9.29± 0.92^{HI}	11.22± 1.31^{FGH}	2.54± 0.32^{CDEFGH}	6.68± 0.45^{EFG}	42.28± 6.79^{GHI}	25.94± 2.08^{FG}	1.30± 0.14^{FG}	1.32± 0.23^{BCDEF}	0.65± 0.03^{AB}
HBY	9.42± 0.77^{EFGH}	10.41± 0.86^{EFGH}	12.28± 0.84^{CDEFG}	2.85± 0.18^{BCDE}	7.67± 0.86^{BCDE}	55.12± 11.98^{DEFGH}	29.40± 2.86^{BCDEF}	1.24± 0.07^{G}	1.45± 0.15^{ABCD}	0.66± 0.02^{A}
KKS	9.06± 0.80^{GH}	11.01± 0.86^{DEFG}	10.98± 0.89^{GH}	1.92± 0.27^{IJ}	6.24± 0.77^{FGH}	44.54± 6.04^{FGHI}	26.84± 2.61^{EFG}	1.43± 0.12^{BCDEF}	1.26± 0.14^{BCDEF}	0.64± 0.05^{AB}
DSH	9.69± 0.60^{EFG}	11.20± 2.33^{DEFG}	11.61± 0.80^{EFG}	1.92± 0.31^{IJ}	6.26± 0.48^{FGH}	42.75± 4.80^{GHI}	26.88± 1.67^{EFG}	1.55± 0.14^{B}	1.16± 0.04^{EF}	0.59± 0.02^{BC}
BSJ	9.76± 1.02^{CDEFG}	12.46± 0.99^{ABC}	12.40± 1.03^{BCDEF}	2.64± 0.33^{BCDEF}	7.00± 0.46^{DEFG}	49.39± 9.02^{DEFGH}	28.26± 2.25^{CDEFG}	1.38± 0.11^{BCDEFG}	1.25± 0.14^{BCDEF}	0.63± 0.03^{AB}
EM	10.52± 0.87^{ABCDE}	11.59± 0.51^{CDE}	13.34± 0.44^{ABCD}	2.67± 0.41^{BCDEF}	8.02± 0.38^{ABCD}	63.27± 4.22^{ABCD}	31.65± 0.82^{AB}	1.33± 0.06^{EFG}	1.37± 0.07^{ABCDE}	0.64± 0.02^{AB}
WFHH	9.14± 1.47^{FGH}	9.59± 1.27^{GH}	11.41± 1.70^{EFG}	2.31± 0.30^{EFGH}	6.04± 0.93^{GH}	39.86± 12.01^{HI}	25.36± 3.22^{G}	1.52± 0.13^{BC}	1.19± 0.18^{EF}	0.60± 0.05^{ABC}
GLGS	11.06± 1.21^{ABCD}	12.24± 1.38^{BCD}	14.01± 1.45^{AB}	2.94± 0.43^{BC}	8.08± 1.36^{AB}	66.16± 19.08^{ABC}	33.66± 4.56^{A}	1.38± 0.14^{CDEFG}	1.42± 0.11^{ABCD}	0.62± 0.04^{AB}
ALS	10.04± 1.08^{BCDEFG}	11.13± 1.23^{DEF}	13.10± 1.35^{ABCDE}	3.06± 0.46^{AB}	7.79± 0.91^{BCDEF}	58.43± 12.49^{ABCDE}	31.17± 3.37^{ABC}	1.29± 0.09^{FG}	1.48± 0.12^{ABC}	0.67± 0.30^{AB}

表 10-10　7 个叶表皮微形态性状的平均值、标准差及多重比较

种群编号	叶表皮微形态性状						
	SL/μm	SW/μm	UECA/μm²	UECP/μm	UECUI	UECD	SD
1.JFS	48.93±2.40^{AB}	41.53±2.15^{AB}	1982.13±456.37^{DEF}	191.65±26.45^{EFGH}	1.22±0.04^{GHI}	985.02±228.44B^{CDE}	109.90±19.27^{BCD}
2.HG	50.08±1.52^{AB}	44.36±1.38^{A}	1984.10+480.96^{DEF}	201.57+37.18^{DEFG}	1.28+0.10^{DEFGH}	1086.41±242.59^{BC}	98.92±26.88^{CDEFGH}
3.FP	49.51±2.32^{AB}	41.08±1.51^{AB}	2880.58±552.25^{A}	266.72±28.46^{AB}	1.41±0.05^{AB}	678.26±120.13^{CDE}	66.70±13.94^{GHI}
4.BDGS	38.99±1.27^{CDE}	31.05±1.87^{CDE}	1254.62±304.86^{GHI}	156.21±27.25^{HI}	1.25±0.07^{DEFGH}	1033.42±297.23^{BCD}	111.18±41.72^{BCD}
5.MLZ	47.62±2.73^{B}	40.79±2.36^{B}	2565.41±449.29^{ABCD}	252.27±20.74^{ABC}	1.41±0.04^{AB}	790.39±164.45^{CDE}	68.91±14.07^{FGHI}
6.TJH	51.82±2.64^{A}	44.47±1.75^{A}	2607.44±544.41^{ABC}	257.88±55.54^{ABC}	1.38±0.09^{BC}	676.38±146.71^{CDE}	54.91±7.93^{I}
7.HK	51.34±1.92^{A}	41.99±2.20^{AB}	2373.85±345.86^{ABCD}	229.55±21.23^{BCD}	1.33±0.06^{BCDE}	707.38±102.12^{CDE}	82.30±9.62^{HI}
8.KP	34.33±9.44^{G}	29.99±8.87^{CDE}	1180.67±338.06^{GHI}	144.62±25.7^{0IJ}	1.19±0.04^{HI}	877.05±136.53^{CDE}	138.16±25.21^{AB}
9.BMXS	36.49±4.04^{EFG}	30.42±3.99^{CDE}	1654.44±374.67^{EFG}	173.44±17.75^{FGHI}	1.21±0.03^{GHI}	667.29±115.28^{DE}	107.87±25.02^{BCDE}
10.QZMS	47.49±2.41^{B}	41.15±3.07^{AB}	2931.42±358.63^{A}	273.59±13.94^{A}	1.41±0.05^{AB}	576.44±83.23^{E}	64.33±12.85^{GHI}
11.LGS	37.05±2.36^{DEFG}	30.29±2.06^{CDE}	2159.55±655.36^{BCDE}	208.24±41.75^{DEF}	1.27±0.07^{DEFGH}	587.52±234.52^{E}	90.43±32.02^{DEFGH}
13.FJS	35.59±2.81^{EFG}	27.89±1.49^{EF}	1682.30±205.65^{EFGH}	177.29±6.97^{FGHI}	1.22±0.03^{EFGHI}	686.49±126.08^{CDE}	129.90±22.03^{BC}
15.BH	50.64±1.58^{AB}	41.62±1.81^{AB}	2716.36±709.34^{AB}	269.78±50.43^{A}	1.50±0.11^{A}	759.96±187.66^{CDE}	61.75±17.37^{DEFGHI}
16.DFD	38.16±4.27^{CDEF}	30.49±1.88^{CDE}	1366.31±282.02^{GHI}	152.95±14.75^{HI}	1.17±0.03^{HI}	811.75±142.27^{CDE}	104.79±18.26^{BCDEF}
17.SHS	41.10±1.39^{C}	33.37±1.47^{C}	1489.76±112.04^{FGH}	165.94±7.26^{GHI}	1.21±0.02^{GHI}	764.56±62.82^{CDE}	93.69±3.14^{CDEFGH}
18.SNJ	40.37±1.29^{CD}	31.88±1.00^{CD}	1408.32±287.87^{GH}	168.92±16.48^{GHI}	1.28±0.05^{CDEFGH}	835.98±248.70^{CDE}	69.40±23.24^{EFGHI}
19.HBY	37.92±2.09^{CDEFG}	30.57±1.86^{CDE}	1301.78±292.79^{GHI}	168.73±29.98$^{FGH I}$	1.32±0.10^{BCDEF}	875.07±338.50^{CDE}	63.93±21.15^{EFGHI}
20.KKS	47.29±1.74^{B}	40.84±1.58^{B}	2609.55±613.58^{ABC}	227.44±32.84^{CD}	1.26±0.05^{DEFGHI}	748.79±143.30^{CDE}	79.87±18.77^{DEFGH}
21.DSH	37.76±0.79^{CDEFG}	31.73±1.08^{CD}	1487.90±134.12^{FGH}	178.85±6.28^{EFGHI}	1.31±0.08^{CDEFG}	810.63±133.98^{CDE}	92.93±9.30^{CDEFGH}
22.BSJ	48.89±3.11^{AB}	41.90±1.87^{AB}	2055.85±459.70^{CDEF}	214.72±37.73^{CDE}	1.34±0.13^{BCD}	1057.85±252.29B^{CDE}	99.80±26.18^{CDEFG}
23.EM	34.98±4.69^{FG}	28.45±2.56^{CD}	1295.37±373.22^{GHI}	153.91±19.71^{HI}	1.22±0.03^{GHI}	781.23±162.13^{CDE}	84.96±24.83^{DEFGH}
24.WFHH	37.31±2.16^{DEFG}	32.64±5.83^{C}	1220.90±520.14^{GHI}	149.75±34.47^{I}	1.22±0.05^{FGHI}	1056.83±393.81^{BCD}	94.72±44.72^{CDEFGH}
25.GLGS	28.98±2.89^{H}	25.21±2.42^{F}	1024.62±351.91^{HI}	137.85±21.07^{IJ}	1.23±0.03^{EFGHI}	1313.40±362.45^{B}	161.32±35.33^{A}
26.ALS	34.59±2.42^{FG}	28.68±1.59^{CD}	768.65±488.35^{I}	110.84±34.79^{J}	1.17±0.032^{I}	1846.40±746.88^{A}	154.1±44.44^{A}

10.2.2.2　水青树各种群内叶表型变异情况

用表型变异系数 CV 来体现种群内表型性状的变异水平，变异系数愈大，表型性状的离散程度也愈大。由表 10-11 可知，17 个性状的变异系数均值为 11.78%，变异幅度为 4.64%～23.80%。其中，在叶形态和叶表皮微形态性状中，均表现出形状指数的变异系数均比其他单个性状小，如叶形指数(CV 为 7.29%)、叶基尖削指数(CV 为 8.45%)、叶先端尖削指数(CV 为 5.70%)、叶上表皮弯曲度指数(CV 为 4.64%)分别在两类叶性状指数中均较小，说明在种群内表示形状的特征指数较其他单个性状稳定。

水青树叶表型性状在居群内水平的变异幅度为 6.13%～19.17%，除 LGS、FJS 和 WFHH 种群外，其他种群的叶表型变异系数均值均未达 15%，表明大多数水青树种群内叶表型性状均处于较低的变异水平。24 个水青树种群所有性状的变异系数均值从小到大依次为：SHS <DSH<QZMS<MLZ<HK<TJH<JFS<EM<GLGS<FP<BMXS<BH<KKS<BSJ<DFD<SNJ<HG< BDGS<HBY<ALS<KP<FJS<LGS<WFHH，说明 WFHH 种群的叶表型变异最丰富(CV 为 19.17%)，而 SHS 种群的叶表型变异水平则最低(CV 仅为 6.13%)。

表 10-11　水青树天然种群叶表型性状变异系数

种群	LL	LLEST	LLT	LPL	LW	LA	LP	LSI	LBPI	LTPI	SL	SW	UECA	UECP	UECUI	UECD	SD	种群均值
JFS	7.77	9.23	7.75	11.79	8.46	14.70	7.81	12.41	7.63	5.00	4.90	5.18	23.02	13.80	3.28	23.19	8.43	10.26
HG	9.81	9.13	9.71	15.47	11.72	19.66	9.16	10.45	12.21	7.69	3.03	3.10	24.24	18.45	7.83	22.33	27.17	13.01
FP	9.73	9.75	10.08	18.25	6.69	12.51	6.39	8.21	13.01	6.67	4.69	3.68	19.17	10.67	3.55	17.71	20.90	10.69
BDGS	9.37	7.88	9.24	10.66	9.41	16.35	7.58	10.89	12.07	7.50	3.28	6.05	24.30	17.45	6.03	28.76	37.53	13.20
MLZ	8.08	6.62	6.18	9.86	8.60	15.68	6.74	7.95	7.94	6.90	5.73	5.79	17.51	8.22	2.83	20.81	20.42	9.76
TJH	7.62	8.48	6.47	8.51	8.22	15.37	7.69	3.25	7.59	4.69	5.14	3.94	20.88	21.54	6.55	21.69	14.44	10.12
HK	7.58	34.86	7.41	10.88	8.40	15.40	6.37	4.44	6.99	4.92	3.71	5.24	14.57	9.25	4.50	14.44	11.69	10.04
KP	7.11	8.87	10.21	22.23	10.01	15.89	9.65	3.51	8.06	0.14	27.49	29.57	28.63	17.77	3.66	15.57	18.25	13.92
BMXS	8.28	6.95	8.14	7.87	6.46	12.16	6.97	6.02	5.91	13.44	11.08	13.12	22.65	10.23	3.02	17.28	23.20	10.75
QZMS	10.04	8.28	9.03	7.42	8.30	17.29	8.74	5.30	9.52	1.67	5.08	7.46	12.23	5.17	3.55	14.17	19.98	9.01
LGS	13.14	12.32	12.39	11.69	14.75	21.98	11.74	11.79	9.53	9.24	6.38	6.81	30.35	20.05	5.88	40.68	35.41	16.13
FJS	21.38	22.61	20.82	19.55	24.64	48.68	23.26	3.98	3.44	4.53	7.91	5.35	12.22	3.93	2.52	18.37	16.96	15.30
BH	6.15	5.29	5.41	10.04	6.63	13.83	6.03	5.15	8.16	5.00	3.12	4.35	26.11	18.43	7.35	24.69	28.13	10.82
DFD	8.14	9.38	9.21	16.85	15.80	24.28	11.62	10.33	11.54	5.39	11.21	6.17	20.64	9.64	3.21	17.53	17.43	12.26
SHS	3.41	4.79	2.54	4.79	10.47	16.78	10.11	7.32	6.53	4.01	3.40	4.42	7.52	4.38	2.14	8.22	3.36	6.13
SNJ	12.37	9.97	11.68	12.83	6.84	16.08	8.05	10.91	17.54	5.60	3.22	3.16	20.44	9.76	4.37	29.75	33.49	12.71
HBY	8.17	8.32	6.85	6.46	11.26	21.64	9.73	5.88	10.35	3.87	5.53	6.10	22.49	17.77	8.23	38.68	33.09	13.20
KKS	8.83	7.81	8.11	14.06	12.34	13.56	9.72	8.39	3.17	7.81	3.68	3.87	23.51	14.44	3.96	19.14	23.50	10.94
DSH	6.27	20.83	6.92	16.38	7.68	11.23	6.23	9.22	3.67	4.65	2.09	3.41	9.01	3.51	6.56	16.53	10.01	8.48
BSJ	10.45	7.95	8.31	12.50	6.57	18.26	7.96	7.97	11.20	4.76	6.23	4.46	22.36	17.57	9.70	23.85	26.23	12.14
EMS	8.27	4.40	3.32	15.51	4.77	6.68	2.61	4.62	5.65	3.42	13.41	9.01	28.81	12.81	3.25	20.75	29.23	10.38
WFHH	16.08	13.32	14.89	13.21	15.49	30.14	12.69	8.89	14.19	8.87	5.81	17.88	42.60	23.02	4.28	37.26	47.22	19.17
GLGS	3.89	4.15	4.37	6.70	7.71	12.11	6.46	3.68	3.18	2.44	10.00	9.61	34.35	15.29	2.43	27.60	22.93	10.41
ALS	5.23	5.26	4.98	5.47	5.11	8.68	4.57	4.51	3.80	8.64	7.01	5.57	63.53	31.39	2.78	40.45	27.55	13.80
性状均值	9.05	10.27	8.50	12.04	9.85	17.46	8.66	7.29	8.45	5.70	6.80	7.22	23.80	13.94	4.64	23.31	23.19	11.78

10.2.2.3 水青树叶表型变异来源及种群间表型分化

表型分化系数(V_{st})是指种群间遗传变异占总变异的百分比,用来估计种群间的表型分化情况。由表10-12可知,17个水青树叶表型性状在种群间的表型分化系数幅度为27.77%～89.17%,均值为56.34%;种群间方差分量占总变异的36.40%,种群内占27.20%,种群间的方差分量大于种群内的方差分量,表明水青树叶表型在种群间和种群内均存在一定程度的变异,但种群间的变异是其表型变异的主要来源,水青树叶表型在种群间的多样性大于种群内的多样性。

表 10-12 水青树表型性状的方差分量及种群间表型分化系数

表型性状	方差分量			方差分量百分比/%			表型分化系数/%
	种群间	种群内	随机误差	种群间	种群内	随机误差	
LL	0.4728	0.8244	1.0345	20.28	35.36	44.36	36.32
LLEST	1.3375	0.8443	1.1954	39.60	25.00	35.40	61.30
LLT	0.8061	1.1847	1.4120	23.69	34.81	41.50	40.50
LPL	0.1459	0.0856	0.1187	41.66	24.45	33.89	63.02
LW	0.7703	0.4948	0.6726	39.75	25.53	34.72	60.89
LA	93.2432	74.2067	127.9060	31.57	25.12	43.31	55.69
LP	7.2115	5.6900	10.3479	31.02	24.47	44.51	55.90
LSI	0.0268	0.0145	0.0191	44.44	23.98	31.58	64.95
LBPI	0.0141	0.0204	0.0285	22.44	32.37	45.19	40.94
LTPI	0.0011	0.0030	0.0126	6.82	17.74	75.44	27.77
SL	42.8650	7.2301	15.7287	65.12	10.98	54.78	85.57
SW	38.0657	4.6213	67.9366	34.41	4.18	61.41	89.17
UECA	358009	195169	69885	57.46	31.32	11.22	64.72
UECP	1895.9837	863.2876	467.0201	58.77	26.76	14.48	68.71
UECUI	0.0062	0.0050	0.0132	25.57	20.52	53.91	55.48
UECD	56939.00	81622.00	12511.00	37.69	54.03	8.28	41.09
SD	598.8398	710.0681	246.5260	38.50	45.65	15.85	45.75
均值	—	—	—	36.40	27.20	36.40	56.34

10.2.2.4 水青树叶表型性状与地理气候因子的相关性

水青树种群的叶表型性状与其地理及气候因子的相关性分析(表10-13)表明:叶全长、叶柄长、叶宽、叶面积、叶周长、叶基尖削指数、叶先端尖削指数、气孔器密度均与经度呈显著或极显著性负相关(R 分别为-0.494、-0.681、-0.627、-0.617、-0.589、-0.600、-0.592、

−0.478)，叶形指数与经度呈极显著正相关(R=0.521)；而气孔器长、气孔器宽、上表皮细胞面积、上表皮细胞周长及弯曲度指数和纬度呈极显著正相关(R 值均大于 0.5)，气孔器密度和纬度呈极显著负相关；上表皮细胞弯曲度指数、上表皮细胞密度、气孔器密度及除叶片长以外的 9 个叶形态性状和海拔的相关性均达到显著或极显著水平。

此外，气孔器密度与 7 月均温呈显著性负相关(R=−0.421)；叶形指数和年均降雨量呈显著正相关(R=0.445)，叶先端尖削指数则与年均降雨量呈显著负相关(R=−0.460)；叶柄长、叶宽、叶基尖削指数、叶先端尖削指数、上表皮细胞密度与年均日照时数呈显著或极显著水平(R=0.520、0.423、0.464、0.544、0.410)，叶形指数与年均日照时数呈显著负相关(R=−0.508)。

表 10-13　水青树种群叶表型性状与地理气候因子的相关性

性状	经度	纬度	海拔	年均温	1 月均温	7 月均温	年降雨量	年日照时数
LL	−0.304	−0.217	0.151	−0.099	0.267	0.095	0.001	0.078
LLEST	−0.297	0.181	0.240**	−0.071	0.191	0.180	−0.210	0.072
LLT	−0.494*	−0.153	0.299**	−0.195	0.121	−0.023	−0.132	0.259
LPL	−0.681**	0.078	0.513**	−0.338	−0.245	−0.298	−0.351	0.520**
LW	−0.627**	0.109	0.431**	−0.234	−0.123	−0.147	−0.290	0.423*
LA	−0.617**	−0.034	0.422**	−0.220	−0.004	−0.109	−0.201	0.347
LP	−0.589**	−0.079	0.392**	−0.208	0.042	−0.093	−0.174	0.320
LSI	0.521**	−0.399	−0.343**	0.215	0.362	0.157	0.445*	−0.508*
LBPI	−0.600**	0.241	0.374**	−0.314	−0.328	−0.348	−0.245	0.464*
LTPI	−0.592**	0.122	0.229**	−0.344	−0.327	−0.273	−0.460*	0.544**
SL	0.356	0.704**	−0.165	0.021	−0.062	0.337	−0.280	−0.186
SW	0.322	0.664**	−0.155	0.009	−0.022	0.330	−0.315	−0.101
UECA	0.332	0.514*	−0.135	−0.027	−0.002	0.247	−0.177	−0.205
UECP	0.331	0.600**	−0.165	−0.033	−0.063	0.238	−0.216	−0.141
UECUI	0.272	0.687**	−0.222*	−0.060	−0.215	0.189	−0.247	0.098
UECD	−0.314	−0.320	0.183*	0.087	0.108	−0.161	0.120	0.410*
SD	−0.478*	−0.703**	0.345**	−0.056	0.330	−0.421*	0.251	0.220

**：$P \leqslant 0.01$；*：$P \leqslant 0.05$。

10.2.2.5　水青树叶表型性状的主成分及聚类分析

对 17 个水青树叶表型性状进行主成分分析(表 10-14)，可以得到能代表水青树叶表型性状变异的 3 个特征根大于 1 的主成分，其累积贡献率达到了 86.554%。第一主成分(PC1)与叶片长、叶片最长、叶全长、叶柄长、叶宽、叶周长、叶面积、叶基尖削指数、叶先端尖削指数高度相关，贡献率达 42.009%；第二主成分(PC2)与气孔器长、气孔器宽、上表皮细胞面积、上表皮细胞周长、上表皮细胞弯曲度指数、上表皮细胞密度、气孔器密度高度相关，贡献率达 32.358%；第三主成分(PC3)则主要与叶形指数高度相关，贡献率为 12.186%。

　　对以上所提取出的 3 个主成分分别进行计算各主成分值，并进一步利用主成分值对各种群进行聚类分析，以研究各种群之间的亲缘关系。由图 10-3 可知，以欧氏距离 8 为阈值，22 个水青树天然种群可以被分成 4 大类群。其中，DFD、BDGS、DSH、WFHH、SNJ、LGS 种群聚为第一大类群；第二大类群为 TJH、HK、BSJ、HG、HBY、SHS、JFS、MLZ、QZMS、FP、KKS、BH 种群；KP、EM、ALS、GLGS 种群聚为第三类；FJS 种群则单独聚为第四类。

表 10-14　水青树叶表型性状的主成分分析

性状	第一主成分(PC1)		第二主成分(PC2)		第三主成分(PC3)	
	负荷值	得分	负荷值	得分	负荷值	得分
LL	0.723	0.101	0.045	0.008	0.673	0.325
LLEST	0.708	0.099	0.464	0.084	0.418	0.202
LLT	0.895	0.125	-0.042	-0.008	0.416	0.201
LPL	0.880	0.123	-0.174	-0.032	-0.291	-0.140
LW	0.986	0.138	0.016	0.003	-0.041	-0.020
LA	0.975	0.137	-0.016	-0.003	0.165	0.080
LP	0.960	0.134	0.020	0.004	0.245	0.119
LSI	-0.561	-0.107	-0.071	-0.013	0.591	0.286
LBPI	0.718	0.101	0.123	0.022	-0.520	-0.251
LTPI	0.694	0.097	-0.160	-0.029	-0.607	-0.293
SL	0.082	0.011	0.899	0.163	-0.052	-0.025
SW	0.129	0.018	0.880	0.160	-0.023	-0.011
UECA	-0.071	-0.010	0.958	0.174	0.081	0.039
UECP	-0.062	-0.009	0.979	0.178	0.015	0.007
UECUI	-0.031	-0.004	0.862	0.157	-0.156	-0.075
UECD	0.275	0.038	-0.590	-0.107	-0.105	-0.051
SD	0.111	0.016	-0.809	-0.147	0.251	0.121
特征值	7.142		5.501		2.072	
贡献率/%	42.009		32.358		12.186	
累积贡献率/%	42.009		74.368		86.554	

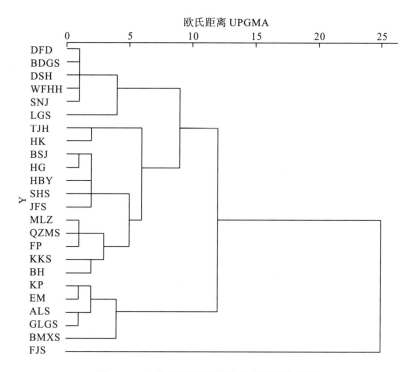

图 10-3　水青树天然种群的表型性状聚类图

10.2.3　结论与讨论

10.2.3.1　水青树叶表型的地理变异规律

植物对环境生态因子的适应机理和敏感程度的差异性导致不同植物叶片随地理因子的变化规律各异，例如，随着海拔的升高，紫荆(*Ceris chinensis*)叶片大小呈现增大的趋势(竺利波等，2007)；而蒙古栎(*Quercus mongolica*)叶大小与环境因子无明显相关性，仅有叶形指数与经度呈负相关(李文英等，2005)；白檀(*Symplocos paniculata*)也仅有叶宽与经度呈负相关关系(杨艳等，2015)。

研究发现，水青树叶表型性状随着地理及气候因子的变化而呈现出一定的变异规律。由于受到日照时数的影响(从东南向西北增加)，从东至西叶全长、叶柄长、叶面积、叶周长、叶基尖削指数、叶先端尖削指数等叶形态性状都有增大的趋势；而随着纬度的增大，气孔器长、气孔器宽、上表皮细胞面积、上表皮细胞周长、上表皮细胞弯曲度指数等叶表皮微形态性状有增大的趋势，气孔器密度则有减小的趋势，这可能主要是受到温度的影响。此外，叶形态性状和叶表皮微形态性状随着垂直海拔梯度也呈现出相应的变异规律，绝大多数的叶形态性状和上表皮细胞密度、气孔器密度随着海拔的升高而增大。总体而言，水青树的叶表型性状呈现出经纬度及海拔的多重渐变规律，这与脱皮榆(*Ulmus lamellosa*)(郑昕等，2013)、独叶草(*Kingdonia uniflora*)(刘晓等，2011)等叶性状的地理变异规律相似。这种渐变规律在水平和垂直方向上均体现出一定的连续性。

在自然选择、基因漂变和基因流等多种因素的综合作用下，植物表型会在地理上形成连续化、区域板块化及随机化等多种变异模式(徐化成，1991)。24 个水青树种群的聚类分析结果发现，多数邻近种群能够聚在一起，如相距较近的 BDGS、DSH、WFHH、SNJ 种群，KP、ALS、GLGS、BMXS 种群，以及 MLZ、QZMS 种群等都分别聚为一类，这体现了区域板块化和连续化的地理变异模式，也与水青树叶表型的地理变异规律结论相吻合。但也有少数相距较远的种群却聚在一起，如 DFD 种群和 BDGS 种群，说明水青树地理变异也存在随机变异模式。由此表明，水青树表型的地理变异存在连续变异、区域板块变异及随机变异 3 种变异模式，与厚朴(*Magnolia officinalis*)等的变异模式相似(舒枭等，2009)。

10.2.3.2　水青树种群间和种群内叶表型变异特征

种群间和种群内的变异构成了水青树叶表型的总变异。分析结果表明，水青树种群间的方差分量均值为 36.4%，而种群内的方差分量均值为 27.2%，种群间方差分量大于种群内方差分量，且种群间平均表型分化系数为 56.34%(大于 50%)，说明种群间变异是其表型变异的主要来源。其分化水平与其他濒危保护植物相比，较中甸刺玫(*Rosa praelucens*)(V_{st}=69.56%)(李树发等，2013)、云南黄连(*Coptis teeta*)(V_{st}=74.41%)(杨维泽等，2013)等低，而较脱皮榆(*Ulmus lamellosa*)(V_{st}=28.104%)(郑昕等，2013)、夏蜡梅(*Calycanthus chinensis*)(V_{st}=17.1%)(顾婧婧等，2010)等高。分析结果表明：与其他濒危植物相比，水青树种群间的表型分化处于中等水平。

种群间的这种表型分化不仅反映了地理、生殖隔离上的变异，也反映了种群对不同环境的适应能力及适应范围的差异，所以对于种群间变异的研究显得尤为重要(Hartl et al.，1997)。植物表型性状是环境与基因共同作用的结果。水青树叶表型性状与环境因子的相关性分析发现，水青树叶表型性状主要受 7 月均温、年降雨量及年均日照时数的影响较大，表明种群间叶表型性状的分化与环境因子密切相关。分析结果表明：种群间叶表型性状的分化与环境因子密切相关。因此，可以推测水青树种群间的这种表型分化是在长期的环境选择压力的作用下所形成的，同时也是对不同生存环境的一种适应性进化。

叶通过影响植物的光合作用和呼吸作用等生命活动而直接影响着植物体的生长发育，并对其长期的适应、生存和进化起重要作用(Chechowitz，1990)。如叶柄长度会影响叶片的空间分布，进而影响对光的截留效率(Bacilieri et al.，1995)；叶片大小和叶形指数通过影响散热功能以适应温度的变化(李东胜等，2013)；而气孔器则直接控制植物与外界环境的气体交换(水分、氧气、二氧化碳)，在调节植物光合作用、蒸腾作用及水分利用中起重要作用(Chaerle et al.，2005)。对水青树各叶表型性状的分化系数进行分析发现，分化系数 V_{st} 范围为 27.77%～89.17%，其中叶最长、叶宽、叶柄长、叶形指数等性状的分化程度较高(V_{st} 均大于 60%)，但仍有少数性状的表型分化水平较低，如气孔器密度在种群间的分化系数还不足 50%，表明绝大多数性状都能较好地适应多变环境，而气孔器的适应性则稍差。结合水青树在野外分布的生境条件即分布地大多较阴湿，我们推测正是这种较单一的阴湿型气候导致较低的气孔器密度变异水平，反言之，较低的气孔器密度变异水平使得水青树对于水分和光照等条件的选择较为严厉，其适应范围也逐渐退缩。

经分析发现，24 个水青树种群的变异系数均值仅为 11.78%，比中甸刺玫 (*Rosa praelucens*) (CV=22.88%) (李树发等，2013)、云南黄连 (*Coptis teeta*) (CV=33.6%) (杨维泽等，2013)、脱皮榆 (*Ulmus lamellosa*) (CV=28.70%) (郑昕等，2013)、夏蜡梅 (*Calycanthus chinensis*) (CV=14.19%) (顾婧婧等，2010) 等濒危植物的种群内表型变异水平都低，表明水青树种群内表型变异水平普遍较低。其中，SHS、DSH、QZMS、MLZ 种群的表型变异水平极低，其变异系数均不足 10%。水青树野生种群规模普遍较小、自花传粉的交配系统而导致的低水平遗传变异以及种群内微生境异质性较差等因素均可能导致较低水平的种群内表型变异 (Gan et al.，2013)。而这种低水平的表型变异会降低个体适合度，这一点在以后的保护工作中需引起重视。位于武陵山脉的 WFHH 种群的表型变异水平相对较高，究其原因可能与其地势特征相关。该区以古近-新近纪孑遗珍稀植物集中分布为典型特征 (宋朝枢等，1999)，且为我国地势的第二阶梯向第三阶梯的过渡地带，地貌复杂，海拔落差较大，微生境复杂多变，为高水平表型多样性的孕育提供了场所。

10.3 水青树基因组 DNA 的提取方法

基因组 DNA 的提取是植物分子生物学研究的基础技术。获取高质量的 DNA 是进行限制性酶切、PCR 扩增，分子杂交、遗传多态性分析以及基因组学等分子生物学研究的基础。由于植物中次级代谢产物如多酚类化合物可导致 DNA 的降解，并且多糖的污染也会影响 DNA 的纯度，多糖能抑制限制性内切酶、连接酶以及 DNA 聚合酶等酶类的生物活性。因此从富含多酚和多糖的植物组织中分离获取高质量的基因组 DNA 并非易事。目前，植物基因组 DNA 提取常用的方法有 CTAB 法、SDS 法、氯化苄法、高盐低 PH 法、果胶酶法等。

本节采用 CTAB 法、改良 CTAB 法、传统 SDS 法、磁珠试剂盒、无根吸附柱试剂盒提取水青树叶片 DNA，筛选出较适合水青树叶片 DNA 的提取方法，为水青树基因组 DNA 的提取研究提供参考以及为水青树的保护提供科学依据。

10.3.1 材料及方法

10.3.1.1 实验材料

实验材料于 2015 年 4 月采自四川省美姑县大风顶国家级自然保护区，采用快速硅胶干燥法对所采的水青树材料进行处理保存。

10.3.1.2 主要试剂

Tris-base，浓盐酸，EDTA (四乙酸二氨基乙烷)，NaCl，β-巯基乙醇，SDS (十二烷基硫酸钠)，无水乙醇，氯仿，异戊醇，灭菌水，CTAB (十六烷基三甲基溴化铵)，PVP (聚乙烯吡咯烷酮)，抗坏血酸(维生素C)，磁珠试剂盒，天根吸附柱试剂盒。

10.3.1.3 相关缓冲液配方

1. 传统 CTAB 法提取缓冲液

2% CTAB；

100 mmol / L Tris-HCl（pH8.0，用盐酸对 Tris-base 进行平衡）；

20 mmol/L EDTA；

1.4 mol/L NaCl；

2%β－巯基乙醇(用之前加)。

2. 改良 CTAB 提取缓冲液

3% CTAB；

100mmol / L Tris -HCl（pH8.0 用盐酸对 Tris-base 进行平衡）；

25 mmol/L EDTA；

1.4 mol/L NaCl；

抗环血酸 1%；

PVP 2%；

3%β－巯基乙醇(用之前加)。

3. SDS 提取缓冲液

100 mmol / L Tris-HCl（pH8.0）；

50 mmol/L EDTA（pH8.0）；

500mmol/L NaCl；

10 mmol/L β－巯基乙醇；

20%SDS。

4. TE 缓冲液

100 mmol / L Tris-HCl（pH8.0）；

1 mmol/L EDTA（pH8.0）。

10.3.1.4 主要仪器

水浴锅，离心管，高速冷冻离心机，烧杯，分析天平，锥形瓶，玻璃棒，pH 仪，移液枪，不锈钢勺，研钵，容量瓶，紫外光分光光度计，琼脂糖凝胶电泳仪，凝胶成像系统，高压灭菌锅，超低温冰箱等。

10.3.1.5　试验方法

1. 经典 CTAB 提取法

参照 Saghai 等(1984)和 Guo 等(2000)的方法,略有修改。具体方法如下:

(1)称取 10mg 左右的水青树干叶片,剪碎后放入预先冷冻的研钵中,倒入液氮,经充分研磨,研成粉末;

(2)将研磨好的叶片材料立即转移到预冷的 1.5 mL 离心管中,并加入等体积(约 1mL)的经 65℃预热的 2%CTAB 提取缓冲液,充分混匀,在 65℃水浴中保温 40min 左右,每隔 4～5min 轻摇几次,使其充分混匀;

(3)待冷至室温后,加入等体积的氯仿: 异戊醇=24∶1。颠倒混匀后,在室温下 10 000r/min 离心 10min 后获取上清液;

(4)步骤(3)重复一次;

(5)取出上清液,加入 2.5 倍上清液体积的-20℃无水乙醇,于-20℃下静置 1h;

(6)10000r/min 左右离心 5min 后,收集沉淀;

(7)用体积分数 70%的乙醇漂洗沉淀 2 次,吹干,沉淀溶于 100μL 的 TE 缓冲液中,-20℃储存备用。

2. 改良 CTAB 法提取

参照陈昆松等(2004)、李金璐等(2013)的方法,略有修改。具体方法如下:

(1)称取 10mg 水青树干燥叶片,剪碎装入放有 10 颗磁珠的冻存试管中,加入 700μL 3%CTAB 提取液缓冲液,用均质器打磨 5min;

(2)将研磨好的材料置于在 65℃水浴中保温 40min 左右,每隔 4～5min 轻摇几次,让其充分混匀;

(3)12000r/min 离心 7min,去上清液于 2mL 离心管中;加入与上清液等体积的氯仿: 异戊醇=24∶1,充分混匀;

(4)12000r / min 离心 7min,取上清液于新的 2mL 离心管中;

(5)重复步骤(4)直到两个液面间没有沉淀,取上清液;

(6)加入 2.5 倍上清液的-20℃预冷的无水乙醇,轻轻摇匀-20℃下放置 20min;

(7)12 000r/min 离心 7min,弃上清液,取沉淀;

(8)加入 500μL 75%乙醇,轻轻弹起沉淀,10000r/min 离心 2min,弃上清液;

(9)重复步骤(8);

(10)用 70%乙醇漂洗沉淀 2 次,吹干,溶于 100μLTE 中,-20℃保存备用。

3. SDS 法提取

参照周明芹(2009)的方法,略有修改。具体方法如下:

(1)称取 10mg 水青树干燥叶片,剪碎装入放有 10 颗磁珠的冻存试管中,加入 100μL 提取液,用均质器打磨 5min;

(2)向试管中加入 50μL 20%SDS 缓冲液，摇匀(轻摇)，65℃水浴 10min 并间或摇匀；

(3)加入 150μL 50mol/L KAc 溶液，混匀，冰浴 20~30min；

(4)1500r/min 离心 15min，取上清液于干净的离心管中，加入等体积的无水乙醇，混匀，-20℃沉淀 30min；

(5)12000r/min 离心 10min 回收基因组 DNA；

(6)用 75%的乙醇漂洗沉淀 2 次，吹干沉淀；

(7)用 100μL 的 TE 缓冲液溶解 DNA 沉淀，-20℃保存备用。

4. 磁珠试剂盒法

参照杨百全等(2006)和郑秀芬等(2003)的方法，略有修改。具体方法如下：

(1)在 2mL 离心管中加入 10mg 水青树干燥叶片，再加入 600μL Buffer MPCB、12μLβ－巯基乙醇和 20μL Proteinase K 溶液，震荡混匀；经均质器打磨 5min，水浴 30~60min，间或混匀；

(2)12000r/min 离心 7min 后，小心吸取 500μL 上清液至新的 1.5mL 离心管中；

(3)向上清液中加入 50uL Buffer MPL 、15mL MagicMag Beads，吸打混匀后，室温静止 1min；

(4)将离心管置于磁力架上 30s，待 MagicMag Beads 完全被吸至管壁之后，吸弃上清液，从磁力架上取出离心管；

(5)向离心管中加入 500uL Buffer MPW，吸打混匀后，将离心管置于磁力架上 30s，待 MagicMag Beads 完全被吸至管壁之后，吸弃上清液，从磁力架上取出离心管；

(6)向离心管中加入 900μL70%乙醇，吸打混匀后，将离心管置于磁力架上 30s，待 MagicMag Beads 完全被吸至管壁之后，吸弃上清液，从磁力架上取出离心管；

(7)重复步骤(6)一次，室温开盖干燥 15~20min 至管内无液体残留；

(8)加入 100μL TE Buffer (pH8.0)，65℃水浴 5~10min，间或混匀；

(9)取出离心管置于磁力架上 30s，待 MagicMag Beads 完全吸至管壁之后，吸弃上清液，从磁力架上取出离心管，即获得基因组 DNA。

5. 天根吸附柱试剂盒

(1)称取 10mg 水青树干燥叶片，剪碎装入放有 10 颗磁珠的冻存试管中，加入 100uL 提取液，用均质器打磨 5min

(2)加入 400μL 的 Extraction Solution 1 剧烈振荡 5s；

(3)轻微离心加入 80μL Extraction Solution 2 剧烈振荡 5s(注意：添加 Extraction Solution 2 后会产生白色沉淀，经剧烈振荡后溶液呈白浊状态)；

(4)轻微离心加入 150μL 的 Extraction Solution 3 剧烈振荡 5s；

(5)轻微离心 2s 以内，于 50℃温浴 15min。植物组织剪至 3mm 以下的角形状，称重后于-20℃冻结。冻结的植物组织室温放置 5min 左右融解；轻微离心后，用 Pipet Tip 尖端将植物组织按压底部 10 次左右。振荡仪振荡 5s,轻微离心；加入 Extraction Solution1 50℃温浴 15min；将上层水相移至新的 Microtube 中，加入异丙醇混匀后，12000r/min 4℃离心

10min；除去上清液，加入 1mL70 乙醇清洗沉淀，12000r/min 4℃离心 3min，除去上清液；沉淀干燥后，用 TE Buffer 溶解；加入 Extraction Solution 2，振荡仪振荡 5s，轻微离心；再加入 Extraction Solution 3，振荡仪振荡 5s，轻微离心(注：长时间离心 Extraction Solution 3 将会分层，因此务必控制在 2s 以内。)

(6) 12000r/min 4℃离心 15min；取上层水相约 400μL 移至新的 1.5mL Microtube 中(注意：尽量不要混入水相以外的物质)；

(7) 添加等量的异丙醇，再轻柔混匀；

(8) 12000 r/min 4℃离心 10min，弃上清(注意：不要吸取沉淀)，再加入 1mL 70% 乙醇清洗沉淀，12000r/min 4℃离心 3min；

(9) 弃上清液，注意不要吸取沉淀；沉淀干燥后，加入适量 TE Buffer 约 20μL 以溶解沉淀。

10.3.2　结果与分析

对采用 5 种不同 DNA 提取方法分别提取出的 3 个水青树提取样本进行浓度、OD 值以及电泳检测分析。

10.3.2.1　分光光度计检测 DNA 浓度及纯度

核酸的最大吸收波长为 260nm，蛋白质为 280nm，取 1μL 样品，以 TE 为对照，在紫外分光光度计(Beckman Conlter DU800)上进行测定。所测定水青树叶片 DNA 的 OD260/OD280、OD260/OD230 值、浓度及耗时见表 10-15。高纯度 DNA 的 OD260/OD280 值应在 1.8~2.0。当 OD260/OD280<1.8 时，表明 DNA 样品中可能存在蛋白质污染；当 OD260/OD280>2.0 时，表明 DNA 样品中 RNA 的含量相对较高；当 OD260/OD230 的数值处于 2.0 左右时，表明小分子的盐离子、色素、多糖或醇等杂质的含量相对较少(张惠云等，2009)。

表 10-15　5 种方法提取水青树叶片 DNA 的结果

方　法	OD_{260}/OD_{280}	OD_{260}/OD_{230}	浓度/(ng/μL)	耗时/min
传统 CTAB 法	1.43	3.82	194.7	150
改良 CTAB 法	1.50	3.01	200.4	130
传统 SDS 法	1.27	4.04	94.0	170
磁珠试剂盒	2.25	2.00	299.2	60
天根吸附柱试剂盒	1.77	2.13	242.0	80

由表 10-15 可知，采用天根吸附柱试剂盒法所提取的水青树叶的 DNA 纯度较高。OD260/O280=1.77，表明不存在蛋白质和 RNA 的污染；OD260/OD230=2.13，说明多糖和醇等杂质含量较少，表明所提取的 DNA 不管是溶度还是质量都相对较高。磁珠试剂盒法，

由于缺少 RNase A，存在少量的 RNA 污染，所提取的 DNA 比较干净，若加入 RNase 该方法也能获取溶度和质量比较高的 DNA。从表 10-15 中数据可以看出本次实验所采用的经典 CTAB 法、改良 CTAB 法以及 SDS 法所得到的 DNA 污染较严重，杂质含量相当高，耗时较长。因此，采用试剂盒方法提取水青树叶片 DNA 是一种比较简单、省时、高效的方法。

10.3.2.2 琼脂糖凝胶电泳检测

取 4μL DNA 原液，加 1μL 5 × loading buffer，用 1.5%琼脂糖凝胶电泳，稳压 150V，20min，凝胶自动成像系统成像，检测 5 种不同 DNA 提取方法提取的水青树基因组 DNA。

由图 10-4(a)、(b)可知，本次实验所采用的传统 CTAB 法和 SDS 法均没有检测到完整的 DNA 条带，这可能是由于水青树叶片中所含多酚类物质较多，酚类物质会破坏 DNA，而且多酚类物质容易被氧化成醌，一旦被氧化成醌后不容易去除掉。而在传统方法中由于没有防止多酚类被氧化和专门的去酚措施，所以可能是在细胞裂解后，酚类物质破坏了基因组 DNA；再者，使用传统方法提取 DNA，耗时都比较长，而在 DNA 提取实验中应当尽量缩短提取时间，所耗时间越长，在提取过程中 DNA 就越容易降解。

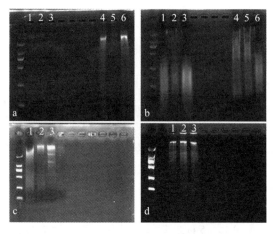

图 10-4　不同 DNA 提取方法的电泳结果比较

a. 经典的 CTAB(1～3)和改良 CTAB 法(4～6)；b. SDS 法；c. 天根吸附柱试剂盒法；d. 磁珠试剂盒法。

由图 10-4(a)中的 4～6 泳道可以看出使用改良的 CTAB 法检测到了较亮的条带，由于该方法是在传统 CTAB 方法上做了一定的改进：①在提取缓冲液中加入了抗坏血酸和PVP(聚乙烯吡咯烷酮)；②增大了 CTAB 和 β－巯基乙醇的用量，都从 2%增大到 3%；③离心过程中是当地提高了转速，缩短了离心的时间，从而使整个 DNA 提取周期缩短。在以上几个方面的改进中，抗坏血酸有抗氧化的作用，能够防止酚被氧化；PVP 是酚的络合物，能够与多酚形成不溶的络合物，从而使酚类物质更容易被去除，同时也能与多糖结合，有效去除多糖；CTAB 溶解细胞膜，并结合核酸使核酸易于分离，通过加大 CTAB的用量，能够使细胞充分裂解，并充分与核酸结合，提高 DNA 得率；β－巯基乙醇作为抗氧化剂，能够有效防止酚被氧化成醌，避免褐变，从而使酚更容易被去除，通过适当地加大其用量，使酚类物质更易被去除（肖婷婷等，2010；仇建标等，2012）。由于以上几个方面的改进措施，所以改良的 CTAB 法比传统方法的提取效果好。

从 10-4(c)、(d) 可以发现，天根吸附柱试剂盒法和磁珠试剂盒均检测到的 DNA 条带很亮，再结合其浓度值，说明使用试剂盒能够得到更高产量的 DNA。

天根吸附柱试剂盒的提取原理：使用相应的裂解液裂解细胞，释放出基因组 DNA，通过过滤吸附柱有效地将 DNA 吸附在吸附膜上，而其他物质则不能被吸附，再使用相应的洗脱液将吸附膜上的 DNA 洗脱下来，从而能够收集到更多且更纯的基因组 DNA。磁珠试剂盒的具体原理与吸附柱试剂盒类似，只是磁珠试剂盒是将 DNA 吸附在磁珠液中。这两种试剂盒原理类似，都是通过吸附的方法把 DNA 与杂质分离开之后，再使用相应的洗脱液将 DNA 洗脱下来，从而收集得到基因组 DNA。

10.3.3 讨论

良好的 DNA 提取方法不仅可以获得纯度高、完整性较好的基因组 DNA，而且具有操作简便、省时、费用低等优点。

本实验采用传统 CTAB 法、改良 CTAB 法、SDS 法、磁珠试剂盒法、无根吸附柱试剂盒法对水青树叶片基因组 DNA 进行提取，并对其 DNA 纯度、浓度、电泳结果、耗时等指标对不同提取方法的提取效果进行比较，结果表明：从 DNA 纯度来看采用试剂盒法提取 DNA 的纯度明显高于从传统 CTAB 法、改良 CTAB 法、SDS 法三种方法所提取的 DNA。其中，天根吸附柱试剂盒法提取的 DNA 纯度较高，OD260/OD280 为 1.77，OD260/OD230 为 2.13。从 DNA 浓度来看，除 SDS 法提取的 DNA 浓度偏低外，其余四种方法都所获得提取的 DNA 浓度相对较高，两种试剂盒法均高于传统 CTAB 法和改良 CTAB 法，其中，磁珠试剂盒提取的 DNA 浓度为 299.2ng·μL^{-1} 略高于天根吸附柱试剂盒法（242.0ng·μL^{-1}）。在耗时上，采用试剂盒法的耗时量明显低于传统 CTAB 法、改良 CTAB 法、SDS 法三种方法，其中，磁珠试剂盒法耗时为 60min，低于天根吸附柱试剂盒法耗时（80min）。从电泳结果来看，两种试剂盒法获得的 DNA 条带相对较为完整清晰。

综合产量、质量以及提取步骤等方面综合考虑，磁珠试剂盒法、无根吸附柱试剂盒法两种试剂盒法对水青树叶片 DNA 的提取结果均优于传统 CTAB 法、改良 CTAB 法、SDS 法。磁珠试剂盒法所提取的 DNA 存在一定的 RNA 污染，加入 RNase A 之后该方法也可作为 DNA 提取的高效、实用的方法。综合比较，使用天根吸附柱试剂盒对进水青树叶片进行总 DNA 提取效果更佳。

此外，样品材料的处理、选材的部位及其提取方法对 DNA 的质量也有着直接的影响（谢冬梅等，2014）。样品材料的质量是提取高质量 DNA 的前提和保障，因此，应采用正确的保存方法以避免样品材料受到机械损伤和氧化褐变，同时不为内源核酸酶催化降解等。本研究采用-80℃冻存法保存样品，获得了较高质量的 DNA，为提取高质量的水青树基因组 DNA 奠定了基础。本次试验水青树叶片组织细胞中含有大量的多糖类物质，如果提取方法选择不当，将会使 DNA 埋在这种黏稠胶状物中而难以溶解。因此，在总 DNA

提取过程中必须除去材料中的酚类物质、多糖和蛋白质等化合物。本研究选取的 5 种 DNA
提取方法去除杂质的程度有所不同。OD260/OD280 的值在 1.8~2.0 范围内最好，表示基本
没有蛋白质、RNA 的污染；OD260/OD230 的值在 2.0 左右表明色素、小分子、盐离子等
杂质较少。实验结果表明，经典 CTAB 法、改良 CTAB 法、SDS 法三种方法所提取的 DNA
污染较严重，杂质较多可能原因是操作过程过于烦琐，其间发生了 DNA 的降解，以及引
入了污染物，并且由于缺少 RNase，使得所提取 DNA 中不可避免的混有大量的 RNA。两
种试剂盒法均较为成功地获取了可供继续实验使用的 DNA，其中天根吸附柱试剂盒在提
取过程中不需要加入 RNase，并且操作相对简便，耗时少，为一种有效的提取高质量水青
树叶片 DNA 的方法。

随着水青树在开发应用与保护领域研究的不断推进，在其分子生物学方面的研究也会
不断深入。本文所报道的这种简便有效的 DNA 提取方法，可以为今后水青树的分子生物
学研究提供借鉴。

10.4　水青树天然种群遗传多样性的 ISSR 分析

10.4.1　材料与方法

10.4.1.1　材料

按照第 10.2.1 小节群体及样株的选择方法确定好群体及采样株，然后在各样株选取相
对较嫩绿的新鲜叶子 5 片放进装有 50g 硅胶的自封袋中进行干燥保存，为使其迅速干燥应
及时更换硅胶。随后带至室内，并放入-70℃超低温冰箱中保存待用。

10.4.1.2　方法

1. 总 DNA 的提取及检测

（1）采用 LABGENE 生物公司的干植物样本 DNA 提取试剂盒提取总 DNA，所有操作
均按照其具体说明进行操作。

（2）取 4μL 的 DNA 提取液，与 2μL 溴酚蓝混匀后，在 1.5% 的琼脂糖凝胶中电泳，电
压设置为 150V，电泳 20min；并在凝胶成像系统下观察、拍照记录，对照 marker 检测基
因组的完整程度并判断分子大小。

（3）在 Nanodrop 2000/2000C 分光光度计上检测 DNA 提取液的浓度和纯度。以
OD260/OD280 值（RNA、蛋白质及酚等大分子污染指标）和 OD260/OD230（盐等其他小分
子污染指标）值评定纯度。每个样品测 3 次，再取其平均值。

2. ISSR 引物的筛选

ISSR 引物为加拿大哥伦比亚大学（UBC）所公布的 100 条。筛选方法如下：

（1）先进行初筛：随机用 3 个质量较好的 DNA 模板，分别用这 100 条引物对其进行扩增，筛选出能够扩增出条带的引物。

（2）多态性引物的筛选：在每个种群中随机选取一个样本（共 25 个），用初筛出的引物对其进行扩增，选出具有重复性好、标记位点清晰、多态性丰富的引物作为最终的实验引物。

3. ISSR-PCR 扩增及扩增产物的检测

（1）反应体系为 25μL：12.5μL 2×Taq PCR Master Mix，引物 2μL（10μmol/L），40ng 模板 DNA，加水补至 25μL。

（2）扩增程序：94℃预变性 5min；94℃变性 30s，退火 30s，具体退火温度因引物而异，筛选出的引物退火温度见表 10-16，72℃延伸 1min，40 个循环，循环结束后 72℃延伸 5min，4℃保存。

（3）PCR 产物的检测：取 4μL 的 DNA 提取液，用 1μL 溴酚蓝混匀后，在 2.0% 的琼脂糖凝胶中电泳，电压设置为 100V，电泳 50min；并在凝胶成像系统下观察、拍照记录，以 100～2000bp 的分子标记作为对照。

10.4.1.3　实验数据的计算与处理

1. 条带的统计

将电泳图谱中的每一条带均看作一个分子标记（marker），同时代表一个引物的结合位点。根据凝胶相同位置上条带的有无进行统计，有带（包括弱带）则记为"1"，无带则记为"0"。

2. 遗传多样性参数的计算

采用 POPGENE 软件（Yeh et al.，1997）计算如下遗传多样性参数：
（1）多态位点百分比 PPL，即多态性位点所占的比例；
（2）观测杂合度 N_a，即观测到的等位基因数；
（3）有效杂合度 N_e，即有效等位基因数；
（4）Shannon's 信息指数 I，评价基因多样度的信息指数；
（5）Nei's 遗传多样性指数 h。

3. 种群间遗传分化及基因流

（1）遗传分化系数（G_{st}），体现群体之间的遗传分化水平的高低。若 G_{st} 在 0～0.05，表明群体之间具有低水平的遗传分化；若 G_{st} 在 0.05～0.15，表明具有中等水平的遗传分化；处于 0.15～0.25 时，说明具有较高的遗传分化水平；大于 0.25 时，则表明群体之间的遗传分化水平很高（Balloux et al.，2002）。

（2）基因流 $N_m=0.5×(1-G_{st})/G_{st}$。如果 $N_m<1$，那么就存在中性等位基因的迁移作用导致等位频率的变化，或者因小种群影响而存在遗传漂变；如果 $N_m>1$，则基因流较大，群体间的遗传分化程度较小(Wright，1978)；

4. AMOVA 分子方差分析

利用 DCFA 和 WINAMOVA 1.55 软件计算种群间和种群内的总方差、均方、变异组分及变异组分百分比(Excoffier et al.，1992；张富民等，2002)，遗传方差分量的统计显著性采用 1000 次置换评价。

5. 遗传结构的分析

根据 POPGENE 计算出来的各种群之间的遗传距离，运用软件 NTSYS，以 UPGMA 方法，绘制各群体聚类分析图；运用 STRUCTURE 软件，根据等位基因频率对水青树进行聚类，并分析其群体遗传结构；运用 MVSP 32 软件进行主坐标分析以研究各种群及个体的遗传结构。

6. 遗传距离与地理距离的相关性检验

为估计群体之间的遗传距离与地理距离是否存在相关性，首先在南方 CASS 软件上利用各种群的地理位置经纬度计算出各个群体之间地理距离矩阵；然后运用 TFPGA 软件分析地理距离矩阵与遗传距离矩阵之间的相关性。

10.4.2　结果与分析

10.4.2.1　ISSR 引物扩增结果

表 10-16　14 条 ISSR 引物序列及扩增结果

引物编号	引物序列	退火温度/℃	总条带数	多态性条带数	多态性条带百分率/%
UBC808	AGA GAG AGA GAG AGA GC	54.6	18	15	83.33
UBC811	GAG AGA GAG AGA GAG AC	54.6	15	12	80.00
UBC817	CAC ACA CAC ACA CAC AA	52.2	7	5	71.43
UBC825	ACA CAC ACA CAC ACA CT	52.2	12	8	66.67
UBC827	ACA CAC ACA CAC ACA CG	54.6	9	4	44.44
UBC828	TGT GTG TGT GTG TGT GA	52.2	12	7	58.33
UBC834	AGA GAG AGA GAG AGA GYT	53.9	16	13	81.25
UBC835	AGA GAG AGA GAG AGA GYC	56.2	11	9	81.82
UBC836	AGA GAG AGA GAG AGA GYA	53.9	15	8	53.33
UBC840	GAG AGA GAG AGA GAG AYT	53.9	14	12	85.71
UBC841	GAG AGA GAG AGA GAG AYC	56.2	15	5	33.33
UBC842	GAG AGA GAG AGA GAG AYG	56.2	13	8	61.54
UBC848	CAC ACA CAC ACA CAC ARG	56.2	13	10	76.92
UBC849	GTG TGT GTG TGT GTG TYA	53.9	10	7	70.00
总共	—	—	180	123	68.33

从 100 条 UBC ISSR 引物中共筛选出了 14 条能够扩增出稳定、清晰的条带，且多态性较高的引物用于水青树遗传多样性的研究(表 10-16)。14 条 ISSR 引物对 26 个种群的 174 个个体进行分析，共扩增出 180 个条带，多态性条带数共为 123，平均多态性条带百分率为 68.33%。单条引物扩增的条带数在 7~18，多态性条带数在 4~15，多态性条带百分率介于 33.33%~85.71%。ISSR 扩增产物的分子量大多在 100~2000bp，部分 ISSR 扩增结果见图 10-5。

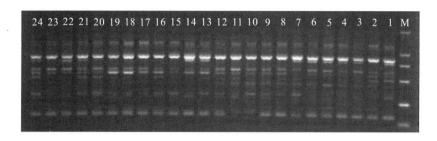

图 10-5　引物 UBC841 对部分样品的 ISSR 扩增结果

10.4.2.2　水青树种群水平遗传多样性及种群间遗传分化

根据 ISSR 扩增的分子数据,利用 POPGENE32 计算各种群的遗传多样性参数(表10-17)。由表 10-17 可知,5 个遗传多样性参数在 26 个种群中的变化趋势基本一致。在种群水平上,多态性条带百分比(PPL)、平均观测等位基因数(N_a)、平均有效等位基因数(N_e)、Nei 遗传多样度(H)、Shannon 多态信息指数(I)分别介于 9.44%~30.56%、1.0944~1.3056、1.0743~1.2177、0.0410~0.1217、0.0589~0.1774,其平均值分别为 20.04%、1.1970、1.1343、0.0761、0.1121。不同种群的遗传多样性参数差异较大,其中最大值出现在 BSJ 种群(PPL=30.56% N_a=1.0944、N_e=1.0743、H=0.0410、I=0.0589),最小值出现在 KP 种群(PPL=9.44%、N_a=1.3056、N_e=1.2177、H=0.1217、I=0.1774)。总体来看,BSJ、TJH、BDGS、BH、HG 种群的遗传多样性相对较高,而 BMXS、KP 种群的遗传变异水平则相对较低。

表 10-17　26 个水青树种群遗传多样性参数

种群	PPL/%	N_a	N_e	H	I
1.JFS	21.11	1.1211	1.1489	0.0830	0.1214
2.HG	26.11	1.2611	1.1738	0.0992	0.1462
3.FP	15.00	1.1500	1.1024	0.0574	0.0844
4.BDGS	28.89	1.2889	1.1880	0.1068	0.1577
5.MLZ	19.44	1.1944	1.1482	0.0812	0.1172
6.TJH	29.44	1.2944	1.2071	0.1170	0.1710
7.HK	23.33	1.2333	1.1456	0.0830	0.1234
8.KP	9.44	1.0944	1.0743	0.0410	0.0589
9.BMXS	11.67	1.1167	1.0767	0.0438	0.0647
10.QZMS	21.11	1.2111	1.1415	0.0808	0.1190

种群	PPL/%	N_a	N_e	H	I
11.LGS	18.33	1.1833	1.1264	0.0712	0.1045
12.MCS	14.44	1.1444	1.1051	0.0583	0.0849
13.FJS	13.89	1.1389	1.0942	0.0532	0.0784
14.WL	22.78	1.2278	1.1648	0.0916	0.1332
15.BH	26.67	1.2667	1.1694	0.0977	0.1450
16.DFD	20.00	1.2000	1.1092	0.0642	0.0977
17.SHS	14.44	1.1444	1.0872	0.0511	0.0766
18.SNJ	19.44	1.1944	1.1279	0.0731	0.1080
19.HBY	22.22	1.2222	1.1430	0.0818	0.1211
20.KKS	16.11	1.1611	1.0903	0.0532	0.0809
21.DSH	19.44	1.1944	1.1270	0.0740	0.1097
22.BSJ	30.56	1.3056	1.2177	0.1217	0.1774
23.EM	18.33	1.1833	1.1215	0.0690	0.1020
24.WFHH	20.00	1.2000	1.1213	0.0707	0.1055
25.GLGS	15.00	1.1500	1.1156	0.0624	0.0900
26.ALS	23.89	1.2389	1.1655	0.0929	0.1358
种群水平(均值)	20.04	1.1970	1.1343	0.0761	0.1121

PPL：多态位点百分比；N_a：平均观测等位基因数；N_e：平均有效等位基因数；H：Nei 遗传多样度；I：Shannon 多态信息指数.

　　种群间和种群内的遗传变异共同组成了水青树总的遗传变异。AMOVA 分析结果显示，水青树种群间的遗传变异占总遗传变异的 52.02%（$P<0.001$），种群内的遗传变异占总遗传变异的 47.98%（$P<0.001$）（表 10-18）。表明种群间的变异大于种群内的变异，种群间的遗传变异是水青树遗传变异的主要来源。

表 10-18　水青树种群的 AMOVA 分析

变异来源	自由度	均方和	方差组分	变异百分比/%	P 值
种群间	25	1692.084	8.924	52.02	<0.001
种群内	148	1218.440	8.233	47.98	<0.001
总和	173	2910.523	17.157	100	

　　水青树物种水平的遗传多样性分析结果显示（表 10-19）：物种水平的多态位点百分率（PPL）、Nei 遗传多样度（H）和 Shannon 多态信息指数（I）分别为 68.33%、0.1957、0.3004。26 个种群总的基因多样性（H_t）为 0.1938，其中，种群内的基因多样性（H_s）为 0.0761，小于总基因多样性的一半，这也说明水青树的遗传变异主要存在于种群间，与 AMOVA 分子方差分析结果相一致。

表 10-19　水青树物种水平的遗传多样性参数

参数	PPL	H	I	H_t	H_s	G_{st}	N_m
值	68.33%	0.1957	0.3004	0.1938	0.0761	0.6072	0.3235

H：Nei 遗传多样度；I：Shannon 多态信息指数；H_t：总的基因多样性；H_s：种群内的基因多样性；G_{st}：种群间基因分化系数；N_m：种群间基因流。

种群间的基因分化系数 (G_{st}) 为 0.6072，基因流 (N_m) 为 0.3235，参照 Balloux（2002）和 Wright（1978）根据 G_{st} 和 N_m 的值判定种群间的遗传分化水平和基因交流程度可知，水青树种群间基因流水平较低而遗传分化程度较高。

10.4.2.3　水青树种群遗传结构

1. 水青树种群遗传关系的 UPGMA 聚类分析

通过计算种群之间的遗传距离和遗传相似度，可以定量地分析各种群之间的亲缘关系。当遗传相似度趋于 0 时，表明两个种群几乎无亲缘关系；当遗传相似度趋于 1 时，表明两个种群的亲缘关系极为相近。26 个水青树种群之间的遗传距离和遗传相似度分析结果见表 10-20。

根据各种群之间的遗传距离，进行 UPGMA 聚类分析，结果显示，以 0.14 为阈值可将 26 个水青树种群分为 3 大类群（图 10-6）。其中，JFS、KKS、DSH、LGS、FJS、SHS、TJH、BH、BSJ、HK、WL、DFD、EM 种群聚为第一大类；第二大类为 HG、FP、HBY、MCS、BDGS、MLZ、QZMS、WFHH、SNJ 种群；KP、BMXS、GLGS、ALS 种群聚为第三大类。

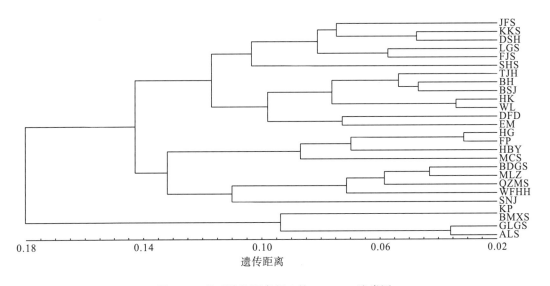

图 10-6　基于遗传距离得出的 UPGMA 聚类图

表 10-20　遗传距离和遗传相似度矩阵

种样	1.JFS	2.HG	3.FP	4.BDGS	5.MLZ	6.TJH	7.HK	8.KP	9.BMXS	10.QZMS	11.LGS	12.MCS	13.FJS	14.WL	15.BH	16.DFD	17.SHS	18.SNJ	19.HBY	20.KKS	21.DSH	22.BSJ	23.EM	24.WFHH	25.GLGS	26.ALS
1.JFS	****	0.1154	0.1680	0.1441	0.1581	0.1192	0.1052	0.1901	0.1948	0.1428	0.0877	0.1613	0.0845	0.1043	0.1201	0.0986	0.0979	0.1437	0.1451	0.0628	0.0811	0.1263	0.1001	0.1515	0.1857	0.1630
2.HG	0.8910	****	0.0283	0.1076	0.1347	0.0827	0.1273	0.1832	0.1934	0.1129	0.1457	0.0752	0.1596	0.1169	0.1070	0.1263	0.1383	0.1089	0.0597	0.1363	0.1341	0.1096	0.1081	0.1301	0.1715	0.1708
3.FP	0.8454	0.9721	****	0.1125	0.1421	0.1065	0.1622	0.1928	0.2002	0.1290	0.1759	0.0904	0.1919	0.1551	0.1375	0.1664	0.1610	0.1150	0.0741	0.1800	0.1760	0.1240	0.1430	0.1404	0.1864	0.2044
4.BDGS	0.8658	0.8980	0.8936	****	0.0399	0.1357	0.1599	0.1786	0.1833	0.0533	0.1413	0.1571	0.1293	0.1635	0.1615	0.1416	0.1570	0.0963	0.1143	0.1487	0.1627	0.1440	0.1407	0.0611	0.1821	0.1723
5.MLZ	0.8538	0.8740	0.8676	0.9609	****	0.1381	0.1712	0.2028	0.2079	0.0578	0.1475	0.1706	0.1299	0.1831	0.1703	0.1418	0.1584	0.1208	0.1400	0.1568	0.1724	0.1656	0.1444	0.0745	0.1965	0.1881
6.TJH	0.8877	0.9206	0.8990	0.8731	0.8710	****	0.0637	0.1788	0.1756	0.1439	0.1240	0.0783	0.1136	0.0823	0.0534	0.1036	0.1322	0.1366	0.0883	0.1080	0.1206	0.0479	0.0993	0.1491	0.1603	0.1736
7.HK	0.9002	0.8805	0.8503	0.8522	0.8426	0.9383	****	0.1713	0.1737	0.1532	0.1011	0.1220	0.0970	0.0307	0.0695	0.0804	0.1067	0.1289	0.1293	0.0875	0.1022	0.0812	0.0942	0.1446	0.1706	0.1636
8.KP	0.8268	0.8326	0.8247	0.8364	0.8164	0.8363	0.8426	****	0.0168	0.1709	0.1981	0.1779	0.1664	0.1657	0.1902	0.1695	0.1881	0.1999	0.1796	0.1956	0.1918	0.1697	0.1789	0.1869	0.0867	0.0839
9.BMXS	0.8230	0.8241	0.8186	0.8325	0.8123	0.8389	0.8406	0.9834	****	0.1733	0.1986	0.1774	0.1690	0.1716	0.1725	0.1676	0.1859	0.1939	0.1800	0.1891	0.1967	0.1638	0.1745	0.1814	0.1017	0.0920
10.QZMS	0.8669	0.8932	0.8789	0.9481	0.9438	0.8660	0.8579	0.8429	0.8409	****	0.1275	0.1340	0.1321	0.1470	0.1585	0.1398	0.1524	0.1134	0.1241	0.1544	0.1665	0.1534	0.1301	0.0692	0.1744	0.1619
11.LGS	0.9161	0.8644	0.8387	0.8682	0.8628	0.8834	0.9039	0.8203	0.8199	0.8803	****	0.1402	0.0543	0.1213	0.1120	0.0923	0.0734	0.1501	0.1436	0.0635	0.1037	0.1342	0.1362	0.1488	0.2155	0.1996
12.MCS	0.8511	0.9276	0.9136	0.8546	0.8432	0.9246	0.8852	0.8371	0.8374	0.8746	0.8692	****	0.1336	0.1132	0.0883	0.1445	0.1670	0.1362	0.0871	0.1490	0.1615	0.0856	0.1307	0.1480	0.1823	0.1888
13.FJS	0.9190	0.8525	0.8254	0.8787	0.8782	0.8926	0.9076	0.8467	0.8445	0.8763	0.9472	0.8749	****	0.1162	0.1198	0.1075	0.0999	0.1568	0.1540	0.0542	0.0770	0.0805	0.0952	0.1360	0.1864	0.1727
14.WL	0.9010	0.8897	0.8563	0.8492	0.8327	0.9210	0.9698	0.8473	0.8423	0.8633	0.8858	0.8930	0.8903	****	0.0632	0.0992	0.1138	0.1299	0.1240	0.1042	0.1236	0.1236	0.0987	0.1545	0.1587	0.1546
15.BH	0.8868	0.8985	0.8715	0.8508	0.8434	0.9480	0.9329	0.8268	0.8416	0.8534	0.8940	0.9155	0.8871	0.9387	****	0.0829	0.1349	0.1472	0.0901	0.1017	0.1537	0.0438	0.0952	0.1537	0.1711	0.1692
16.DFD	0.9061	0.8814	0.8467	0.8680	0.8678	0.9016	0.9228	0.8440	0.8457	0.8695	0.9118	0.8654	0.8981	0.9055	0.9204	****	0.0943	0.1691	0.1160	0.1125	0.1100	0.1080	0.0699	0.1340	0.1389	0.1286
17.SHS	0.9068	0.8709	0.8513	0.8547	0.8535	0.8762	0.8988	0.8285	0.8304	0.8587	0.9292	0.8462	0.9049	0.8924	0.8738	0.9100	****	0.1277	0.1418	0.1470	0.1375	0.1465	0.1333	0.1552	0.2066	0.1921
18.SNJ	0.8662	0.8968	0.8913	0.9082	0.8862	0.8723	0.8790	0.8188	0.8237	0.8928	0.8606	0.8727	0.8549	0.8782	0.8631	0.8966	0.8802	****	0.0956	0.1380	0.1080	0.1208	0.1260	0.1000	0.1824	0.1686
19.HBY	0.8650	0.9420	0.9286	0.8920	0.8693	0.9155	0.8787	0.8356	0.8353	0.8833	0.8662	0.9166	0.8573	0.8834	0.9139	0.8905	0.8678	0.9088	****	0.1375	0.0943	0.0934	0.1315	0.1379	0.1687	0.1727
20.KKS	0.9391	0.8726	0.8353	0.8618	0.8548	0.8976	0.9162	0.8223	0.8277	0.8569	0.9385	0.8616	0.9473	0.9011	0.9033	0.9100	0.8936	0.8633	0.8711	****	0.0444	0.1159	0.1260	0.1376	0.1950	0.1746
21.DSH	0.9221	0.8745	0.8386	0.8498	0.8417	0.8864	0.9029	0.8254	0.8214	0.8466	0.9015	0.8509	0.9258	0.8837	0.8958	0.8881	0.8868	0.8657	0.8715	0.9566	****	0.1092	0.1100	0.1351	0.2027	0.1820
22.BSJ	0.8813	0.8961	0.8833	0.8659	0.8474	0.9532	0.9220	0.8439	0.8489	0.8578	0.8744	0.9180	0.8794	0.9226	0.9572	0.8976	0.8637	0.8862	0.9109	0.8906	0.9123	****	0.0918	0.1443	0.1398	0.1548
23.EM	0.9047	0.8976	0.8668	0.8687	0.8656	0.9054	0.9101	0.8362	0.8399	0.8780	0.8727	0.8775	0.8766	0.9092	0.9060	0.9325	0.8752	0.8816	0.8767	0.8959	0.8656	0.9123	****	0.0995	0.1275	0.1186
24.WFHH	0.8594	0.8780	0.8690	0.9407	0.9282	0.8615	0.8654	0.8295	0.8341	0.9331	0.8617	0.8625	0.8728	0.8568	0.8576	0.8746	0.8562	0.9049	0.8712	0.8714	0.8656	0.8656	0.9053	****	0.1814	0.1589
25.GLGS	0.8305	0.8424	0.8299	0.8335	0.8216	0.8519	0.8432	0.9170	0.9033	0.8399	0.8061	0.8334	0.8299	0.8532	0.8427	0.8703	0.8133	0.8332	0.8448	0.8228	0.8165	0.8695	0.8803	0.8341	****	0.0326
26.ALS	0.8496	0.8430	0.8151	0.8417	0.8286	0.8407	0.8491	0.9195	0.9121	0.8505	0.8191	0.8280	0.8414	0.8567	0.8443	0.8793	0.8252	0.8449	0.8414	0.8398	0.8336	0.8566	0.8882	0.8531	0.9679	****

注：对角线上方为遗传距离；对角线下方为遗传相似度。

2. 水青树种群遗传关系的 Structure 分析

根据不同个体等位基因频率的差异性对 26 个水青树种群的 174 个个体进行 Structure 聚类分析。由于共有 26 个种群，在分析过程中将 K 值设为 2～26 个分类群体进行分析，并根据 Pritchard 等 (2000) 的判定标准将分析过程中所得出的 $\ln P(D)$ 值随 K 值的变化关系进行作图分析 (图 10-7)，没有发现明显的拐点。因此，再根据 Evanno 等 (2005) 的评判标准以及相关计算公式 ($\Delta K = M(|L(k+1) - 2L(k) + L(k-1)|)/S(L(k))$) 分别求得各 K 值所对应的 ΔK，再利用作图软件作出 ΔK 与 K 的关系图 (图 10-8)，结果显示：当 $K=3$ 时，出现明显的峰值，因此可以认为将 26 个水青树种群分为三大类群是最为合理的。从 $K=3$ 时的 Structure 聚类图 (图 10-9) 可知，蓝色类群为 JFS、TJH、HK、LGS、MCS、FJS、WL、BH、DFD、SHS、KKS、DSH、BSJ、EM 种群；HG、FP、BDGS、MLZ、QZMS、SNJ、HBY、WFHH 种群则聚为绿色类群；第三大类红色类群为 ALS、GLGS、KP、BMXS 种群。这三大类群中均有相互交叉的现象，表明各大类群之间的隔离并不是绝对的，相互之间仍存在着一定的基因交流。

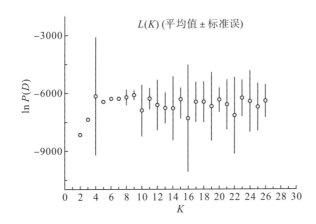

图 10-7　Structure 分析中 $\ln P(D)$ ($\pm$SD) 随 K 值变化趋势图

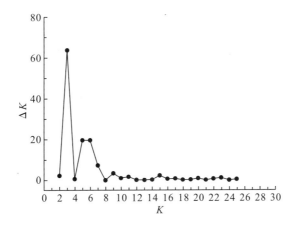

图 10-8　Structure 分析中 ΔK 与 K 值关系图

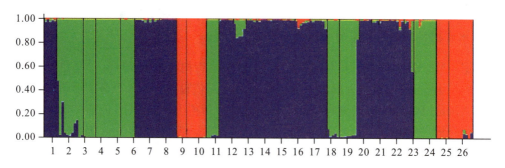

图 10-9　26 个水青树种群的 Structure 聚类图（K=3）（编号所代表的种群见表 10-7）

3. 水青树种群遗传关系的 PCoA 分析

对 26 个水青树种群的 174 个个体的 ISSR 数据进行 PCoA 主坐标分析（图 10-10）。结果表明：174 个水青树个体可被分成三大类且同一个种群中的所有个体均被分在同一大类中。其中，第 I 大类群中有 JFS、TJH、HK、LGS、MCS、FJS、WL、BH、DFD、SHS、KKS、DSH、BSJ、EM 种群中的所有个体；HG、FP、BDGS、MLZ、QZMS、SNJ、HBY、WFHH 种群中的所有个体都聚在第 II 大类群中；KP、BMXS、GLGS、ALS 种群中的个体则聚为第 III 大类群。

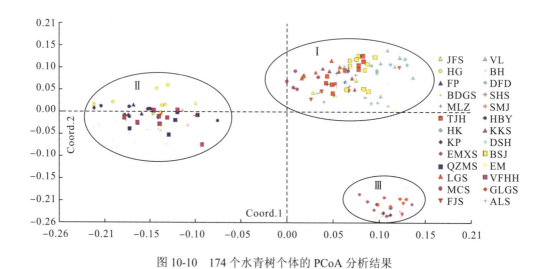

图 10-10　174 个水青树个体的 PCoA 分析结果

10.4.2.4　水青树种群间遗传距离与地理距离的相关性分析

在 CASS9.0 软件上利用各种群的地理坐标计算出各种群两两之间的地理距离矩阵，及在 POPGENE 软件上计算出遗传距离矩阵（表 10-21），再利用 TFPGA 软件分析各种群间的地理距离与遗传距离的相关性（图 10-11）。

表 10-21　遗传距离与地理距离矩阵

种群编号	1.JFS	2.HG	3.FP	4.BDGS	5.MLZ	6.TJH	7.HK	8.KP	9.BMXS	10.QZMS	11.LGS	12.MCS	13.FJS	14.WL	15.BH	16.DFD	17.SHS	18.SNJ	19.HBY	20.KKS	21.DSH	22.BSJ	23.EM	24.WFHH	25.GLGS	26.ALS
1.JFS	****	222.7	174.2	324.0	342.1	394.4	319.5	885.7	861.4	290.8	130.8	128.1	164.8	445.3	347.0	443.5	309.7	375.0	167.4	25.5	64.6	324.6	417.7	386.6	935.4	684.0
2.HG	0.1154	****	77.5	213.5	221.1	556.6	460.9	1057.3	1033.2	180.6	255.1	220.5	198.1	608.9	486.5	621.8	293.5	219.5	103.1	244.3	179.6	466.4	591.6	245.4	1109.6	871.2
3.FP	0.1680	0.0283	****	276.7	287.4	480.0	383.6	980.5	956.5	241.5	245.1	144.6	211.0	532.3	409.1	546.5	334.0	293.1	25.9	198.8	151.8	389.2	516.0	317.0	1033.0	796.4
4.BDGS	0.1441	0.1076	0.1125	****	20.2	714.1	629.7	1209.3	1185.0	35.9	254.5	392.6	175.4	766.0	657.0	767.1	130.0	76.0	301.1	331.7	259.3	635.1	740.6	69.1	1259.2	1007.6
5.MLZ	0.1581	0.1347	0.1421	0.0399	****	731.0	645.5	1227.0	1202.7	51.6	274.6	407.2	195.3	782.9	672.7	784.7	145.1	58.3	312.2	350.4	277.5	651.0	758.0	48.9	1277.0	1026.0
6.TJH	0.1192	0.0827	0.1065	0.1357	0.1381	****	102.5	500.9	476.8	679.4	507.1	336.1	558.5	52.5	85.5	80.2	700.8	755.6	455.7	393.9	457.8	27.4	248.8	772.3	553.1	323.2
7.HK	0.1052	0.1273	0.1622	0.1599	0.1712	0.0637	****	597.7	573.9	594.3	442.5	242.1	483.8	152.2	127.5	180.3	629.3	666.1	358.6	324.2	379.9	115.6	147.7	684.7	650.8	425.7
8.KP	0.1901	0.1832	0.1928	0.1786	0.2028	0.1788	0.1713	****	24.3	1175.5	983.3	836.9	1045.6	448.5	573.6	442.3	1180.8	1254.7	955.9	880.6	950.3	592.2	469.4	1269.9	54.6	219.8
9.BMXS	0.1948	0.1934	0.2002	0.1833	0.2079	0.1756	0.1737	0.0168	****	1151.2	959.1	812.9	1021.2	424.4	549.9	418.0	1156.6	1230.5	931.9	856.3	926.0	568.4	445.1	1245.6	77.2	197.2
10.QZMS	0.1428	0.1129	0.1290	0.0533	0.0578	0.1439	0.1532	0.1709	0.1733	****	229.9	356.8	149.0	731.4	621.5	733.2	137.0	92.6	265.7	299.7	226.3	599.8	706.4	96.6	1225.6	974.8
11.LGS	0.0877	0.1457	0.1759	0.1413	0.1475	0.1240	0.1011	0.1981	0.1986	0.1275	****	255.2	81.3	555.6	469.6	545.6	197.4	322.4	251.5	119.2	98.4	447.2	523.5	323.4	1030.7	773.2
12.MCS	0.1613	0.0752	0.0904	0.1571	0.1706	0.0783	0.1220	0.1779	0.1774	0.1340	0.1402	****	267.5	388.5	268.5	401.9	412.5	424.6	121.5	148.9	165.3	247.7	371.4	444.3	889.2	651.8
13.FJS	0.0845	0.1596	0.1919	0.1293	0.1299	0.1136	0.0970	0.1664	0.1690	0.1321	0.0543	0.1336	****	609.0	511.3	604.4	146.4	241.4	225.1	165.4	105.0	488.9	579.9	243.7	1094.2	839.3
14.WL	0.1043	0.1169	0.1551	0.1635	0.1831	0.0823	0.0307	0.1657	0.1716	0.1470	0.1213	0.1132	0.1162	****	131.5	54.1	750.4	808.0	507.8	443.9	509.1	146.8	42.6	824.4	500.8	274.8
15.BH	0.1201	0.1070	0.1375	0.1615	0.1703	0.0534	0.0695	0.1902	0.1725	0.1585	0.1120	0.0883	0.1198	0.0632	****	165.5	656.8	692.8	383.9	351.5	407.4	22.5	133.4	711.6	626.9	406.2
16.DFD	0.0980	0.1263	0.1664	0.1416	0.1418	0.1036	0.0804	0.1695	0.1676	0.1398	0.0923	0.1445	0.1075	0.0992	0.0829	****	742.4	813.3	523.0	439.0	508.0	175.5	32.6	827.9	492.5	250.2
17.SHS	0.0979	0.1383	0.1610	0.1570	0.1584	0.1322	0.1067	0.1881	0.1859	0.1524	0.0734	0.1670	0.0999	0.1138	0.1349	0.0943	****	203.2	353.5	307.2	251.4	634.3	719.5	185.6	1228.1	970.3
18.SNJ	0.1437	0.1089	0.1150	0.0963	0.1208	0.1366	0.1289	0.1999	0.1939	0.1134	0.1501	0.1362	0.1568	0.1299	0.1472	0.1091	0.1277	****	318.9	386.4	311.6	671.6	785.4	32.3	1305.6	1057.8
19.HBY	0.1451	0.0597	0.0741	0.1143	0.1366	0.0883	0.1293	0.1796	0.1800	0.1241	0.1436	0.0871	0.1540	0.1240	0.0901	0.1160	0.1418	0.0956	****	192.7	154.9	364.2	492.3	342.6	1008.5	773.1
20.KKS	0.0628	0.1363	0.1800	0.1487	0.1400	0.1080	0.0875	0.1956	0.1891	0.1544	0.0635	0.1490	0.0542	0.1042	0.1017	0.0943	0.1125	0.1470	0.1380	****	75.3	329.1	414.5	396.1	929.6	676.2
21.DSH	0.0811	0.1341	0.1760	0.1627	0.1724	0.1206	0.1022	0.1918	0.1967	0.1665	0.1037	0.1615	0.0770	0.1236	0.1100	0.1186	0.1202	0.1466	0.1375	0.0444	****	385.1	482.1	322.4	1000.0	748.5
22.BSJ	0.1263	0.1096	0.1240	0.1440	0.1656	0.0479	0.0812	0.1697	0.1638	0.1534	0.1342	0.0856	0.1285	0.0805	0.0438	0.1080	0.1465	0.1208	0.0934	0.1159	0.1092	****	143.0	690.2	645.2	420.5
23.EM	0.1001	0.1081	0.1430	0.1407	0.0993	0.0942	0.1446	0.1789	0.1745	0.1301	0.1362	0.1307	0.1317	0.0952	0.0987	0.0699	0.1333	0.1260	0.1315	0.1100	0.1317	0.0918	****	800.6	520.3	281.6
24.WFHH	0.1515	0.1301	0.1404	0.0745	0.1491	0.1446	0.1706	0.1869	0.1814	0.0692	0.1488	0.1480	0.1360	0.1545	0.1537	0.1340	0.1552	0.1000	0.1379	0.1376	0.1351	0.1443	0.0995	****	1320.3	1070.6
25.GLGS	0.1857	0.1715	0.1864	0.1821	0.1603	0.1603	0.1706	0.0867	0.1017	0.1744	0.2155	0.1823	0.1864	0.1587	0.1711	0.1389	0.2066	0.1824	0.1687	0.1950	0.2027	0.1398	0.1275	0.1814	****	260.9
26.ALS	0.1630	0.1708	0.2044	0.1723	0.1881	0.1736	0.1636	0.0839	0.0920	0.1619	0.1996	0.1888	0.1727	0.1546	0.1692	0.1286	0.1921	0.1686	0.1727	0.1746	0.1820	0.1548	0.1186	0.1589	0.0326	****

注：对角线上方为地理距离 (km)；对角线下方为遗传距离。

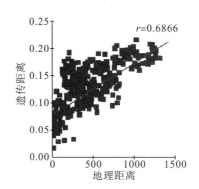

图 10-11 水青树 26 个种群的遗传距离与地理距离的相关性分析

相关性检测结果显示:相关性系数 r=0.6866,且 P=0.001(<0.01)。表明各种群间的遗传距离与地理距离存在极显著正相关性,说明地理距离对水青树种群之间的遗传分化程度具有极显著的影响。例如,MLZ 种群和 BDGS 种群、KP 种群和 BMXS 种群、TJH 种群和 BSJ 种群等在地理距离上较近,其遗传距离也较近而在聚类分析中都分别被聚在一起,说明这些种群两两之间的遗传分化程度较低,亲缘关系较近;而 GLGS 种群和 MLZ、WFHH、SNJ 这些种群的地理距离均较远,其遗传距离也较远,表明 GLGS 种群与这些种群之间的遗传差异性较大,亲缘关系较远。

10.4.3 结论与讨论

10.4.3.1 水青树物种水平遗传多样性

本书对 26 个水青树种群的 174 个个体的遗传多样性分析显示,其物种水平上多态性位点百分率 PPL 为 68.33%,比 Nybom 等(2000)总结的 107 个物种的平均遗传多样性(PPL 均值为 71.02%)低。与其他濒危木本植物相比较而言,明显较四药门花(*Loropetalum subcordatum*,PPL=62.27%)(Gong et al.,2010)、天目铁木(*Ostrya rehderiana* Chun,PPL=29.90%)(Li et al.,2012)、*Metrosideros boninensis*(PPL=12.90%)(Kaneko et al.,2008)等高,但比青檀(*Pteroceltis tatarinowii* Maxim,PPL=95.45%)(李晓红等,2013)、观光木(*Tsoongiodendron odorum* Chun,PPL=79.67%)(徐刚标等,2014)等低。由此可见,在整体植物类群中,水青树物种水平遗传多样性相对较低,与其濒危地位相符合,但在濒危植物中却保持着相对较高水平的遗传变异。

物种遗传多样性是历史进化的产物,也是其在多变环境中得以适应、生存和进化的基础。一个物种的遗传变异越丰富,则对环境的适应能力就越强,进化潜力也越大。遗传多样性受多种因素的影响,如繁育系统、种子扩散方式、生活型、地理分布范围和历史起源等(Brown et al.,1990;Nybom et al.,2000)。生活史较长的多年生物种通常比生活史短的多年生和一年生物种具有更高水平的遗传多样性(Nybom et al.,2000)。水青树作为一种高大乔木,长达上百年的生活史有利于遗传变异的保持,这可能是其物种水平遗传多样性较高的原因之一。另外,在时间尺度上,水青树是第三纪古老孑遗植物(Fu,1992),漫长的进化史为其基因突变、重组和变异的积累提供了可能；在空间尺度上，水青树分布于我国中部和西南部、缅甸、尼泊尔及越南等地(张萍，1990)，这种大尺度的地理跨度所造成的地理隔离及分布区生境异质性为水青树的高水平遗传多样性的孕育提供了场所。另外，水青树物种水平的较高遗传多样性也预示着虽然目前处于濒危状态，但若保护管理得当在未来仍具有较大的进化潜力。

10.4.3.2　水青树种群水平遗传多样性及遗传结构

相对物种水平而言，水青树种群水平遗传多样性极低，26 个种群的 PPL 在 9.44%(KP种群)～30.56%(BSJ 种群)，其均值仅为 20.04%，这意味着水青树种群内变异水平普遍较低，而种群间遗传变异占总变异的比例较大，与 Sun 等(2014)通过叶绿体基因得出的结果大致符合。的确，经 AMOVA 分析表明，种群间变异是总变异的主要要来源(种群间变异百分比高达 52.02%)。种群间基因分化系数 G_{st} 高达 0.6072、基因流 N_m 却仅为0.3235，也进一步表明种群间基因流水平较低而遗传分化程度较大(Wright，1978；Balloux et al.，2002)。

有效种群大小、繁育系统、自然选择、生活史特征(包括生活型、生态耐受性和种子的散布方式)及基因流等因素与植物种群的遗传多样性和遗传结构密切相关(Slatkin，1987；Brown et al.，1990)。我们推测，水青树先叶后花的生长特性导致叶片在一定程度上阻碍了风媒传粉，以及花期阴雨绵延天气抑制传粉昆虫的活动等因素都促进其进行自交或近交。自交和近交均会增加纯合子的概率，降低重组从而增强种群内个体的相似性，并导致种群间出现遗传分化；与此相反，远交降低纯合子概率，通过促进远距离基因流而提高重组率，从而有效避免种群间出现分化(Loveless et al.，1984)。相关统计表明，自交种总的遗传变异中，有51%的变异来源于种群之间(G_{st}=0.510)，相当于远交植物(G_{st}=0.099)的 5 倍多(Brown et al.，1990)。因此，自交率高的物种与远交物种相比较而言，往往表现出较高水平的遗传分化。前面研究发现，水青树种子主要通过风进行扩散，虽然水青树种子质量较轻，传播距离较远，但随着扩散距离的增加种子质量降低，这就导致其种子的有效扩散距离较短。因此，可以推断水青树自交和近交的繁育系统及种子的较短传播距离阻碍种群内个体及种群间的基因交流(N_m=0.3235)，而最终导致低水平种群内变异和高水平种群间分化。

多数学者普遍认为，当 N_m>1 时，基因流足以抑制种群内遗传漂变的作用，防止种群间遗传分化的发生；当 N_m<1 时，基因流不足以抵消遗传漂变而造成遗传分化，则遗传漂变就成为种群遗分化的主导因素(Slatkin，1985；Hamrick，1995)。冰期气候变迁和近期人为干扰使水青树种群个体急剧缩减，据野外考察情况来看，现存水青树种群已缩小到王峥峰等人所定义的小种程度(Frankel et al.，1981；王峥峰等，2005)。而像水青树这种小种群类植物，当地理隔离较远时，遗传漂变和近亲繁殖发生的概率更高，进而严重造成种群遗传多样性的丧失以及加剧种群间的遗传变异，所以其遗传多样性往往较低而种群间遗传分化通常较大(Willi et al.，2006)。相关性检测显示，水青树种群间地理距离和遗传距离呈极显著相关(r=0.6866，P=0.001)，表明地理隔离对现存水青树种群间的高度分化具

有重要作用。因此，小种群效应和地理隔离都可能限制水青树花粉和种子的传播而阻碍个体及种群之间的有效基因交流，最终降低种群内遗传多样性而加剧种群间遗传分化程度。种群作为物种进化的基本单位，如果种群水平遗传多样性长期处于低水平状态，将会降低其对多变环境的适应能力进而阻碍种群的进化。

　　通过 UPGMA 聚类分析、Structure 遗传结构分析和 PCoA 主坐标分析三种方法对种群及个体之间的亲缘关系进行研究，结果表明，三种分析方法所得出的结果基本一致，26个水青树种群可被分成三大类，且三种方法对于每一类群的划分情况也基本一致。由于地理距离与遗传距离的极显著相关性，所以在聚类过程中大多距离较近的种群优先聚在一起（如 HK、WL 种群，HG、FP、HBY 种群，BDGS、MLZ、QZMS、WFHH 种群等），表现出一定的地域相关性。在这三大类群中，一大类（KP、BMXS、GLGS、ALS 种群）位于中国最西南区域，另一大类（HG、FP、BDGS、MLZ、QZMS、SNJ 等种群）则位于相对最东北方向的区域，第三大类（JFS、TJH、HK、LGS、FJS、WL、BH、DFD、SHS、KKS等种群）则在相对较中间的位置。在地理位置上，这三大类群各自均具有较为明显的界限，即横断山脉和秦岭山脉，可能正是由于这两大山脉的地理阻隔作用才导致这种明显的遗传结构。从这一聚类结果可以看出水青树种群的遗传结构具有从西南到东北的方向性特征，这可能与其冰期种群退缩至西南地区（避难所）及后期种群的扩散有关（Sun et al.，2014）。

第11章 水青树的生存现状、濒危原因与保护对策

11.1 水青树的生存现状

11.1.1 水青树群落学特征

水青树群落具有典型的北温带分布的区系特征。群落成层现象明显，物种丰富度、多样性指数、均匀度指数都偏低，说明水青树群落大多发育不成熟，还不稳定，仍处于演替的早期阶段。

水青树种群的重要值、水平生态位宽度和垂直生态位宽度均显著高于其伴生物种，水青树种群仍是群落中的建群种。水青树与连香树、槭树、枫杨等伴生树种存在较高的水平生态位和垂直生态位重叠，表明其在水平空间与其伴生物种之间存在着高度相似的生境需求，在垂直空间也存在较强的对光资源的种间竞争。随着槭树、枫杨等伴生物种的不断渗入，水青树面临着其优势地位逐渐被其他树种取代的危险。

11.1.2 水青树种群结构与分布格局

水青树种群呈现基部较狭窄的金字塔形结构，其幼苗和幼树较为缺乏，成年个体数量较丰富，其存活曲线趋于 Deevey II 型。水青树种群死亡率和消失率曲线均在第 6 龄级与第 12 龄级出现两个峰值。水青树种群的生存率单调下降，累计死亡率单调上升。因此，水青树种群相对比较稳定，但已处于衰退的早期；生存函数和时间序列分析均表明，水青树种群具有前期锐减、中期稳定和后期衰退的特点。

运用扩散系数、丛生指标、聚块性指数、平均拥挤度指数、负二项式分布参数、Cassie 指标、Morisita 指数等 7 种分布格局指标对水青树种群空间分布格局进行研究，结果表明：不同样地水青树种群格局均呈集群分布。水青树种群的这种空间分布格局与其生物生态学特性、生境条件关系密切，是它与自然环境长期作用的结果。

11.2 濒 危 原 因

11.2.1 大小孢子发生与雌雄配子体形成过程

水青树小孢子发生于雄配子体形成过程中，小孢子和绒毡层发育异常：绒毡层延迟解

体,在二细胞花粉粒时期还持续存在;花粉母细胞和小孢子液泡化、收缩变形。这些异常发育的现象将会导致花粉败育和影响有性繁殖的有效性,进而影响其结实,这可能会对水青树的自然更新产生一定的影响。

11.2.2 开花与传粉过程

水青树的繁育系统为自花授粉和异花授粉兼具的混合型繁育系统。水青树自然种群中,其花期恰好与雨季相重合(6~8月),这将会对昆虫传粉产生影响,导致虫媒传粉难以成功;同时,野外个体间距较大,而风媒传粉的最大距离仅为8m左右,影响风媒传粉的有效性。因此,自然情况下,水青树的成功繁殖只能依靠自花授粉或同株异花授粉,这将导致自交或同株异花自交。而长期的自交会导致近交衰退或遗传多样性降低,从而导致种群对外界环境适应能力的降低,这将不利于水青树种群的自然更新,是导致水青树濒危的重要原因之一。

11.2.3 种子萌发与幼苗更新

水青树种子千粒重小,贮存的营养物质少,影响种子的萌发和幼苗的生长。在野外状况下,水青树种子散播时大部分散落在距母树较近的林下及附近,林窗和林缘散落的种子数量很少且质量较差,林下光照不足,枯落物和灌草层覆盖度较大,这些因素都不利于水青树种子向幼苗的转化以及幼苗的初期生长,导致水青树种子向幼苗的转化率低,这可能是水青树种群更新限制的因素之一。

11.2.4 种群生态位

在水青树群落中,水青树与连香树、五角枫、枫杨三个物种之间的水平生态位重叠和垂直生态位重叠均相对较大,表明它们之间具有较为相似的生境需求。水青树天然种群中,极少有幼苗或者幼树出现,其种群更新不良,当环境发生变化(如生境不断片段化、全球气候变化等情况)时,其有可能被具有相似生态学需求的五角枫、枫杨等种群所取代。

11.2.5 遗传因素

水青树种群水平的叶表型变异普遍较差,表明水青树种群对微生境条件的选择较为严格,其适应范围较窄,导致种群逐渐退缩至所谓的小种群,不利于水青树天然种群的进化和对外界环境的适应。

由于生境片段化、地理隔离及小种群效应,阻碍了水青树种群间基因交流,导致水青树在种群水平的遗传多样性极低,而种群作为物种进化的基本单位,如果种群遗传多样性长期处于低水平状态,将会降低各种群的进化潜力及生存适应能力,最终阻碍其物种的进化而导致种群逐渐衰退至濒危。

11.3　保护对策

11.3.1　保护管理单元

根据 ISSR 分子标记的遗传结构数据，可将水青树天然种群分成三大群体：位于最西南区域的 KP、BMXS、GLGS、ALS 种群聚为一大类；第二大类为最东北区域的 HG、FP、BDGS、MLZ、QZMS、SNJ 等种群；第三大类为 JFS、TJH、HK、LGS、FJS、WL、BH、DFD、SHS、KKS 等种群。由于地理阻隔及繁育系统等原因而导致这三大类群之间较少的基因交流，而各大类群内的种群之间存在着一定的基因交流，在遗传进化上亲缘关系较近，因此每一类群则可作为相应的保护管理单元。

11.3.2　优先保护群体确定

应根据种群遗传多样性水平确立优先保护种群及建立种质资源库。26 个水青树种群中 BSJ、TJH 种群的遗传变异相对较丰富，对水青树物种的遗传多样性的贡献最大，因此可以将其作为优先重点保护种群。

11.3.3　就地保护

遗传多样性丧失的重要原因在于人为干扰及生境破碎化等外界因素，因此增强保护意识，加强现存水青树天然种群及其生境的有效保护才是首要举措。DSH、QZMS、MLZ种群的表型变异水平虽然极低，但其遗传变异并不算太差，这些种群的限制因素可能主要是微生境异质性较差而导致的低水平表型变异，因此对于这些种群应该进行就地保护，重点保护其生境，提高微生境异质性，为其种群的进化提供优越的场所。

对于遗传变异较差的 BMXS 和 KP 种群，遗传多样性作为种群进化的最主要限制因素，则应该在就地保护种群及其生境的同时，通过与其他种群间的个体交流或者人工异花传粉促进种群间的基因交流，丰富其遗传多样性，以提高种群进化潜力及增强后代个体适合度。

针对水青树种子萌发、幼苗定居与幼树建成对环境因子的需求，应在其生活史的不同阶段采取不同的培育措施：在水青树种子的萌发阶段，增加林窗，去除覆盖种子的枯落物及灌草层，以促进种子的萌发；在幼苗的定居和初期生长阶段，应为幼苗创造适度遮阳的环境，以利幼苗的存活和生长；在幼树建成等阶段，通过人工干预等措施，以降低枫杨、槭树等伴生树种对其产生的种间竞争，有效提高水青树幼树对环境资源的利用，促进幼树的建成。

11.3.4　迁地保护

为了避免种群退化而造成遗传资源的丢失，应尽可能全面地搜集水青树种质，保留其遗传资源，建立水青树种质资源库。

11.3.5   其他保护措施

在影响水青树生存及适应的众多环境因子中，我们推测水分可能是其主要限制因子，针对这一点除了保护其阴湿的生存环境以外，通过驯化等生物技术手段提高其水分适应能力才是解决问题的根本之策。

参 考 文 献

Dobzhansky T. 1964. 遗传学与物种起源. 谈家桢, 等译. 北京: 科学出版社.

Primack R P, 马克平, 蒋志刚. 2014. 保护生物学. 北京: 科学出版社.

Stebbins G L. 1963. 植物的变异和进化. 复旦大学遗传研究所, 译. 上海: 科学技术出版社.

哀建国, 丁炳扬, 丁明坚. 2005. 凤阳山自然保护区福建柏种群结构和空间分布格局研究. 西部林业科学, 34(3): 45-49.

安慧, 上官周平. 2009. 光照强度和氮水平对白三叶幼苗生长与光合生理特性的影响. 生态学报, 29(11): 6018-6024.

白成科, 曹博, 李桂双. 2013. 植物种子传播途径与基因组值和千粒重的相关性. 生态学杂志, 32(4): 832-837.

毕晓丽, 洪伟, 吴承祯, 等. 2002. 黄山松种群统计分析. 林业科学, 38(1), 61-67.

边才苗, 金则新. 2007. 濒危植物七子花的开花与结实特性. 生物数学学报, 22(2): 329-335.

卜海燕. 2007. 青藏高原东部高寒草甸植物种子的萌发与休眠研究. 兰州: 兰州大学.

操国兴, 严娟, 李燕, 等. 2007. 玉簪花序水平上雌性适合度成分变化及种子数量与大小权衡关系研究. 西南大学学报(自然科学版), 29(6): 147-150.

曹坤方. 1993. 植物生殖生态学透视. 植物学通报, 10(2): 15-23.

曹满航, 李进, 张婷, 等. 2011. 温度和水分及盐分胁迫对银沙槐种子萌发的影响. 西北植物学报, 31(4): 746-753.

曹艳芳, 吴瑞芬, 闫伟雄. 2008. 车前草物候变化特征及对气候变化的响应. 内蒙古气象, 6: 8-11.

柴胜丰, 韦霄, 蒋运生, 等. 2008. 濒危植物金花茶果实、种子形态分化. 生态学杂志, 27(11): 1847-1852.

苌伟, 吴建国, 刘艳红. 2010. 气温和土壤湿度对祁连山三种优势植物种子萌发的影响. 中国园艺文摘, 26(4): 1-6.

常二梅, 史胜青, 刘建锋, 等. 2012. 古侧柏种子活力与树龄的关系研究. 西北植物学报, 32(1): 166-172.

陈波, 宋永昌, 达良俊. 2004. 天童常绿阔叶树种栲树生殖个体大小以及生殖构件特征. 植物研究, 24(1): 80-86.

陈波, 周兴民. 1995. 三种蒿草群落中若干植物种的生态位宽度与重叠分析. 植物生态学报, 19(2): 158-169.

陈芳清, 梅光舟, 曾旭, 等. 2008. 三峡地区柏木种子萌发和幼苗更新的研究. 热带亚热带植物学报, 16(1): 69-74.

陈家宽, 杨继. 1994. 植物进化生物学. 武汉: 武汉大学出版社: 232-280.

陈劲松, 苏智先. 2001. 缙云山马尾松种群生物量生殖配置研究. 植物生态学报, 25(6): 704-708.

陈娟娟, 杜凡, 杨宇明, 等. 2008. 珍稀树种水青树群落学特征及其保护研究. 西南林学院学报, 28(1): 12-16.

陈昆松, 李方. 2004. 改良 CTAB 法用于多年生植物组织基因组 DNA 的大量提取遗传. 东北农业大学学报, 26(4): 529-531.

陈灵芝. 1994. 生物多样性保护现状及其对策//钱迎倩, 马克平. 生物多样性研究的原理与方法. 北京: 科学出版社: 13-35.

陈珊珊, 周明芹. 2010. 浅析遗传多样性的研究方法. 长江大学学报(自然科学版)农学卷, 7(3): 54-57.

陈晓阳. 1989. 树木种内的地理变异及其利用. 贵州林业科技, 1: 79-85.

陈艳瑞, 尹林克. 2008. 人工防风固沙演替中群落组成和优势种群生态位变化特征. 植物生态学报, 32(5): 1126-1133.

陈远征, 马祥庆, 冯丽贞, 等. 2006. 濒危植物沉水樟的濒危机制研究. 西北植物学报, 26(7): 1401-1406.

陈远征, 马祥庆. 2007. 濒危植物生殖生态学研究进展. 中国生态农业学报, 15(1): 186-189.

陈章和, 彭姣凤, 张德明, 等. 2002. 南亚热带森林木本植物种子萌发和储存. 植物学报, 44(12): 1469-1476.

陈子林, 康华靖, 刘鹏, 等. 2007. 大盘山自然保护区香果树群落结构特征. 云南植物研究, 29(4): 461-466.

程伟, 吴宁, 罗鹏. 2005. 岷江上游林线附近岷江冷杉种群的生存分析. 植物生态学报, 29(3): 349-353.

仇建标, 丁文勇, 陈少波. 2012. 几种 DNA 提取方法对红树植物秋茄叶片 DNA 提取效果的比较. 浙江海洋学院学报(自然科学版), 31(5): 402-408.

董艳红, 松嫩. 2007. 平原罗布麻种群生殖生态学特性时空格局的研究. 长春: 东北师范大学.

窦笑菊. 2012. 核型分析方法研究及进展. 安徽农学通报(上半月刊), 18(3): 32-34.

杜春梅. 2009. 昆栏树属和水青树属一些形态学特征的比较研究. 西安: 陕西师范大学.

杜燕, 何华杰, 张志峰, 等. 2014. 种子重量与海拔的相关性分析. 植物分类与资源学报, 36(1): 109-115.

段琦梅, 梁宗锁, 慕小倩, 等. 2005. 黄芪种子萌发特性的研究. 西北植物学报, 25(6): 1246-1249.

段友爱, 李庆军. 2008. 少花冬叶传粉生物学的研究. 植物分类学报, 46(4): 545-553.

段元文, 刘建全. 2003. 青藏高原特有植物祁连璋牙菜(龙胆科)的花综合征与虫媒传粉. 植物分类学报, 41(5): 456-474.

樊后保. 2000. 格氏拷群落的结构特征. 林业科学, 36(2): 6-12.

范国强, 蒋建平, 刘玉礼. 1996. 不同地区泡桐种子发芽状况的初步研究. 河南科学, 14(1): 439-441.

范升. 2014. 论生态学热点-生物多样性丧失的原因. 大众科技, 16(10): 64-67.

方芳, 彭祚登, 赵静. 1983. 不同种源栓皮栎种子综合性状变异分析. 东北林业大学学报, 8: 1-3.

方精云. 2004. 探索中国山地植物多样性的分布规律. 生物多样性, 12(1): 1-4.

方炎明, 曹航南, 尤录祥. 1999. 鹅掌楸苗期动态生命表. 应用生态学报, 10(1): 7-10.

方炎明, 张晓平, 王中生. 2004. 鹅掌楸生殖生态研究: 生殖分配与生活史对策. 南京林业大学学报(自然科学版), 28(3): 71-74.

方炎明. 1996. 植物生殖生态学. 济南: 山东大学出版社: 132-147.

冯士雍. 1981. 不完全生存数据的生存率、平均生存期、中数生存期的估计和比较. 系统科学与数学, 1(1): 99-111.

冯士雍. 1982. 生存分析. 数学的实践与认识, (3): 72-80.

冯夏莲, 何承忠, 张志毅, 等. 2006. 植物遗传多样性研究方法概述. 西南林学院学报, 26(1): 69-74.

傅家瑞, 李卓杰, 蔡东燕, 等. 1985. 花生种子活力和田间生产性能的研究. 中山大学学报(自然科学版), 1: 46-51.

傅家瑞. 1985a. 种子生理. 北京: 科学出版社: 70-74.

傅家瑞. 1985b. 乙烯与水浮莲种子需光性休眠的关系. 植物生理学报, (1): 58-65.

傅立国, 金鉴明. 1992. 中国植物红皮书——稀有濒危植物(第一册). 北京: 科学出版社.

傅立国. 1995. 中国珍稀濒危植物的福音——国家重点保护野生植物名录公布在即. 植物杂志, 3: 2-3.

甘小洪, 白琴, 马永红. 2009. 濒危植物水青树结实特性研究. 种子, 28(9): 59-61.

甘小洪, 刘馨. 2009. 水青树组织培养中无菌苗培养条件的优化. 亚热带植物科学, 38(4): 66-68.

甘小洪, 田茂洁, 罗雅杰. 2008. 濒危植物水青树种子的萌发特性研究. 西华师范大学学报(自然科学版), 29(2): 132-135.

高润梅. 2002. 珍稀濒危植物的胚胎学研究进展. 山西农业大学学报, 22(3): 239-245.

高贤明, 王巍, 杜晓军, 等. 2001. 北京山区辽东栎林的径级结构、种群起源及生态学意义. 植物生态学报, 25(6): 673-678.

戈峰. 2002. 现代生态学. 北京: 科学出版社.

葛颂, 王明麻, 陈岳武. 1988. 用同工酶研究马尾松群体的遗传结构. 林业科学, 24(4): 399-409.

谷衍川, 丰震, 李承水, 等. 2013. 小紫珠种群的表型遗传多样性研究. 山东林业科技, 43(2): 5-9.

顾婧婧, 金则新, 熊能. 2010. 濒危植物夏蜡梅花的形态变异. 植物研究, 30(4): 461-467.

桂梓. 2008. 粗脚粉螨居群遗传多样性的 ISSR 分析. 南昌: 南昌大学.

郭华, 王孝安, 王世雄, 等. 2011. 黄土高原子午岭辽东栎(Quercus liaotungensis)幼苗动态生命表及生存分析. 干旱区研究,

28(6): 1006-1010.

郭华, 王孝安, 肖娅萍. 2005. 秦岭太白红杉种群空间分布格局动态及分形特征研究. 应用生态学, 16(2): 227-232.

郭华. 2011. 子午岭辽东栎种群更新机制研究. 西安: 陕西师范大学.

郭慧. 2011. 日本囊对虾遗传多样性的 AFLP 和 SSR 分析. 湛江: 广东海洋大学.

郭柯. 2003. 山地落叶阔叶林优势树种米心水青冈幼苗的定居. 应用生态学报, 14(2): 161-164.

韩广轩, 毛培利, 刘苏静, 等. 2009. 盐分和母树大小对黑松海防林种子萌发和幼苗早期生长的影响. 生态学杂志, 28(11): 2171-2176.

韩路, 王家强, 王海珍, 等. 2014. 塔里木河上游胡杨种群结构与动态. 生态学报, 34(16): 4640-4651.

郝朝运, 刘鹏, 乌日周伟. 2006. 浙江中部七子花种群结构与空间分布格局的研究. 林业科学研究, 19(6): 778-784.

郝日明, 李晓征, 毛志滨, 等. 2004. 醉香含笑和金叶含笑幼苗期的动态生命表. 植物资源与环境学报, 13(2): 40-43.

何恒斌, 张惠娟, 贾桂霞. 2006. 瞪口县沙冬青种群结构和空间分布格局的研究. 林业科学, 42(10): 13-18.

何亚平, 费世民, 蔡小虎, 等. 2009. 麻疯树构件的生殖配置研究. 四川林业科技, 30(3): 1-7.

何亚平, 刘建全. 2004. 青藏高原高山植物麻花芎的传粉生态学研究. 生态学报, 24(2): 215-220.

贺慧, 燕玲, 郑彬. 2008. 5 种荒漠植物种子萌发特性及其吸水特性的研究. 干旱区资源与环境, 22(1): 184-188.

贺金生, 马克平. 1997. 物种多样性//蒋志刚, 马克平, 韩兴国. 保护生物学. 杭州: 浙江科学技术出版社: 20-33.

洪德元, 葛颂. 1995. 植物濒危机制研究的原理和方法//生物多样性研究进展—首届全国生物多样性保护与持续利用研讨会论文集. 北京: 中国科学技术出版社.

洪德元. 1990a. 生物多样性面临的危机. 中国科学院院刊, 2: 117-120.

洪德元. 1990b. 植物细胞分类学. 北京: 科学出版社: 1-30.

洪伟, 王新功, 吴承祯, 等. 2004. 濒危植物南方红豆杉种群生命表及谱分析. 应用生态学报, 15(6): 1109-1112.

胡世俊, 何平, 王瑞波, 等. 2007. 濒危植物缙云卫矛不同种群种子萌发研究. 林业科学, 5(43): 42-47.

胡守荣, 夏铭, 郭长英, 等. 2001. 林木遗传多样性研究方法概况. 东北林业大学学报, 3: 72-75.

胡喜生, 洪伟, 吴承祯, 等. 2004. 长苞铁杉群落优势种群高度生态位研究. 广西植物, 24(4): 323-328.

黄桂华, 梁坤南, 周再知, 等. 2009. 不同基质对柚木种子发芽与幼苗生长的影响. 种子, 28(10): 86-90.

黄宏文, 张征. 2012. 中国植物引种栽培及迁地保护的现状与展望. 生物多样性, 20(5): 559-571.

黄金燕, 周世强, 李仁贵, 等. 2010. 四川卧龙国家级自然保护区水青树生态特性的初步研究. 四川林业科技, 31(4): 73-75.

黄双全, 郭友好. 2000. 传粉生态学研究进展. 生态学报, 45(3): 225-237.

黄映萍. 2010. DNA 分子标记研究进展. 中山大学研究生学刊(自然科学. 医学版), 2: 27-36.

黄勇, 谢一青, 李志真, 等. 2014. 小果油茶表型多样性分析. 植物遗传资源学报, 15(2): 270-278.

黄勇, 姚小华, 王亚良, 等. 2011. 小果油茶种实表型性状遗传多样性研究. 安徽农业大学学报, 38(5): 698-707.

黄忠良, 孔国辉, 何道泉. 2000. 鼎湖山植物群落多样性的研究. 生态学报, 20(2): 193-198.

黄忠良, 彭少麟, 易俗. 2001. 影响季风常绿阔叶林幼苗定居的主要因素. 热带亚热带植物学报, 9(2): 123-128.

惠刚盈, 李丽, 赵中华, 等. 2007. 林木空间分布格局分析方法. 生态学报, 27(11): 4717-4728.

江洪. 1992. 云杉种群生态学. 北京: 中国林业出版社.

蒋志刚, 马克平. 2014. 保护生物学原理. 北京: 科学出版社.

焦娟玉, 陈珂, 尹春英. 2010. 土壤含水量对麻风树幼苗生长及其生理生化特征的影响. 生态学报, 16: 4460-4466.

焦培培, 李志军. 2007. 濒危植物矮沙冬青开花物候研究. 西北植物学报, 27(8): 1683-1689.

解婷婷, 苏培玺, 周紫鹃, 等. 2014. 荒漠绿洲过渡带沙拐枣种群结构及动态特征. 生态学报, 34: 4272-4279.

解新明, 云锦凤. 2000. 植物遗传多样性及其检测方法. 中国草地, 6: 52-60.

金则新, 李钧敏, 蔡琰琳. 2007. 不同海拔高度木荷种群遗传多样性的 ISSR 分析. 生态学杂志, 8: 1143-1147.

康华靖, 陈子林, 刘鹏, 等. 2007. 大盘山自然保护区香果树种群结构与空间分布格局. 生态学报, 27(1): 389-396.

柯文山, 钟章成, 席红安, 等. 2000. 四川大头茶地理种群种子大小变异及对萌发、幼苗特征的影响. 生态学报, 4(20): 697-701.

匡旭, 邢丁亮, 张昭臣, 等. 2014. 长白山北坡云冷杉林和落叶松林物种组成与群落结构. 应用生态学报, 25(8): 2149-2157.

来国防, 王先友, 曹建新, 等. 2010. 水青树茎干中化学成分的提取与分离. 河南大学学报(自然科学版), 40(2): 141-146.

赖家业, 潘春柳, 贾文更, 等. 2007. 珍稀濒危植物单性木兰传粉生态学研究. 广西植物, 27(5): 736-740.

赖家业, 石海明, 潘春柳, 等. 2008. 珍稀濒危植物蒜头果传粉生物学研究. 北京林业大学学报, 30(2): 59-64.

雷武逵. 2008. 植物遗传多样性的利用及其检测方法. 广西农业学报, 23(4): 55-58.

李昂, 葛颂. 2002. 植物保护遗传学进展. 生物多样性, 10(1): 61-71.

李斌, 顾万春, 卢宝明. 2002. 白皮松天然居群种实性状表型多样性研究. 生物多样性, 2: 181-188.

李博. 2000. 生态学. 北京: 高等教育出版社: 1-30.

李德志, 刘科轶, 臧润国, 等. 2006. 现代生态位理论的发展及其主要流派. 林业科学, 42(8): 88-94.

李东胜, 史作民, 冯秋红, 等. 2013. 中国东部南北样带暖温带区栎属树种叶片形态性状对气候条件的响应. 植物生态学报, 37(9): 793-802.

李革, 欧阳志勤, 祁云, 等. 2010. 昆明地区珍稀濒危植物及其保护对策. 环境科学导刊, 29(1): 27-29.

李根柱, 王贺新, 朱书全. 2008. 东北次生林区枯落物对天然更新的障碍作用. 辽宁工程技术大学学报, 27(2): 296-298.

李海涛. 2008. 河南枣主栽品种及灰枣群体遗传变异分析. 郑州: 河南农业大学.

李金花. 2002. 内蒙古典型草原几种优势植物生态适应对策研究. 兰州: 甘肃农业大学.

李金璐, 王硕, 于婧, 等. 2013. 一种改良的植物 DNA 提取方法. 植物学报, 48(1): 72-78.

李利, 张希明. 2002. 光照对胡杨幼苗定居初期生长状况和生物量分配的影响. 干旱区研究, 19(2): 32-34.

李美琼. 2011. 濒危植物长柄双花木的遗传多样性. 南昌: 南昌大学.

李宁, 白冰, 鲁长虎. 2011. 植物种群更新限制——从种子生产到幼树建成. 生态学报, 31(21): 6624-6632.

李庆梅, 谢宗强, 孙玉玲. 2008. 秦岭冷杉幼苗适应性的研究. 林业科学研究, 21(4): 481-485.

李儒海, 强胜. 2007. 杂草种子传播研究进展. 生态学报, 27(12): 5361-5370.

李瑞, 张克斌, 杨晓晖, 等. 2006. 荒漠化草原人工封育区植物生态位研究——以宁夏盐池为例. 水土保持研究, 13(2): 213-216, 252.

李树发, 李纯佳, 蹇洪英, 等. 2013. 云南香格里拉特有易危植物中甸刺玫的表型多样性. 园艺学报, 40(5): 924-932.

李伟, 林富荣, 郑勇奇, 等. 2013. 皂荚南方天然群体种实表型多样性. 植物生态学报, 37(1): 61-69.

李文良, 张小平, 郝朝运, 等. 2008. 珍稀植物连香树 (*Cercidiphyllum japonicum*) 的种子萌发特性. 生态学报, 28(11): 5445-5453.

李文漪. 1998. 中国第四纪植被与环境. 北京: 科学出版社: 142-154.

李文英, 顾万春. 2005. 蒙古栎天然群体表型多样性研究. 林业科学, 41(1): 49-56.

李先琨, 苏宗明, 向悟生, 等. 2012. 濒危植物元宝山冷杉种群结构与分布格局. 生态学报, 22(12): 2246-2253.

李先琨, 向悟生, 唐润琴. 2002. 濒危植物元宝山冷杉种群生命表分析. 热带亚热带植物学报, 10(1): 9-14

李小双, 彭明春, 党承林. 2007. 植物自然更新研究进展. 生态学杂志, 26(12): 2081-2088.

李小艳, 张远彬, 潘开文, 等. 2009. 温度升高对林线交错带西川韭与草玉梅生殖物候与生长的影响. 生态学杂志, 28(1):

12-18.

李晓红, 张慧, 王德元, 等. 2013. 我国特有植物青檀遗传结构的 ISSR 分析. 生态学报, 33(16): 4892-4901.

李新华, 尹晓明. 2004. 南京中山植物园春夏季节鸟类对植物种子的传播作用. 生态学报, 24(7): 1452-1458.

李新蓉, 谭敦炎. 2007. 新疆沙冬青的开花物候与环境的关系. 中国沙漠, 4(27): 572-577.

李鑫. 2008. 生态位理论研究进展. 重庆工商大学学报(自然科学版), 25(3): 307-309.

李艳艳, 贺军民. 2008. 一氧化氮对番茄种子抗吸胀冷害的影响(英文). 西北植物学报, 28(4): 4709-4717.

李作洲, 王力钧, 黄宏文, 等. 2005. 湖北后河国家级自然保护区生物多样性及其保护对策Ⅰ. 生物多样性现状及其研究. 武汉植物学研究, 23(6): 592-600.

利容千, 王建波. 2002. 植物逆境细胞及生理学. 武汉: 武汉大学出版社: 54.

梁晓东, 叶万辉. 2001. 林窗研究进展. 热带亚热带植物学报, 9(4): 355-364.

林勇明, 洪滔, 吴承祯, 等. 2007. 桂花野生种群生命表及生存分析. 北京林业大学学报, 29(3): 185-188.

刘春生, 刘鹏, 张志祥, 等. 2009. 九龙山濒危植物南方铁杉的生态位研究. 武汉植物学研究, 27(1): 47-54.

刘桂丰, 杨传平, 刘关君, 等. 1999. 白桦不同种源种子形态特征及发芽率. 东北林业大学学报, 27(4): 1-4.

刘桂霞, 王谦谦, 张丹丹. 2010. 凋落物和覆土对防风种子萌发及早期生长的影响. 草业科学, 27(2): 29-31.

刘金福, 洪伟. 1999. 格氏拷群落生态学研究—格氏拷林主要种群生态位的研究. 生态学报, 19(3): 347-352.

刘俊来, 唐渊, 宋志杰, 等. 2011. 滇西哀牢山构造带-结构与演化. 吉林大学学报(地球科学版), 41(5): 1285-1303.

刘丽丽. 2009. 濒危植物夏蜡梅群落学特征与种群空间遗传结构研究. 北京: 北京林业大学.

刘林德, 陈磊, 张丽, 等. 2004. 华北蓝盆花的开花特性及传粉生态学研究. 生态学报, 24(4): 718-723.

刘林德, 李玮, 祝宁, 等. 2002. 刺五加、短梗五加的花蜜分泌节律、花蜜成分及访花者多样性的比较研究. 生态学报, 22(6): 847-853.

刘林德, 王仲礼, 田国伟, 等. 1998. 刺五加传粉生物学研究. 植物分类学报, 36(1): 19-27.

刘林德, 王仲礼, 祝宁. 2003. 传粉生物学研究简史. 生物学通报, 38(5): 59-61.

刘强, 尹翔, 杨艳, 等. 2015. 白檀自然居群遗传结构与遗传多样性研究. 植物遗传资源学报, 16(4): 751-758.

刘小芬, 刘剑秋, 杨成梓. 2009. 福建省不同居群轮叶蒲桃叶片形态与表皮特征比较. 亚热带植物科学, 38(2): 33-40.

刘晓, 岳明, 任毅. 2011. 独叶草叶片性状表型多样性研究. 西北植物学报, 31(5): 950-957.

刘艳, 申建红. 2006. 曲阜孔林暖温带森林群落生殖物候初探. 西华师范大学学报(自然科学版), 27(2): 180-183.

刘毅. 1985. 秦岭部分珍稀树种的研究——水青树. 陕西林业科技, 3: 71-74.

刘志龙, 虞木奎, 马跃, 等. 2011. 不同种源麻栎种子和苗木性状地理变异趋势面分析. 生态学报, 31(22): 6796-6804.

刘志秋, 陈进, 白智林. 2004. 澜沧舞花姜繁殖生物学特性及其进化意义探讨. 植物生态学报, 28(1): 1-8.

柳顺熙, 方桂珍, 吴保国, 等. 1992. 水青树苯醇提取物的化学成分分析. 东北林业大学学报, 20(2): 49-54.

陆畅, 王芳, 张小平. 2012. 不同地区青檀叶片的解剖及表皮特征的比较研究. 植物科学学报, 30(4): 337-351.

伦德勒. 1965. 有花植物分类学. 钟补求, 杨永执译. 北京: 科学出版社: 15-37.

罗靖德, 甘小洪, 贾晓娟, 等. 2010. 濒危植物水青树种子的生物学特性. 云南植物研究, 32(3): 204-210.

罗士德. 1998. 中草药抗艾滋病病毒活性研究. 昆明: 云南科技出版社: 63.

罗弦. 2009. 4 种苔草种子休眠及萌发生理研究. 雅安: 四川农业大学.

罗晓莹, 庄雪影, 杨跃生, 等. 2015. 杜鹃红山茶保护生物学. 北京: 中国林业出版社.

罗毅波, 裴颜龙, 潘开玉, 等. 1998. 矮牡丹传粉生物学的初步研究. 植物分类学报, 36(2): 134-144.

马克平. 2016. 保护生物学、保护生态学与生物多样性科学. 生物多样性, 24(2): 125-126.

马炜梁. 2009. 植物学. 北京: 高等教育出版社: 101-108.

马颖敏. 2010. 中国侧柏地理种源核型分析与进化趋势. 泰安: 山东农业大学.

孟宏虎. 2008. 被子植物在进化中与环境相适应的传粉机制. 生物学通报, 43(10): 12-16.

牛淑娜. 2012. 大叶藻(*Zostera marina L.*)种子萌发生理生态学的初步研究. 青岛: 中国海洋大学.

潘跃芝, 龚洵, 梁汉兴. 2001. 濒危植物红花木莲小孢子发生及雄配子体发育的研究. 云南植物研究, 23(1): 85-90, 140-141.

彭明春, 党承林. 2007. 植物自然更新研究进展. 生态学杂志, 26(12): 2081-2088.

彭少麟. 1996. 南亚热带森林群落动态学. 北京: 科学出版社.

彭冶, 方炎明. 2004. 鹅掌楸生殖生态研究: 果实与种子变异格局. 南京林业大学学报(自然科学版), 28(3): 75-78.

戚继忠. 1996. 川榛分类等级的研究. 南京林业大学学报, 2: 72-75.

奇文清, 龙瑞麟, 陈晓麟. 1998. 濒危植物南川升麻传粉生物学的研究. 植物学报, 40(8): 688-694.

钱迎倩, 马克平. 1994. 生物多样性研究的原理与方法. 北京: 中国科学技术出版社: 63-64.

曲若竹, 侯林, 吕红丽, 等. 2004. 群体遗传结构中的基因流. 遗传, 26(3): 377-382.

曲仲湘. 1984. 植物生态学. 北京: 高等教育出版社: 2-155.

任海, 彭少麟, 孙谷畴, 等. 1997. 广东中部两种常见灌木的生态学比较. 植物生态学报, 21(4): 91-97.

任坚毅, 林玥, 岳明. 2008. 太白山红桦种子的萌发特性. 植物生态学报, 32(4): 883-890.

上官铁梁, 张峰. 2001. 我国特有珍稀植物翅果油树濒危原因分析. 生态学报, 21(3): 502-505.

尚海琳. 2009. 桃儿七形态与生理特征的地理变异及种子萌发生. 西安: 西北大学.

尚占环, 姚爱兴. 2002. 生物遗传多样性研究方法及其保护措施. 宁夏农学院学报, 23(1): 66-69.

沈浩, 刘登义. 2001. 遗传多样性概述. 生物学杂志, 18(3): 5-7.

石雷. 2007. 中国大陆地区黄山松地理变异的形态和 RAPD 分析. 合肥: 安徽农业大学.

石小东, 高润梅, 韩有志, 等. 2014. 凋落物对2针叶树种种子萌发和幼苗生长的影响. 中国水土保持科学, 12(4): 113-120 .

时明芝, 宋会兴. 2005. 植物遗传多样性研究方法概述. 世界林业研究, 5: 29-33.

史小华, 许晓波, 张文辉. 2007. 秦岭冷杉群落主要种群生态位研究. 植物研究, 27(3): 345-349.

舒枭, 杨志玲, 杨旭, 等. 2009. 不同种源厚朴叶片性状变异及幼苗生长量研究. 生态与农村环境学报, 25(4): 19-25.

宋朝枢, 刘胜祥. 1999. 湖北后河自然保护区科学考察集. 北京: 中国林业出版社.

宋杰, 李世峰, 刘丽娜, 等. 2013. 云南含笑天然居群的表型多样性分析. 西北植物学报, 32(2): 272-279.

宋永昌. 2001. 关于中国常绿阔叶林分类的建议//中国植物学会植物生态学专业委员会、中国科学院植物研究所. 植被生态学
　　学术研讨会暨侯学煜院士逝世 10 周年纪念会论文集. 中国植物学会植物生态学专业委员会、中国科学院植物研究所: 3.

宋兆伟, 郝丽珍, 黄振英, 等. 2010. 光照和温度对沙芥和斧翅沙芥植物种子萌发的影响. 生态学报, 30(10): 2562-2568.

宋志平, 郭友好, 黄双全. 2000. 黄花蔺的繁育系统研究. 植物分类学报, 38(1): 53-59 .

苏建荣, 张志钧, 邓疆, 等. 2005. 云南红豆杉种群结构与生命表分析. 林业科学研究, 15(6): 651-656.

苏梅, 齐威, 阳敏, 等. 2009. 青藏高原东部大通翠雀花的花特征和繁殖分配的海拔差异. 兰州大学学报(自然科学版), 45(2):
　　61-65.

苏世平, 李毅, 种培芳, 等. 2013. 河西走廊不同红砂天然群体种子表型性状相关性研究. 草业学报, 22(1): 87-94.

苏文华, 张光飞. 2003. 滇重楼光合作用与环境因子的关系. 云南大学学报(自然科学版), 25(6): 545-548.

苏志尧, 吴大荣, 陈北光. 2003. 粤北天然林优势种群生态位研究. 应用生态学报, 14(1): 25-29.

苏智先, 钟章成. 1998. 四川大头茶种群生殖生态学研究Ⅱ. 种群生物量生殖配置格局研究. 生态学报, 18(4): 45-51.

苏智先. 1990. 生殖生态学研究的现状与发展趋势. 四川师范学院学报(自然科学版), 9(3): 37-44.

孙凡, 钟章成. 1997. 四川大头茶繁殖分配及其环境适应性的关联度研究. 植物生态学报, 21(1): 46-54.

孙林, 耿其芳. 2014. 珍稀濒危植物遗传多样性研究方法及影响因素. 安徽农业科学, 42(3): 3793-3798.

孙儒泳, 李博, 诸葛阳, 等. 1993. 普通生态学. 北京: 高等教育出版社: 58-59.

孙儒泳. 1992. 动物生态学原理. 北京: 北京师范大学出版社: 198-200.

孙晓萍, 陈丽庆. 2011. 日本厚皮香的扦插繁殖及光照强度对其幼苗生长的影响. 浙江林业科技, 31(4): 41-42.

孙玉玲, 李庆梅, 谢宗强. 2005. 濒危植物秦岭冷杉结实特性研究. 植物生态学学报, 29(2): 251-257.

谭敦炎, 朱建雯, 姚芳, 等. 1998. 雪莲的生殖生态学研究. Ⅰ. 生境、植物学及物候学特性. 新疆农业大学学报, 21(1): 1-5.

汤孟平, 周国模, 施拥军, 等. 2006. 天目山常绿阔叶林优势种群及其空间分布格局. 植物生态学报, 30(5): 743-752.

唐翠平, 袁思安, 李骄, 等. 2014. 枯落物的种类及覆盖厚度对云南松种子萌发与幼苗生长的影响. 贵州农业科学, 42(8): 191-194.

唐玉姝, 魏朝富, 颜廷梅, 等. 2007. 土壤质量生物学指标研究进展. 土壤, 39(2): 157-163.

陶嘉龄. 1991. 种子活力. 北京: 科学出版社: 42-58.

田青, 曹致中, 张睿. 2008. 基于数码相机和 Auto CAD 软件测定园林植物叶面积的简便方法. 草原与草坪, 3: 25-28.

童跃伟, 项文化, 王正文, 等. 2013. 地形、邻株植物及自身大小对红楠幼树生长与存活的影响. 生物多样性, 21(3): 269-277.

万才淦. 1986. 光温和化学处理对水青树种子发芽的影响. 武汉植物学研究, 4(3), 257-261.

汪松, 解焱. 2004. 中国物种红色名录(第一卷): 红色名录. 北京: 高等教育出版社.

汪小凡, 陈家宽. 1999. 矮慈姑的传粉机制与交配系统. 云南植物研究, 21(2): 225-231.

王伯荪, 李鸣光, 彭少麟. 1995. 植物种群学. 广州: 广州高等教育出版社.

王崇云, 党承林. 1999. 植物的交配系统及其进化机制与种群适应. 武汉植物学研究, 17(2): 163-172.

王德新. 2013. 中国特有植物地涌金莲的保护生物学研究. 哈尔滨: 东北林业大学.

王凤友. 2006. 福建青冈种子萌发的生理生态学机制研究. 福州: 福建农林大学.

王刚, 赵松林, 张鹏云. 1984. 关于生态位定义的探讨及生态位重叠计测公式改进的研究. 生态学报, 4(2): 119-126.

王贺新, 李根柱, 于冬梅, 等. 2008. 枯枝落叶层对森林天然更新的障碍. 生态学杂志, 27(1): 83-88.

王红, 李文丽, 蔡杰. 2003. 马先蒿属花冠形态的多样性与传粉式样的关系. 云南植物研究, 25(1): 63-70.

王洪新, 胡志昂. 1996. 植物的繁育系统、遗传结构和遗传多样性. 生物多样性, 4(2): 92-96.

王洁, 杨志玲, 杨旭. 2011. 濒危植物繁育系统研究进展. 西北农林科技大学学报(自然科学版), 39(9): 207-213.

王桔红, 崔现亮, 陈学林, 等. 2007. 中、旱生植物萌发特性及其与种子大小关系的比较. 植物生态学报, 31(6): 1037-1045.

王桔红, 杜国祯, 崔现亮, 等. 2009. 青藏高原东缘 61 种常见木本植物种子萌发特性及其与生活史的关联. 植物生态学报, 33(1): 171-179.

王娟, 张春雨, 赵秀海, 等. 2011. 雌雄异株植物鼠李的生殖分配. 生态学报, 31(21): 6371-6377.

王立龙, 王广林, 黄永杰, 等. 2006. 黄山濒危植物小花木兰生态位与年龄结构研究. 生态学报, 26(6): 1862-1871.

王立龙, 王广林, 刘登义, 等. 2005. 珍稀濒危植物小花木兰传粉生物学研究. 生态学杂志, 24(8): 853-857.

王明玖. 2000. 内蒙古贝加尔针茅草原群落植物繁殖生态学研究. 呼和浩特: 内蒙古农业大学.

王普旭. 2009. 华北驼绒藜种群生殖生态学研究. 呼和浩特: 内蒙古农业大学.

王仁忠. 1997. 放牧影响下羊草草地主要植物种群生态位宽度与生态位重叠的研究. 植物生态学报, 21(4): 304-311.

王祥福, 郭泉水, 巴哈尔古丽, 等. 2008. 崖柏群落优势乔木种群生态位. 林业科学, 44(4): 6-13.

王祥宁, 熊丽, 陈敏, 等. 2007. 不同光照条件下东方百合生长状态及生物量的分配. 西南农业学报, 20(5): 1091-1096.

王晓春, 韩士杰, 邹春静, 等. 2002. 长白山岳桦种群格局的地统计学分析. 应用生态学报, 13(7): 781-784.

王晓慧. 2012. 大丽花表型性状遗传多样性研究. 泰安: 山东农业大学.

王欣欣, 卢萍, 黄帆, 等. 2015. 牧草种质资源遗传完整性的研究进展. 种子, 34(11): 44-48.

王鑫厅, 王炜, 刘佳慧, 等. 2006. 植物种群空间分布格局测定的新方法: 摄影定位法. 植物生态学报, 30(4): 571-575.

王勋陵, 王静. 1989. 植物的形态结构与环境. 兰州: 兰州大学出版社: 105-138.

王艳梅, 马天晓, 翟明普. 2008. 榛子遗传多样性研究进展. 北方园艺, 4: 91-95.

王英姿. 2013. 灵石山不同海拔米槠林优势种叶片 $\delta^{13}C$ 值与叶属性因子的相关性. 生态学报, 33(10): 3129-3137.

王颖. 2011. 江苏省野生大豆群落特征及遗传多样性的研究. 南京: 南京农业大学.

王永健, 陶建平, 彭月, 等. 2006. 陆地植物群落物种多样性研究进展. 广西植物, 26(4): 406-411.

王友凤, 马祥庆. 2007. 林木种子萌发的生理生态学机理研究进展. 世界林业研究, 20(4): 19-23.

王友凤. 2006. 福建青冈种子萌发的生理生态学机制研究. 福州: 福建农林大学.

王赟, 胡莉娟, 段元文, 等. 2010. 岩白菜(虎耳草科)不同海拔居群的繁殖分配. 云南植物研究, 32(3): 270-280.

王峥峰, 彭少麟, 任海. 2005. 小种群的遗传变异和近交衰退. 植物遗传资源学报, 6(1): 101-107.

王志高, 王孝安, 肖娅萍. 2003. 太白红杉生殖生态学特性的研究[J]. 陕西师范大学学报(自然科学版), 31(2): 102-104.

王中仁. 植物等位酶分析. 1996. 北京: 科学出版社: 47-78.

韦梅梅, 王凌晖, 曹福亮, 等. 2010. 何首乌不同种源的叶性状变异及聚类分析. 安徽农业科学, 38(32): 18136-18139.

魏胜利, 王文全, 秦淑英, 等. 2008. 甘草种源种子形态与萌发特性的地理变异环境. 中国中药杂志, 8(33): 869-872.

魏胜利. 2003. 乌拉尔甘草地理变异与种源选择. 哈尔滨: 东北林业大学.

魏学智, 刘亚娟, 郭小虎, 等 2007. 国家二级保护植物翅果油树传粉生物学的初步研究. 植物研究, 27(6): 753-757.

文晖. 2010. 水青树种子萌发特性及幼苗对光环境的适应. 昆明: 云南大学.

文亚峰, 韩文军, 吴顺. 2010. 植物遗传多样性及其影响因素. 中南林业科技大学学报, 30(12): 80-87.

吴榜华, 臧润国. 1993. 天然次生杨桦林的结构、动态及经营. 吉林林学院学报, 9(4): 19-27.

吴承祯, 洪伟, 谢金寿, 等. 2000. 珍稀濒危植物长苞铁杉种群生命表分析. 应用生态学报, 11(3): 333-336.

吴大荣, 王伯荪. 2001. 濒危树种闽楠种子和幼苗生态学研究]. 生态学报, 21(11): 1751-1760.

吴玲, 张霞, 王绍明. 2005. 粗柄独尾草种子萌发特性的研究. 种子, 24(7): 1-4.

吴敏, 张文辉, 周建云, 等. 2011. 秦岭北坡不同生境栓皮栎种子雨和土壤种子库动态. 应用生态学报, 22(11): 2807-2814.

吴献礼, 周荣汉, 段金廒, 等. 2000. 水青树和昆栏树茎皮的化学成分. 植物资源与环境学报, 9(3): 5-7.

吴晓莆, 王志恒, 崔海亭, 等. 2004. 北京山区栎林的群落结构与物种组成. 生物多样性, 12(1): 155-163.

吴则焰. 2011. 孑遗植物水松保护生物学及其恢复技术研究. 福州: 福建农林大学.

吴征镒, 孙航, 周浙昆, 等. 2005. 中国植物区系中的特有性及其起源和分化. 云南植物研究, 27(6): 577-601.

吴征镒. 1991. 中国种子植物属的分布区类型. 云南植物研究, (增刊IV): 1-139.

吴征镒. 2004. 中国植物志(第一卷). 北京: 科学出版社: 767.

武高林, 杜国祯. 2008. 植物种子大小与幼苗生长策略研究进展. 应用生态学报, 19(1): 191-197.

夏尚光, 张金池, 梁淑英. 2008. 水分胁迫下3种榆树幼苗生理变化与抗旱性的关系. 南京林业大学学报(自然科学版), 32(3): 131-134.

肖春旺, 刘玉成. 1999. 不同光环境的四川大头茶幼苗的生态适应. 生态学报, 3(19): 422-426.

肖复明, 张爱生, 刘东明. 2003. 生化标记及其在植物研究中的应用. 江西林业科技, (5): 27-29.

肖婷婷, 朱艳, 叶波平, 等. 2010. 鸢尾属药用植物总DNA提取方法的比较研究. 中国野生植物资源, 29(3): 46-50.

肖宜安, 何平, 李晓红, 等. 2004a. 濒危植物长柄双花木自然种群数量动态. 植物生态学报, 28(2): 252-257.

肖宜安, 何平, 李晓红. 2004b. 濒危植物长柄双花木的花部综合特征与繁育系统. 植物生态学报, 28(3): 333-340.

肖治术, 张知彬, 王玉山. 2003. 以种子为繁殖体的植物更新模型研究. 生态学杂志, 22(4): 70-75.

谢冬梅, 李陈国明, 何德, 等. 2014. 华山松针叶基因组 DNA 的不同提取方法比较. 广西林业科学, (4): 378-384.

谢宗强, 陈伟烈, 路鹏, 等. 1999. 濒危植物银杉的种群统计与年龄结构. 生态学报, 29(4): 523-528.

熊敏, 田双, 张志荣, 等. 2014. 华木莲居群遗传结构与保护单元. 生物多样性, 22(4): 476-484.

徐波, 王金牛, 石福孙, 等. 2013. 青藏高原东缘野生暗紫贝母生物量分配格局对高山生态环境的适应. 植物生态学报, 37(3): 187-196.

徐刚标, 吴雪琴, 蒋桂雄, 等. 2014. 濒危植物观光木遗传多样性及遗传结构分析. 植物遗传资源学报, 15(2): 255-261.

徐化成, 杜亚娟. 1993. 兴安落叶松落叶量和幼苗发生动态的研究. 林业科学, 29(4): 298-306.

徐化成. 1991. 油松地理变异和种源选择. 北京: 中国林业出版社: 15.

徐亮, 李策宏, 熊铁一. 2006. 不同水分条件下水青树种子萌发特性研究. 种子, 25(11): 33-35.

徐庆, 刘世荣, 臧润国, 等. 2001. 中国特有植物四合木种群的生殖生态特征——种群生殖值及生殖分配研究. 林业科学, 37(2): 36-41.

徐燕, 张远彬, 乔匀周, 等. 2007. 光照强度对川西亚高山红桦幼苗光合及叶绿素荧光特性的影响. 西北林学院学报, 22(4): 1-4.

徐治国, 何岩, 闰百兴, 等. 2007. 三江平原典型沼泽湿地植物种群的生态位. 应用生态学报, 15(4): 783-757.

许中旗, 黄选瑞, 徐成立. 2009. 光照条件对蒙古栎幼苗生长及形态特征的影响. 生态学报, 29(3): 1122-1128.

闫桂琴, 赵桂仿, 胡正海, 等. 2001. 秦岭太白红杉种群结构与动态的研究. 应用生态学报, 12(6): 824-828.

闫兴富, 王建礼, 周立彪. 2011. 光照对辽东栎种子萌发和幼苗生长的影响. 应用生态学报, 22(7): 1682-1688.

羊留冬, 杨燕, 王根绪, 等. 2010. 森林凋落物对种子萌发与幼苗生长的影响. 生态学杂志, 29(9): 1820-1826.

杨百全, 王利君, 遇长青, 等. 2006. 磁珠法回收纯化 DNA 样本. 中国法医学杂志, 21(增刊): 10-11.

杨凤翔, 王顺庆, 徐海根, 等. 1991. 生存分析理论及其在研究生命表中的应用. 生态学报, 11(2): 153-158.

杨继. 1991. 植物种内形态变异的机制及其研究方法. 武汉植物学研究, 9(2): 185-195.

杨利平, 宋满珍, 张晶. 2000. 光照和温度对百合属 6 种植物种子萌发的影响. 植物资源与环境学报, 9(4): 14-18.

杨利平. 2004. 植物生殖生态学研究综述. 韶关学院学报, 6(24): 92-95.

杨玲, 王韶唐. 1992. 水胁迫下的大豆叶取向. 西北植物学报, 12(1): 46-51.

杨维泽, 金航, 李晚谊, 等. 2013. 濒危植物云南黄连不同居群表型多样性研究. 云南大学学报(自然科学版), 35(5): 719-726.

杨秀清. 2010. 影响关帝山华北落叶松天然更新与幼苗存活的微生境变量分析. 山西农业大学学报, 30(6): 543-547.

杨玉珍, 彭方仁. 2006. 遗传标记及其在林木研究中的应用. 生物技术通讯, 17(5): 788-791.

杨允菲, 祝玲. 1994. 东北草原 160 种习见牧草籽实千粒重及其多样性分析. 东北师大学报(自然科学版), 3: 108-115.

姚小贞, 丁炳扬, 金孝锋, 等. 2006. 凤阳山红豆杉群落乔木层主要种群生态位研究. 浙江大学学报(农业与生命科学版), 32(5): 569-575.

叶常丰, 1994. 种子学. 北京: 中国农业出版社: 14-59.

叶芳, 彭世揆. 1997. 种群空间分布理论的发展历史及其现状. 林业资源管理, 6: 55-58.

殷东生, 刘红民, 孙海滨, 等. 2011. 环境因素对风箱果种子萌发的影响. 林业科技开发, 2(25): 31-35.

殷东生, 周志军, 郭树平. 2014. 光照对沙棘幼苗生长、生物量分配及光合特性的影响. 经济林研究, 32(3): 49-53.

袁春明, 孟广涛, 方向京, 等. 2012. 珍稀濒危植物长蕊木兰种群的年龄结构与空间分布. 生态学报, 32(12): 3866-3872.

岳春雷, 江洪, 朱荫湄. 2002. 濒危植物南川升麻种群数量动态的分析. 生态学报, 22(5): 793-796.

曾德慧, 尤文忠, 范志平, 等. 2002. 樟子松人工固沙林天然更新障碍因子分析. 应用生态学报, 13(3): 257-261.

翟洪波, 赵义廷, 魏晓霞, 等. 2006. 峡库区珍稀濒危植物资源保护对策. 生态学杂志, 25(3): 323-326.

张大勇. 2004. 植物生活史进化与繁殖生态学. 北京: 科学出版社.

张峰, 上官铁梁. 2004. 翅果油树群落优势种群生态位分析. 西北植物学报, 24(1): 70-74.

张峰. 2012. 珍稀濒危植物翅果油树数量生态学研究. 北京: 科学出版社.

张富民, 葛颂. 2002. 群体遗传学研究中的数据处理方法 I. RAPD 数据的 AMOVA 分析. 生物多样性, 10(4): 438-444.

张光富, 宋永昌. 2001. 浙江天童灌丛群落的种类组成、结构及外貌特征[J]. 广西植物, 21(3): 201-207.

张恒庆, 安利佳, 祖元刚. 1999. 天然红松种群形态特征地理变异的研究. 生态学报, 19(6): 932-938.

张恒庆, 张文辉. 2009. 保护生物学. 北京: 科学出版社: 67.

张会儒, 汤孟平, 舒清态. 2006. 森林生态采伐的理论与实践. 北京: 中国林业出版社.

张惠云, 吴青松, 孙伟生, 等. 2009. 改良 CTAB 法提取菠萝 DNA. 西南农业学报, 22(2): 440-443.

张吉斯. 2008. 水青树属(Tetracentron)花发育基因的研究. 西安: 陕西师范大学.

张金屯. 1998. 植物种群空间分布的点格局分析. 植物生态学报, 22(4): 344-349.

张金屯. 2011. 数量生态学. 第 2 版. 北京: 科学出版社.

张蕾, 张春辉, 吕俊平, 等. 2011. 光照强度对青藏高原东缘九种紫草科植物种子萌发的影响. 兰州大学学报, 47(5): 68-72.

张林, 罗天祥. 2004. 植物叶寿命及其相关叶性状的生态学研究进展. 植物生态学报, 28(6): 844-852.

张萍, 付志军. 1999. 水青树的花粉和种皮的微形态学研究. 烟台师范学院学报(自然科学版), 15(3): 217-220.

张萍, 高淑贞. 1990. 水青树科的木材解剖. 西北植物学报, 10(3): 185-189.

张萍. 1999. 水青树的地理分布及生态生物学特性研究. 烟台师范学院学报(自然科学版), 2: 70-72.

张世挺, 杜国祯, 陈家宽. 2003. 种子大小变异的进化生态学研究现状与展望. 生态学报, 23(2): 353-364.

张文辉, 王延平, 康永祥, 等. 2005b. 太白山太白红杉种群空间分布格局研究. 应用生态学报, 16(2): 207-212.

张文辉, 许晓波, 周建云, 等. 2005a. 濒危植物秦岭冷杉种群空间分布格局及动态. 西北植物学报, 25(9): 1840-1847.

张文辉, 许晓波, 周建云. 2006. 濒危植物秦岭冷杉生殖生态学特征. 生态学报, 26(8): 2417-2424.

张文辉, 祖元刚. 1998. 濒危植物裂叶沙参生境条件及外界致危因素分析. 植物研究, 18(2): 218-226.

张文良, 张小平, 郝朝运, 等. 2008. 珍稀植物连香树种子萌发特性. 生态学报, 28(11): 5445-5452.

张勇, 薛林贵, 高天鹏, 等. 2005. 荒漠植物种子萌发研究进展. 中国沙漠, 25(1): 108-114.

张远东, 刘彦春, 刘世荣, 等. 2012. 基于年轮分析的不同恢复途径下森林乔木层生物量和蓄积量的动态变化. 植物生态学报, 36(2): 117-125.

张志祥, 刘鹏, 刘春生, 等. 2008. 浙江九龙山南方铁杉群落结构及优势种群更新类型. 生态学报, 28(9): 4547-4555.

招礼军, 朱栗琼, 黄寿先, 等. 2014. 不同种源鹅掌楸苗木叶解剖性状的遗传多样性. 广西植物, 3: 308-314.

赵兴峰, 孙卫邦, 杨华斌, 等. 2008. 极度濒危植物西畴含笑的大小孢子发生及雌雄配子体发育. 云南植物研究, 30 (5): 549-556.

赵学农, 刘伦辉, 高圣义, 等. 1993. 版纳青梅种群年龄结构动态与分布格局. 植物学报, 35(7): 552-560.

赵永华, 雷瑞德, 何兴元, 等. 2004. 秦岭锐齿栎林种群生态位特征研究. 应用生态学报, 15(6): 913-918.

赵志刚, 杜国祯, 任金吉. 2004. 5 种毛茛科植物个体大小依赖的繁殖分配和性分配. 植物生态学报, 28(1): 9-16.

郑敏, 罗玉萍. 1999. 真核生物基因组多态性分析的 DNA 指纹技术. 生物技术, 9(3): 35-38.

郑向炜, 张灿奎, 郑庆安, 等. 2000. 水青树茎皮的化学成分研究. 武汉植物学研究, 18(6): 536-538.

郑昕, 孟超, 姬志峰, 等. 2013. 脱皮榆山西天然居群叶性状表型多样性研究. 园艺学报, 40(10): 1951-1960.

郑秀芳, 陈文, 王桔红, 等. 2011. 低温层积和室温干燥贮藏对4种藜科草本植物种子萌发的影响. 干旱地区农业研究, 29(4): 53-59.

郑秀芬, 凌凤俊, 涂政, 等. 2003. 模板 DNA 磁珠提取法. 中国法医学杂志, 18(2): 107-108.

周红军, 唐亮, 马香. 2003. 土麦冬传粉生物学和交配系统的初步研究. 北京师范大学学报(自然科学版), 39(5): 669-673.

周惠娟. 2013. 濒危植物白皮松遗传多样性及遗传结构研究. 西安: 西北大学.

周明芹. 2009. SDS 法和 CTAB 法提取蜡梅 DNA 质量的比较. 长江大学学报(自然科学版), 6(3): 42-44.

周世良, 潘开玉, 洪德元. 1998. 传粉对杭州石荠苎(唇形科)结实的影响. 云南植物研究, 20(4): 445-452.

周佑勋. 2007. 水青树种子的需光萌发特性. 中南林业科技大学学报, 27(5): 54-57.

竺利波, 顾万春, 李斌. 2007. 紫荆群体表型性状多样性研究. 中国农学通报, 23(3): 138-145.

邹翠翠. 2013. 模拟酸雨与凋落物对柳杉种子萌发及幼苗生长的影响. 杭州: 浙江农林大学.

邹喻苹, 葛颂. 2003. 新一代分子标记—SNPs 及其应用. 生物多样性, 11(5): 370-382.

祖元刚. 1999. 濒危植物裂叶沙参保护生物学. 北京: 科学出版社.

左丝雨, 乌云塔娜, 朱绪春, 等. 2015. 濒危野生长柄扁桃叶片表型性状的多样性. 中南林业科技大学学报, 35(11): 61-67.

Acosta F J, Delgado J A, López F, et al. 1997. Functional features and ontogenetic changes in reproductive allocation and partitioning strategies of plant modules. Plant Ecology, 132(1): 71-76.

Aguilar R, Quesada M, Ashworth L, et al. 2008. Genetic consequences of habitat fragmentation in plant populations: susceptible signals in plant traits and methodological approaches. Molecular Ecology, 17(24): 5177–5188.

Albrecht M, Duell P, Obrist M K, et al. 2009. Effective long distance pollen dispersal in *Centaurea jacea*. PLoS ONE, 4: e6751.

Alvarez R, Valbuena L, Calvo L, et al. 2005. Influence of tree age on seed germination response to environmental factors and inhibitory substances in *Pinus pinaster*. International Journal of Wildland Fire, 14(3): 277-284.

Angiosperm Phylogeny Group. 2009. An update of the angiosperm phylogeny group classification for the orders and families of flowering plants: APG III. Botanical Journal of the Linnean Society, 161: 105-121.

Arista M. 1995. The structure and dynamics of an *Abies pinsapo* forest in southern Spain. Forest Ecology and Management, 74(1-3): 81-89.

Armesto J J, Casassa I, Dollenz O. 1992. Age structure and dynamics of *Patagonian beech* forests in Torres del Paine National Park, Chile. plant ecology, 98(1): 13-22.

Augspurge C K. 1986. Morphology and dispersal potential of wind-dispersed diasporas of neotropical trees. American Journal of Botany, 73(3): 353-363.

Avise J C. 1994. Molecular Markers, Natural History and Evolution. New York: Champman and Hall.

Bacilieri R, Ducousso A, Kremer A. 1995. Genetic, morphological, ecological and phenological differentiation between *Quercus petraea* (Matt.) Liebl. and *Quercus robur* L. in a mixed stand of northwest of France. Silvae Genetica, 44(1): 1-10.

Baeyens G, Martinez M L. 2008. Coastal Dunes: Ecology and Conservation. Springer-Verlag, Berlin, Heidelberg.

Balloux F, Lugon-Moulin N. 2002. The estimation of population differentiation with microsatellite markers. Molecular Ecology, 11(2): 155-165.

Balloux F, Lugon-moulin N. 2002. The estimation of population differentiation with microsatellite markers. Molecular Ecology, 112.

Barrett S C H, Harder L D. 1996. Ecology and evolution of plant mating. Trends in Ecology and Evolution, 11(2): 73-79.

Barrett S C H. 1998. The evolution of mating strategies in flowering plants. Trends in Plant Science, 18(12): 335-341.

Basking C C. Bskin J M. 2001. Seed: Ecology, Biogeography and Evolution of Dormancy and Germination. San Diego: Academic

Press.

Batalha M A, Martins F R. 2004. Reproductive phenology of the cerrado plant community in Emas National Park (central Brazil). Australian Journal of Botany, 52(2): 149-161.

Bazzaz F A, Grace J. 1997. Plant Resource Allocation. San Diego: Academic Press, 1-37.

Beals T P, Goldberg R B. 1997. A novel cell ablation strategy blocks tobacco anther dehiscence. Plant Cell, 9(9): 1527-1545.

Beer R, Kaiser F, Schmidt K, et al. 2008. Vegetation history of the walnut forests in Kyrgyzstan (Central Asia): natural or anthropogenic origin? Quaternary Science Reviews, 27(5-6): 621-632.

Bengtsson J, Fagerstrom T, Rydin H. 1994. Competition and coexistence in plant communities. Trends in Ecology and Evolution, 9(7): 246-250.

Bewley J D, Blck M. 1982. Physiology and Biochemistry of Seeds. New York: Plenum Press .

Blagoveshchenskii Y N, Bogatyrev L G, Solomatova E A, et al. 2006. Spatial variation of the litter thickness in the forest of Karelia. Eurasian Soil Science, 39(9): 925-930.

Bosch J, Retana J, Cerda X. 1997. Flowering phenology, floral traits and Pollinator composition in a herbaceous Mediterranean Plant community. Oecologia, 109(4): 583-591.

Bowler C, Van M. 1922. Superoxide dismutase and stress tolerance. Annual Review of Plant Physiology and Plant Molecular Biology, 43(1): 83-116.

Brewer S W, 2001. Ignorant seed predators and factors affecting the seed survival of a tropical plant. Oikos, 93: 32-41.

Brodie C, Howle G, Fortin M J. 1995. Development of a *Populus balsamifera* clone insubarctic Québec reconstructed from spatial analyses. Journal of Ecology, 83: 309-320.

Bronstein J L. 1995. The Plant-Pollinator Landscape//Hanssos L, Fahrig L, Merriam G. Mosaic Land scapes and Ecological Processes. London: Chapman & Hall Press: 256-288.

Brown A H D, Clegg M T, Kahler A L, et al. 1990. Plant population genetics, breeding, and genetic resources. Sunderland, MA: Sinauer Associates, 43-63.

Bu H Y, Chen X L, Xu X L, et al. 2007. Seed mass and germination in an alpine meadow on the eastern Tsinghai–Tibet plateau. Plant Ecology, 191(1): 127-149.

Butchart S H M, Walpole M, Collen B, et al. 2010. Global biodiversity: indicators of recent declines. Science, 328(5982): 1164-1168.

Buyukkartal H N, Çolgecen H, Marasali B. 2005. Development of anther wall throughout microsporogenesis in *Vitis vinifera* L. Cv. Çavuş. Int. J. Agri. Bio. 7: 616-620.

Buza L, Young A, Thrall P. 2000. Genetic erosion, inbreeding and reduced fitness in fragmented populations of the endangered tetraploid pea *Swainsona recta*. Biological Conservation, 93(2): 177-186.

Cai Y L, Jin Z X. 2008. Morphological Variation of Fruits and Seeds in Endangered Plant *Sinocalycanthus chinensis*. Journal of Northwest Forestry University, 23(3): 44-49.

Campbell D R. 2000. Experimental tests of sex allocation theory in plants. Trends in Ecology and Evolution. 15: 227-232.

Cavieres L A, Arroyo M T K. 2000. Seed germination response to cold stratification period and thermal regime in *Phacelia secunda* (Hydrophyllaceae). Plant Ecology, 149(1): 1-8.

Chaerle L, Saibo N, Van Der Straeten D. 2005. Tuning the pores: towards engineering plants for improved water use efficiency. Trends Biotechnology, 23(6): 308-315.

Chambers JC, MacMahon JA. 1994. A day in the Life of a Seed: Movements and Fates of Seeds and Their Implications for Natural and Managed Systems. Annual Review of Ecology and Systematics, 25 (4) :263-292.

Chapman J L, Reiss M J. 2001. Ecology Principles and Application (2nd edn). Beijing: Tsinghua University Press, 23-48.

Chaubal R, Zanella C, Trimnell M R, et al. 2000. Two male–sterile mutants of Zea mays (Poaceae) with an extra cell division in the anter wall. Amer. J. Bot., 87 (8) : 1193-2010.

Chechowitz N, Chappell D M, Guttman S I. 1990. Morphological, electrophoretic, andecological analysis of Quercus macrocarpa populations in the Black Hills of South Dakota and Wyomin. Canadian Journal of Botany, 68 (10) : 2185-2194.

Chen F Q, Xie Z Q. 2007. Reproductive allocation, seed dispersal and germination of Myricaria laxiflora, an endangered species in the Three Gorges Reservoir area. Plant Ecology, 191 (1) : 67-75.

Chen L, Ren Y, Endress P K, et al. 2007. Floral organogenesis in Tetracentron sinense (Trochodendraceae) and its systematic significance. Plant Systematics and Evolution, 264 (3-4) : 183-193.

Clark J S, Macklin E, Wood L. 1998. Stages and spatial scales of recruitment limitation in southern Appalachian forests. Ecological Monographs, 68 (2) : 213-235.

Clark J S, Silman M, Kern R, et al. 1999. Seed dispersal near and far: patterns across temperate and tropical forests. Ecology, 80 (5) : 1475-1494.

Clark J S, SlimanM, Kern R, et al. 1999. Intepreting recruitment limitation in forests. American Journal of Botany, 86 (1) : 1-16.

Congiu L, Chicca M, Cella R, et al. 2000. The use of random amplified polymorphic DNA (RAPD) markers to identify strawberry varieties: a forensic application. Molecular Ecology, 9 (2) : 229-232.

Conkle M T. 1973. Growth data for 29 years from the California elevation transect study of Ponderosa pine. Forest Science, 19 (1) : 31-54.

Connolly S R. 2003. Indo-Pacific biodiversity of coral reefs: deviations from a mid-domain model. Ecology, 84 (8) : 2178-2190.

Coomes D A, Grubb P J. 2003. Colonization, tolerance, competition and seed-size variation within functional groups. Trends in Ecology and Evolution, 18 (6) : 283-291.

Crawley M, Long C R. 1995. Alternate bearing, Predator satiation and seedling recruitment in Quercus robur. Journal of Ecology, 83: 683-696.

Cruden R W. 1977. Pollen ovule ratios: A conservative indicator of breeding systems in flowering plants. Evolution, 31 (1) : 32-46.

Cuevas J, Oller R. 2002. Olive seed set and its impact on seed and fruit weight. Intl. Symp. on Olive Growing, 586 (586) : 485-488.

Culley T M, Weller S G, Sakai A K. 2002. The evolution of wind pollination in angiosperms. Trends in Ecology and Evolution, 17 (8) : 361-369

D' Arcy W G. 1996. Anthers and stamens and what they do//D' Arcy W G, Keating R C (eds) The Anther: Form, Function and Phylogeny. Cambridge: Cambridge University Press: 1-24.

Dafni A. 1992. Pollination Ecology. New York: Oxford University Press, 1-57.

Daniel G, Regino Z, Jose M, et al. 2000. Geographical variation in seed production, predation and abortion in Juniperus communis throughout its range in Europe. Journal of Ecology, 88 (3) : 436-446.

Deevey E S. 1947. Life tables for natural populations of animals. The Quarterly Review of Biology, 22 (4) :283-314.

Devineau J L. 1999. Seasonal rhythms and Phonological Plasticity of savanna woody species in a fallow farming system (southwest Burkina Faso). Journal of Tropical Eeology, 15 (4) : 497-513.

Dorne A J. 1981. Variation in seed germination inhibition of Chenopodium bonus-henricus in relation to altitude of plant growth. Canadian Journal of Botany, 59 (10) : 1893-1901.

Doyle J A, Endress P K. 2000. Morphological, phylogenetic analysis of basal angiosperms: comparison and combination with molecular data. International Journal of Plant Sciences, 161 (6, Suppl.): 121-153.

Dutta G, Devi A. 2013. Plant diversity, population structure, and regeneration status in disturbed tropical forests in Assam, northeast India. Journal of Forestry Research, 24 (4): 715-720.

Ehrlich P R. 1968. Population Bomb. Ballantine Books, New York.

Ellis J R, Burke J M. 2007. EST-SSRs as a resource for population genetic analyses. Heredity, 99 (2): 125-132.

Ellstran N C, Elam D R. 1993. Population genetic consequences of small population size: implications for plant conservation. Annual Review of Ecology and Systematics, 24 (24): 217-242.

Ellstrand N C. 1992. Gene flow by pollen: implications for plant conservation genetics. Biological Conservation, 63 (1): 77-86.

Endress P K. 1986. Floral structure, systematics and phylogeny of Trochodendrales. Annals of the Missouri Botanic Gardens, 73 (2): 297-324.

Evanno G, Regnaut S, Goudet J. 2005. Detecting the number of clusters of individuals using the software structure: a simulation study. Molecular Ecology, 14 (8): 2611-2620.

Excoffier L, Smouse P E, Quattro J M. 1992. Analysis of molecular varian-ce inferred from metric distances among DNA haplotypes: application to human mitochondrial-DNA restriction data. Genetics, 131: 479- 491.

Eyned E, Galetto P, Eynard C, et al. 2002. Pollination ecology of *Geoffroea decorticans* (Fabaceae) in central Argentine dry forest. Journal of Arid Environments, 51 (1): 79-88.

Faegri K, van der Pijl L. 1979. The Principles of Pollination Ecology. 3rd ed. Rev. New York: Pergamon Press.

Fenner M. 1983. Relationships between seed weight, ash content and seedling growth in twenty-four species of compositae. New Phytologist, 95 (4): 697-706.

Fernández J, González-Martínez S C. 2009. Allocating individuals to avoid inbreeding in *ex situ* conservation plantations: so far, so good. Conservation Genetics, 10 (1): 45-57.

Florentine S K, Westbrooke M E. 2004. Restoration on abandoned tropical pasturelands—do we know enough? Journal for Nature Conservation, 12 (2): 85-94.

Frankel O H, Soulé M E. 1981. Conservation and Evolution. Cambridge: Cambridge University Press.

Frankham R, Ralls K. 1998. Inbreeding leads to extinction. Nature, 392 (6675): 441-442.

Freeland J R. 2005. Molecular Ecology. West Sussex: John Wiley& Sons Ltd, 299-310.

Fu L G. 1992. Plant Red Book in China-Rare and Endangered Plants (Book Ⅰ). Beijing: China Science Press: 452-453, 682-683.

Gan X H, Cao L L, Zhang X M, et al. 2013. Floral biology, breeding system and pollination ecology of an endangered tree *Tetracentron sinense* Oliv. (Trochodendraceae). Botanical Studies, 54: 50.

Gan X H, Xie D, Cao L L. 2012. Sporogenesis and development of gametophytes in an endangered plant, *Tetracentron sinense* Oliv. Biological Research, 45 (4): 393-398.

Garcia-Gil, Mikkonen M, Savolainen O. 2003. Nucleotide diversity at two phytochrome loci along a latitudinal dine in *Pinus sylvestris*. Molecular Ecology, 12 (5): 1195-1206.

Gaudeul M, Till-Bottraud I. 2004. Reproductive Eecology of the endangered alpine species *Eryngium alpinum* L. (Apiaceae): Phenology, gene dispersal and reproductive success. Annals of Botany, 93 (6): 711-721.

Gibson L, Lee T M, Koh L P, et al. 2011. Primary forests are irreplaceable for sustaining tropical biodiversity. Nature, 478 (7369): 378-381.

Gienapp P, Teplitsky C, Alho J S, et al. 2008. Climate change and evolution: disentangling environmental and genetic responses. Molecular Ecology, 17(1): 167-178.

Gilfedder L, Kirkpatrick J B. 1994. Genecological variation in the germination, growth and morphology of four populations of a Tasmanian endangered perennial daisy, *Leucochrysum albicans*. Australian Journal of Botany, 42(4): 431-440

Gong W, Chen C, Dobeš C, et al. 2008. Phylogcography of a living fossil: pleistocene glaciations forced *Ginkgo biloba* L. (Ginkgoaceae) into two refuge areas in China with limited subsequent postglacial expansion. Molecular Phylogenetics and Evolution, 48(3): 1094-1105.

Gong W, Gu L, Zhang D X. 2010. Low genetic diversity and high genetic divergence caused by inbreeding and geographical isolation in the populations of endangered species *Loropetalum subcordatum* (Hamamelidaceae) endemic to China. Conservation Genetics, 11(6): 2281-2288.

Gorman S W, Mccormic S. 1997. Male sterility in tomato. Critical Rev. in Plant Sci. , 16(1): 31-53.

Goulart M F, Lemos J P, Lovato M B. 2005. Phenological variation within and among populations of *Plathymenia reticulata* in Brazilian Cerrado, the Atlantic Forest and transitional sites. Annals of Botany, 96(3): 445-455.

Grant V. 1981. Plant Speciation. 2rd ed. New York: Columbia University Press.

Greigsmith P. 1952. The use of random and contiguous in the study of the structure of plant communities. Annuals of Botany, 16(62): 293-316.

Grime J P, Jeffrey D W. 1965. Seedling establishment in vertical gradients of sunlight. Journal of Ecology, 53(3): 621-634.

Grinell J. 1917. The niche relationship of California Thrsher. Auk, 1: 64 -82.

Griz L M S, Machado I C S. 2001. Fruiting phenology and seed dispersal syndromes in Caatinga, a tropical dry forest in the northeast of Brazil. Journal of Tropical Ecology, 17(2): 303-321.

Guitian J, Sanchez J M. 1992. Flowering Phenology and fruit set of *Petrocopris grandiflora* (Caryophyllaceae). International Journal of Plant Sciences, 153: 409-412.

Guo H, Wang X A, Zhu Z H, et al. 2011. Seed and microsite limitation for seedling recruitment of *Quercus wutaishanica* on Mt. Ziwuling, Loess Plateau, China. New Forests, 41(1): 127-137.

Guo L D, Hyde K D, Liew E C Y. 2000. Identification of endo-phytic fungi from *Livistona chinensis* based on morphology and rDNA sequences. New Phytologist, 147(3): 617-630.

Gutterman Y. 2002. Survival Strategies of Annual Desert Plants. Berlin: Springer-Verlag.

Hamrick J L, Godt M J W, Sherman-Broyles S L. 1995. Gene flow among plant population: evidence from genetic markers//Hoch P C, Stephenson A G. Experimental and Molecular Approaches to Plant Biosystematics. Saint Louis: Missouri Botanical Garden Press: 215-232.

Harper J L. 1977. The Population Biology of Plants. NewYork: Academic Press.

Harper P H, Lovell, Moore K G. 1970. The shapes and sizes of seeds. Annual Review of Ecology and Systematics, 1(1): 327-356.

Hartl D L, Clark A G. 1997. Principles of Population Genetics. Sinauer Associates, Inc. , Sunderland, USA. 1: 670.

Hautier Y, Randin C F, Guisan A. 2009. Changes in reproductive investment with altitude in an alpine plant. Journal of Plant Ecology, 2(3): 125-134.

Hedrick P W, Miller P S. 1992. Conservation genetics: techniques and fundamentals. Ecological Applications, 2(1): 30-46.

Hemborg A M, Karlsson P S. 1998. Altitudinal variation in size effects on plant reproductive effort and sonmatic cost of reproduction. Ecoscience, 5(4): 517-525.

Herrera J. 1991. Allocation of reproductive resources within and among florescence of *Lavandula stoechas* (Lamiaceae). American Journal of Botany, 78(6): 789-794.

Hesse E, Pannell J R. 2011. Density-dependent pollen limitation and reproductive assurance in a wind-pollinated herb with contrasting sexual systems. Journal of Ecology, 99(6): 1531-1539.

Hett J M, Loucks O L. 1976. Age structure models of balsam fir and eastern hemlock. Journal of Ecology, 64(3): 1029-1044.

Heywood V H. 1979. *Phytotaxonomica*. Translated by Ke, Z-F (柯植芬). Beijing: Science Press.

Hoch G, Popp M, Korner C. 2002. Altitudinal increase of mobile carbon pools in *Pinus cembra* suggests in limitation growth at the Swiss treeline. Oikos, 98(3): 361-374.

Hunter J T. 2003. Factors affecting range size differences for plant species on rock outcrops in eastern Australia. Div. Distrib, 9(3): 211-220.

Isoda K, Shiraishi S, Watanabe S, et al. 2000. Molecular evidence of natural hybridization between *Abies veitdhii* and *A. homolepis* (Pinaceae) revealed by chloroplast, mitochondrial and nuclear DNA markers. Molecular Ecology, 9(12): 1965-1974.

IUCN. 1994. IUCN red list categoryies. Switzerland. IUCN, Gland.

Jalili A, Hamzfh E E B, Asri Y, et al. 2003. Soil seed banks in the Arasbaran Protected Area of Iran and their significance for conservation management. Biological Conservation, 109(3): 425 .

Janzen D H. 1977. Variation in seeds size with in a crop of a Costa Rican *Mucuna and reana* (legum inosae). American Journal of Botany, 64(3): 347-349.

Joesting H M, McCarthy B C, Brown K J. 2009. Determining the shade tolerance of American chestnut using morphological and physiological leaf parameters. Forest Ecology and Management, 257(1): 280-286.

Kaneko S, Isagi Y, Nobushima F. 2008. Genetic differentiation among populations of an oceanic island. The case of Metrosideros bonine-nsis, an endangered endemic tree species in the Bonin Islands. Plant species biology, 23(2): 119-128.

Karlsson P S, Mendez M. 2005. The resource economy in plant reproduction // Reekie E G, Bazzaz F A. Reproductive allocation in plants. Elsevier, Amsterdam: 21-49.

Karrenberg S, Kollmann J, Edwards P J. 2002. Pollen vectors and inflorescence morphology in four species of *Salix*. Plant Systematic and Evolution, 235(1-4): 181-188.

Kettle C J, Ennos R A, Jaffré T, et al. 2008. Cryptic genetic bottlenecks during restoration of an endangered tropical conifer. Biological Conservation, 141(8): 1953-1961.

Kevin M, Robert M, William S, et al. 2011. Widespread inbreeding and unexpected geographic patterns of genetic variation in eastern hemlock (*Tsuga canadensis*), an imperiled North American conifer. Conservation Genetics, 13(2): 475-498.

Kohyama T. 1982. Studies on the Abies population of Mt. Shimagare. II. Reproducive and life history traits. Botanic. Magazine Tokyo, 95(2), 167-181.

Korner C. 1998. A reassessment of high elevation treeline positions and their explanation. Oecologia, 115(4): 445-459.

Kostel H F, Young T P, Carreiro M M. 1998. Forest leaf litter quantity and seedling occurrence along an urban rural gradient. Urban Ecosystem, 2(4): 263-278 .

Kozłowski J. 1992. Optimal allocation of resources to growth and reproduction: implications for age and size at maturity. Trends in Ecology & Evolution, 7(1): 15-19.

Kudo G, Suzuki S. 2003. Warming effects on growth, production, and vegetation structure of alpine shrubs: a five-year experiment in northern Japan. Oecologia, 135(2): 280-287.

Lande R, Schemske D W. 1985. The evolution of self-fertilization and inbreeding depression. Genetic models. Evolution, 39: 24-40.

Larcher W. 1995. Physiological Plant Ecology (Third edition). New York: Berlin, Heidelberg, Aufl: Springer-Verlag: 279-448.

Lascoux M, Pyhäjärvi T, Källman T, et al. 2008. Past demography in forest trees: what can we learn from nuclear DNA sequences that we do not already know? Plant Ecology and Diversity, 1(2): 209-215.

Leishman M R, Wright I J, Moles A T, et al. 2000. The Evolutionary Ecology of Seed Size. Seeds: the Ecology of Regeneration in Plant Communities(2nd edition). Wallingford: CABI Publishing: 31-57.

Lembicz M, Żukowski W, Bogdanowicz A M, et al. 2011. Effect of mother plant age on germination and size of seeds and seedlings in the perennial sedge Carex secalina (Cyperaceae). Flora, 206(2): 158-163.

Levins R. 1968. Evolution in Changing Environments: Some Theoretical Exploration. Princeton: Princeton University Press: 158-160.

Li J Q, Guo Y S, Franois R. 2000. Environmental hetetogeneity and population variability of Sclerophyllous Oaks(Quercus suber) in east Himalayan region. Forestry Studies in China, 2(1): 1-15.

Li Y Y, Guan S M, Yang S Z, et al. 2012. Genetic decline and inbreeding depression in an extremely rare tree. Conservation Genetics, 13(2): 343. -347.

Liu Z G, Zhu J J, Hu L L, et al. 2005. Effects of thinning on microsite conditions and regeneration of Larix olgensis plantation in mountainous secondary forest ecosystems of Northeast China. Journal of Forestry Research, 16(3): 193-199.

Lloyd D G. 1987. Selection of offspring size at independence and other size verus number strategies. American Naturalist, 129(6): 800-817.

Loveless M P, Hamrick J L. 1984. Ecological determinant of genetic structure in plant populations. Annual Review of Ecology and Systematics, 15(1): 65-95.

Lyons J M. 1973. Chiling injury in plants. Anual Review of Plant Physiology, 24(4): 445-466.

Manel S, Schwartz M K, Luikart G, et al. 2003. Landscape genetics: combining landscape ecology and population genetics. Trends in Ecology and Evolution, 18(4): 189-197.

Mariko S, Koizumi H, Suzuki J, et al. 1993. Altitudinal variations in germination and growth responses of Reynoutria japonica populations on Mt Fuji to a controlled thermal environment. Ecological Research, 8(1): 27-34.

Matsui T, Omasa K, Horie T. 1999. Mechanism of anther dehiscence in rice (Oryza sativa L.). Annual of Botany, 84(4): 501-506.

May R M. 1980. Theoretical Ecology. 孙儒泳, 等译. 北京: 科学出版社.

Mayer C, Adler L, Armbruster W S, et al. 2011. Pollination ecology in the 21st century: key questions for future research. Journal of Pollination Ecology, 3(2): 8-23.

McKay J K, Christian C E, Harrison S, et al. 2005. How local is local? A review of practical and conceptual issues in the genetics of restoration. Restoration Ecology, 13(3): 432-440.

McKey D. 1975. The ecology of coevolved seed dispersal systems//Gilbert L E, Raven P H. Coevolution of Animals and Plants. University of Texas Press, Austin, Texas, 159-91.

McRae B H, Beier P. 2007. Circuit theory predicts gene flow in plant and animal populations. Proceedings of the National Academy of Sciences, USA, 104: 19885-19890.

Milligan B G, Leebens-Mack J, Strand A E. 1994. Conservation genetics: beyond the maintenance. Molecular Biology, 3: 423-435.

Mkonda A, Lungu S, Maghembe J A, et al. 2003. Fruit-and seed-germination characteristics of Strychnos cocculoides an indigenous fruit tree from natural populations in Zambia. Agroforestry Systems, 58(1): 25-38.

Muller-Landau H C. 2010. The tolerance-fecundity trade-off and the maintenance of diversity in seed size. Proceedings of the

National Academy of Sciences of the United States of America, 107(9): 4242-4247.

Naia M H, Brian J E, Brian J M. 2013. Habitat area and climate stability determine geographical variation in plant species range sizes. Ecology Letters, 16(12): 1446-1454.

Nathan R, Muller L. 2000. Spatial Patterns of seed dispersal their determinants and and consequences for recruitment. Trends of Ecology and Evolution, 15(7): 278-285.

Nevo E. 2001. Evolution of genome-phenome diversity under environmental stress. Proceedings of the National Academy of Sciences of the United States of America, 98(11): 6233- 6240.

Newell E A. 1991. Direct and delayed costs of reproduction in *Aesculus california*. Journal of Ecology, 79(2): 365-378.

Niu K C, Schmid B, Choler P, et al. 2012. Relationship between reproductive allocation and relative abundance among 32 species of a Tibetan alpinemeadow: effects of fertilization and grazing. PLoS ONE, 7(4): e35448.

Nybom H, Bartich L V. 2000. Effects of life history traits and sampling strategies on genetic diversity estimates obtained with RAPD markers in plants. Perspectives in Plant Ecology, Evolution and Systematics, 3(2): 93-114.

Odum, Eugene P. 1971. Fundamentals of ecology. WB Saunders Co.

Ollerton J, Lack A J. 1992. Flowering phenology: an example of relaxation of natural selection? Trends in Ecology and Evolution, 7(8): 274-276.

Osada N. 2006. Crown development in a pioneer tree *Rhus trichocarpa* in relation to the structure and growth of individual branches. New Phytologist, 172(4): 667-78.

Ouborg N J, Vergeer P, Mix C. 2006. The rough edges of the conservation genetics paradigm for plants. Journal of Ecology, 94(6): 1233-1248.

Pala N A, Negi A K, Gokhale Y, et al. 2012. Diversity and regeneration status of Sarkot Van Panchyat in Garhwal Himalaya, India. Journal of Forestry Research, 23(3): 399-404.

Pank Y, Lu J H, Lu A M, et al. 1993. The embryology of *Tetracentron sinense* Oliv and its systematic significance. Cathaya, 5: 49-58.

Parrish D J, Leopold A C. 1977. Transient changes during soybean imbibition. Plant Physiology, 59: 1111-1115.

Pertoldi C, Bijlsma R, Loeschcke V. 2007. Conservation genetics in a globally changing environment: present problems, paradoxes and future challenges. Biodiversity and Conservation, 16: 4147-4163.

Phama J O, Panagos M D, Myburgh W J, et al. 2014. The population status of the endangered endemic plant *Aloe peglerae*: Area of occupancy, population structure, and past population trends. South African Journal of Botany, 93: 247-251.

Pielou E C. 1985. Mathematical Ecology. NewYork: Wiley interscience, 84-193.

Pimlott D H. 1969. The value of diversity. Transactions of the North American Wildlife and Natural Resources Conference, 34: 265-280.

Pinero D, Sarukhan J, Alberdi P. 1982. The cost of reproduction in a tropical palm, *Astrocaryum mexicanum*. Journal of Ecology, 70(2): 473-481.

Pinyopusarerk K, Williams E R. 2005. Variations in growth and morphological characteristics of *Casuarina junghuhniana* provenances grown in Thailand. Journal of Tropical Forest Science, 17(4): 574-587.

Pluess A R, Schütz W, Stöcklin J. 2005. Seed weight increases with altitude in the Swiss Alps between related species but not among populations of individual species. Population Ecology, 144(1): 55-61.

Prasad T K. 1997. Role of catalase in inducing chilling tolerance in pre-emergent maize seedlings. Plant Physiology, 114(4): 1369-1376.

Pritchard J K, Stephens M, Donnelly P. 2000. Inference of population structure using multilocus genotype data. Genetics, 155(2): 945-959.

Puerta-Pinero C, Gomez J M, Zamora R. 2006. Species-specific effects on topsoil development affect *Quercus ilex* seedling performance. Acta Oecologica, 29(1): 65-71.

Reekies E G. 1998. An explanation for size dependent reproductive allocation in *Plantago major*. Canadian Journal of Botany, 76(1): 43-50.

Ren Y, Chen L, Tian X H, et al. 2007. Discovery of vessels in *Tetracentron* (Trochodendraceae) and its systematic significance. Plant Systematics and Evolution, 267(1-4): 155-161.

Rodriguez-Perez J. 2005. Breeding system, flower visitors and seedling survival of two endangered species of *Helianthemum* (Cistaceae). Ann Bot, 95(7): 1229-1236.

Saccheri I, Kuussaari M, Kankare M, et al. 1998. Inbreeding and extinction in a butterfly metapopulation. Nature, 392(6675): 491-494.

Saghai M A, Solman K M, Jorgensen R A, et al. 1984. Ribosomal DNA spacer-length polymorphisms in barley: Mende-lian inheritance, chromosomal location and population dynamics. Pnas, 81(24): 8014-8018.

Sampson D A, Werk K. 1986. Size-dependent effects in the analysis of reproductive effort in plants. The American Naturalist, 127(5): 667-680.

Sanders P M, Bui A Q, Le B H. 2005. Differentiation and degeneration of cells that play a major role in tobacco anther dehiscence. Sexual Plant Reproduction, 17(5): 219-241.

Santis A, Genchi G. 1999. Changes of mitochondrial properties in maize seedlings associated with selection for germination at low temperature. Fatty and Compositon, eytochrome Coxidase and adenine nucleotide translocase activities. Plant Physiology, 119(2): 743-754

Saunders N E, Sedonia D S. 2006. Reproductive biology and pollination ecology of the rare Yellowstone Park endemic *Abronia ammophila* (Nyctaginaceae). Plant Species Biology, 21(2): 75-84.

Schaal B A. 1980. Reproductive capacity and seed size in *Lupinus texensis*. American Journal of Botany, 67(5): 703-709.

Schupp E W, Milleron T, Russo S E. 2002. Dissemination limitation and the origin and maintenance of species-rich tropical forests // Levey D J, Silva WR, Galetti M. Seed Dispersal and Frugivory: Ecology, Evolution and Conservation. Wallingford: CABI Publishing Press: 19-33.

Scott R J, Spielman M, Dickinson H J. 2004. Stamen structure and function. Plant Cell, 16 (Suppl): 546-560.

Sheldon J C, Burrows F M. 1973. The dispersal effectiveness of the achene-pappus units of selected Compositae in steady winds with convection. New Phytologist, 72(3): 665-675.

Shipley B, Dion J. 1992. The allometry of seed production in herbaceous angiosperms. The American Naturalist, 139(3): 467-483.

Silvertown J W, Charlesworth D. 2001. Introduction to Plant Population Biology. 4th eds. Oxford: Blackwell Science.

Silvertown J W. 1981. Seed size, life span and germination data as co-adapted features at life history. The American Naturalist, 118(6): 860-864.

Simon E W, Harun RMR. 1972. RMraja harun. Leakage during seed imbition. Journal of Experimental Botany, 23: 1076-1085.

Simon E W. 1974. Phospholipids and Plant membrance permeability. New Phytologist, 73: 377-420

Slatkin M. 1985. Rare alleles as indicators of gene flow. Evolution, 39(1): 53-65.

Slatkin M. 1987. Gene flow and the geographic structure of natural populations. Science, 236(4803): 787-792.

Smith-Ramirez C, Armesto J J, Figueroa J. 1998. Flowering, fruiting and seed germination in Chilean rain forest Myrtaceae: ecological and Phylogenetic constraints. Plant Ecology, 136(2): 119-131.

Stebbing E P. 1922. The Forests of India, Vol. 1. John Lane, London.

Stebbins G L. 1974. Flowering Plants: Evolution Above the Species Level. Belknap Press, Cambridge, Massachusetts.

Stenstrem A, Jónsdóttir I S. 1997. Responses of the clonal sedge, *Carex bigelowii*, to two seasons of simulated climate change. Global Change Biology, 3(S1): 89-96.

Stockwell C A, Hendry A P, Kinnison M T. 2003. Contemporary evolution meets conservation biology. Trends in Ecology and Evolution, 18(2): 94-101.

Storfer A, Murphy M A, Evans J S, et al. 2007. Putting the 'landscape' in landscape genetics. Heredity, 98(3): 128-142.

Sun Y L, Li Q M, Yang J Y, et al. 2005. Morphological variation in cones and seeds in *Abies chensiensis*. Acta Ecologica Sinica, 25(1): 176-181.

Sun Y X, Moore M J, Yue L L, et al. 2014. Chloroplast phylogeography of the East Asian Arcto-Tertiary relict *Tetracentron sinense* (Trochodendraceae). Journal of Biogeography, 41(9): 1721-1732.

Suter M. 2008. Reproductive allocation of *Care flava* reacts differently to competition and resources in designed plant mixture of five species. Plant Ecology, 201(2): 481-489.

Swamy V, Terborgh J, Dexter K G, et al. 2010, Are all seeds equal spatially explicit comparisons of seed fall and sapling recruitment in a tropical forest. Ecology Letters, 14(2): 195-201.

Swift J G. 1973. Protein bodies, lipid layers and amyloplasts in freeze-etched pea cotyledons. Planta, 109(1): 61-72.

Takebayashi N, Morrell P L. 2001. Is self-fertilizationary dead end? Revisiting and old hypothesis with genetic theories and a macroevolutionary approach. Annals of Botany, 88(7). 1143-1150.

Tang C Q, Peng M C, He L Y, et al. 2013. Population persistence of a Tertiary relict tree *Tetracentron sinense* on the Ailao Mountains, Yunnan, China. Journal Plant Research, 126(5): 651-659.

Tang Y S, Wei C F. 2007. Biological indicators of soil quality progress. Soils, 39(2): 157-163.

Tarasjev A. 1997. Flowering phenology in natural populations of *Iris pumila*. Ecography, 20(1): 48-54.

Terborgh J, Pitman N, Silman M, et al. 2002. Maintenance of tree diversity in tropical forests // Levey D J, Silva WR, Galetti M. Seed Dispersal and Frugivory: Ecology, Evolution and Conservation. Wallingford: CABI Publishing Press: 1-16.

Thompsin J N. 1984. Variation among individual seed weights in *Lomatium grayi* under controlled conditions: magnitude and partitioning of the variance. Ecolog y, 65(2): 626-631.

Thompson J N. 1981. Elaiosomes and fleshy fruits: phenology and selection pressures for ant-dispersed seeds. American Naturalist, 117(1): 104-108.

Tian D, Pan Q M, Simmons M, et al. 2012. Hierarchical reproductive allocation and allometry within a perennial bunchgrass after 11 years of nutrient addition. Plos One, 7(9): e42833.

Totland ϕ, Alatalo J M. 2002. Effects of temperature and date of snowmelton growth, reproduction, and flowering phenology in the arctic/alpine herb, *Ranunculus glacialis*. Oecologia, 133(2): 168-175.

Tower G H N, Gibbs R D. 1953. Lignin chemistry and the taxonomy of higher plant. Nature, 172(4366): 25-26.

Vera M L. 1997. Effects of altitude and seed size on germination and seedling survival of heathland plants in north Spain. Plant Ecology, 133(1): 101-106.

Vernesi C, Bruford M W, Bertorelle G, et al. 2008. Where's the conservation in conservation genetics? Conservation Biology, 22(3):

802-804.

Vikas T R. 2011. Reproductive biology of *Azadirachta indica* (Meliaceae), a medicinal tree species from arid zones. Plant Species Biology, 26(1): 116-123.

Wagner H H, Werth S, Kalwij J M, et al. 2006. Modeling forest recolonization by an epiphytic lichen using a landscape genetic approach. Landscape Ecology, 21(6): 849-865.

Wagner J, Reichegger B. 1997. Phenology and seed development of the alpine sedges *Carex curvula* and *Carex firmain* response to contrasting top climates. Arctic Antarcticand Alpine Research, 29(29): 291-299.

Wang H W, Ge S. 2006. Phylogeography of the endangered *Cathaya argyrophylla* (Pinaceae) inferred from sequence variation of mitochondrial and nuclear DNA. Molecular Ecology, 15(13): 4109-4123.

Wang W, Franklin S, Cirtain M. 2007. Seed germination and seedling growth in the arrow bamboo *Fargesia qinlingensis*. Ecological Research, 22(3): 467-474.

Wang Y F, Lai G F, Efferth T, et al. 2006. New glycosides from *Tetracentron sinense* and their cytotoxic activity. Chemistry and Biodiversity, 3(9): 1023-1030.

Wang Y L, Li Y, Chen X Y. 2008. Phenotypic diversity of natural populations in *Picea crassif olia* in Qilian Mountains. Scientic Silvae Sinicae, 44(2): 70-77.

Warren W G, Olsen P F. 1964. A line-intersect technique for assessing logging waste. Forest Science, 10: 267-276.

Weider L J. 1993. Niche breadth and life history variation in a hybrid Daphnia complex. Ecology, 74(4): 935-943.

Weiner L J. 1998. The Influence of Competition on Plant Reproduction//Lovett Doust L. Plant Reproductive Ecology: Patterns and Strategies. New York: Oxford University Press, 228-245.

Went F. 1944. Plant growth under controlled conditions. II. Thermoperiodicity in growth and fruiting of the Tomato. American Journal of Botany, 31(3): 135-150.

Wheeler N C, Guries R P. 1982. Populaiton structure, genetic diversity, and morphological variation in *Pinus contorta* Dougl. Canadian Journal of Forest Research, 12: 595-606.

Widen B, Lindell T. 1995. Flowering and fruiting Phenology in two perennialerbs, *Anemone pulsatilla* and *A. pratnesis* (Ranunculaceae). Acta Universitatis Upsaliensis Symbolae Botanicae Upsalienses, 31: 145-158.

Wiegand T, Martinez I, Huth A. 2009. Recruitment in tropical tree species: revealing complex spatial patterns. The American Naturalist, 174(4): 106-140.

Willi Y, Van Buskirk J, Hoffmann A A. 2006. Limits to the adaptive potential of small populations. Annual Review of Ecology, Evolution, and Systematics, 37: 433-458

Willson M F. 1983. Plant Reproductive Ecology. New York: John Wiley & Sons: 1-90.

Wissinger S A. 1992. Niche overlap and potential for competition and intraguild predation between size-structured populations. Eeology, 73(4): 1413-1444.

Wolfe J. 1978. Chiling injure in plants—the role of membrane lipid fluidity. Plant Cell and Environment, 1(4): 241-246.

Wratten S. 1980. Field and Laboratory Exercises in Ecology. London: Edward Amold.

Wright S. 1978. Evolution and the Genetics of Populations. University of Chicago Press, Chicago, IL.

Wu X P, Zheng Y, Ma K P. 2002. Population distribution and dynamics of *Quercus liaotungensis*, *Fraxinus rhynchophylla* and *Acer mono* in Dongling Mountain, Beijing. Acta Botanica Sinica, 44(2): 212-223.

Wulff R D. 1986. Seed size variation in *Desmodium paniculatum* II: effects on seedling growth and physiological performance. J. of

Ecol. , 74(1): 99-114.

Wyatt R. 1983. Pollinator Plant interactions and the evolution of breeding systems//Real L. Pollination Biology. Orlando: Academic Press.

Xiao Y A, He P, Li X G, et al. 2004. Study on numeric dynamics of natural populations of the endangered species *Disanthus cercidifolius* var. *longipes*. Acta phytoecologica Sinica, 28 (2): 252-257.

Xue C Y, Wang H, Li D Z . 2005. Microsporogenesis and male gametogenesis in Musella, a monotypic genus from Yunnan, China. Ann. Bot. Fenn, 42(6): 461-467.

Yamagishi H, Tommatsu H, Ohara M. 2007. Fine-scale spatial genetic structure within continuous and fragmented populations of *Trillium camschatcense*. Journal of Heredity, 98(4): 367-372.

Yamasaki E, Sakai S. 2013. Wind and insect pollination (ambophily) of *Mallotus* spp. in tropical and temperate forests. Aust J Bot, 61(1): 60-66.

Yan Q L, Liu Z M, Zhu J J, et al. 2005. Structure, pattern and mechanisms of formation of seed banks: in sand dune systems in northeastern Inner Mongolia, China. Plant and Soil, 277(1-2): 175-184.

Yang Q, Fu Y, Wang Y Q, et al. 2014. Genetic diversity and differentiation in the critically endangered orchid (*Amitostigma hemipilioides*): implications for conservation. Plant Systematic and Evolution, 300(5): 871-879.

Yang Z Y, Lu R R, Tao C C, et al. 2012. Microsatellites for *Tetracentron sinense* (Trochodendraceae), a tertiary relict-endemic to east Asia. American Journal of Botany, 320-322.

Yeh F C, Yang R C, Boyle T B, et al. 1997. POPGENE, the user-friendly sharewarefor population genetic analysis. Molecular Biology and Biotechnology Centre, University of Alberta, Canada, 10.

Yi J H, Zhang G L, Li B G, et al. 2000. Two glycosides from the stem bark of *Tetracentron sinense*. Phytochemistry, 53(8): 1001-103.

Young A G, Hill J H, Murray B G, et al. 2002. Breeding system, genetic diversity and clonal structure in the sub-alpine forb *Rutidosis leiolepis* F. Muell. (Asteraceae). Biological Conservation, 106(1): 71-78.

Young N M, Chong H J, Hu D, et al. 2010. Quantitative analyses link modulation of sonic hedgehog signaling to continuous variation in facial growth and shape. Development, 137: 3405-3409.

Zeisler M. 1938. Über die Abgrenzung der eigentlichen Narbenflä che mit Hilfe von Reaktionen. Beihefte zum Botanischen Central Blatt, 58: 308-318

Zhang R G, Cheng K W, Li J Q, et al. 2005. Biodiversity conservation and restoration in natural forest. Beijing: Chinese science and technology Press: 213-214.

Zu Y G. 1999. Study on the population structure and dynamic modelling of endangered plants. Acta Phytoecology Sinica, 23(1): 96.